职业教育系列教材

微生物学基础

谭才邓　主编　　　邓毛程　主审

化学工业出版社

·北京·

内容简介

《微生物学基础》较为系统地介绍了微生物的基础知识，主要包括微生物的类群、形态、结构、营养、生长、代谢、生态、菌种保藏等内容，覆盖面广。本书力求体现“工学结合”特色，根据行业企业对岗位人员职业技能的要求设计技能训练项目，在强化职业能力培养的同时适当注重专业理论知识，确保教材的科学性、先进性、实用性。教材有机融入党的二十大精神，并配有丰富的数字资源。

本书适合高等职业院校生物类、食品类、药学类、化工类等相关专业教材使用，也可供相关研究单位及企业技术人员参考使用。

图书在版编目（CIP）数据

微生物学基础/谭才邓主编. —北京：化学工业出版社，2023.12

职业教育系列教材

ISBN 978-7-122-44133-1

Ⅰ. ①微… Ⅱ. ①谭… Ⅲ. ①微生物学-高等职业教育-教材 Ⅳ. ①Q93

中国国家版本馆 CIP 数据核字（2023）第 168589 号

责任编辑：迟　蕾　李植峰　　文字编辑：药欣荣
责任校对：李雨晴　　装帧设计：王晓宇

出版发行：化学工业出版社（北京市东城区青年湖南街 13 号　邮政编码 100011）
印　　刷：三河市航远印刷有限公司
装　　订：三河市宇新装订厂
787mm×1092mm　1/16　印张 13　字数 302 千字　2024 年 3 月北京第 1 版第 1 次印刷

购书咨询：010-64518888　　售后服务：010-64518899
网　　址：http：//www.cip.com.cn
凡购买本书，如有缺损质量问题，本社销售中心负责调换。

定　　价：39.80 元

前言

为深入贯彻落实国务院《国家职业教育改革实施方案》、教育部《全国职业院校教师教学创新团队建设方案》、教育部《关于职业院校专业人才培养方案制订与实施工作的指导意见》等文件要求，全面推进教师、教材、教法“三教”改革，创新人才培养模式，基于工作过程和岗位职业能力导向的专业课程体系构建的要求，不断学习，大胆实践，积极探索，本着“知识够用，学以致用”的原则，组织编写《微生物学基础》。本教材按当前我国特色高水平高职学校和专业建设计划的要求，根据教育部有关高职教材建设的文件精神，以高职院校营养健康类专业群中各专业人才培养方案为依据进行编写，按工学结合的要求及教学做一体化的理念进行内容的设计，理论知识以“够用”为标准，注重操作技能的训练，为后续专业课服务。

本教材内容分为理论基础与技能训练两大部分，共八个章节，理论基础主要内容包括绪论、微生物类群及形态结构、微生物的营养、微生物的生长、微生物的代谢、微生物的生态、微生物菌种的选育与保藏，系统地介绍了微生物基础知识，通过对行业企业的调研，充分掌握企业对岗位技术人才的要求，编写了十八个技能训练项目，使理论知识与实践技能有机融合，强化职业能力的培养，增强学生勇于探索的创新精神、善于解决问题的实践能力，做到“学、思、用贯通，知、信、行统一”。教材有机融入党的二十大精神，并配有丰富的数字资源。本教材适合作为高等职业院校食品类、生物类、化工类、药学类等相关专业的教学用书，也可供从事微生物应用工作的科研与技术人员参考。

参与本教材编写工作的有：谭才邓、石琳、刘晓蓉、张少敏、李意、黄启红。具体编写分工为：绪论、第七章的技能训练一至十二由广东轻工职业技术学院谭才邓编写；第一章、第三章、第四章由广东轻工职业技术学院石琳编写；第二章由广东轻工职业技术学院刘晓蓉编写；第五章由广东环境保护工程职业学院张少敏编写；第六章由广东环境保护工程职业学院李意编写；第七章的技能训练十三至十八由广东省科学院测试分析研究所(中国广州分析测试中心)黄启红编写。全书由谭才邓统稿，邓毛程主审。

本书在编写过程中，参考了大量同行的书籍与文献资料，在此一并致以衷心的感谢。

限于编者的知识和水平，书中难免存在不当及疏漏之处，敬请广大读者、专家及同行批评指正。

编者

2023 年 6 月

目录

绪论

微生物是个体微小而难以用肉眼观察的微小生物的统称，一般需要借助光学显微镜或电子显微镜放大上百倍、上千倍甚至上万倍才能清楚观察，但也有少数微生物肉眼可见，如食用菌（蕈菌）、纳米比亚嗜硫珠菌等。微生物种类繁多，通常包括原核生物的细菌、放线菌、支原体、衣原体、蓝细菌等；真核生物的真菌（酵母菌、霉菌、蕈菌）、单细胞藻类等；非细胞结构的病毒、亚病毒等。

微生物在自然界中分布广泛，并且数量庞大，虽然其个体微小，但对人类及其他动植物影响很大。有些微生物对人类及动植物有益，可给人类带来财富；而有些微生物能给人类及动植物带来病害，严重者可引起灾难。因此，应全面认识微生物，掌握相关知识与技能，利用有益的微生物、控制有害微生物，为人类造福。

知识与思政素养目标

1. 了解微生物的特点、分类、命名，了解常用的微生物基础操作技术。
2. 理解微生物学的概念、研究内容、发展概况。
3. 掌握微生物的概念、类群、特点。
4. 激发探索未知、追求真理、勇攀科学高峰的责任感和使命感。

微生物学的研究对象与分类地位

一、微生物的特点

微生物具有生物生命体的基本特征，但由于其个体微小、结构简单，因此与结构复杂的高等动植物相比，微生物有着其特有的生物学特点。

1. 个体小，比表面积大

微生物个体微小，肉眼难以观察，度量其大小的单位是微米（μm，$1\mu m=10^{-6}m$）或者纳米（nm，$1nm=10^{-9}m$），如有些杆菌的长度约为2μm，有些球菌的直径约为1μm。

物体的表面积和体积之比称为比表面积，由于微生物个体微小，因此其比表面积很大，假如人的比表面积为1，那么大肠埃希菌的比表面积为30万以上。巨大的比表面积，使微生物细胞有一个非常大的营养物质吸收面与代谢物质排出面，对微生物与环境的物质交换具有重要的意义。

2. 种类多，分布广泛

微生物种类繁多，已有记载的约20万种，每年还有大量新的微生物菌种报道。微生物的分布非常广泛，可以说无处不在，动植物内外、空气、土壤、山川、河流、深海等地方均存在微生物。如1g土壤中含有的微生物数量有几亿个甚至更多；人体肠道菌群种类有100～400种，数量在100万亿个以上；各种极端环境也存在微生物，人类在南极冰川深处、太平洋约一万米深处、火山口附近的高温土壤均发现微生物的存在。

3. 代谢旺盛，生长繁殖快

微生物的比表面积很大，有利于营养物质的吸收与代谢物质的排出，因此微生物的代谢作用旺盛。例如，大肠埃希菌在1h左右可能消耗自身质量2000倍左右的糖，而人类则需要40年左右；1kg酿酒酵母约1d内可以发酵数吨葡萄糖，产生大量的酒精。微生物旺盛的代谢作用对地球环境中的物质转化非常重要，人类可以利用微生物的这个特性进行生物转化，因而微生物被称为高效的“活的化工厂”。

相对于高等动植物，微生物的繁殖速度非常快。如大肠埃希菌在适合的培养条件下，倍增时间15～20min，假设每个细胞20min分裂一次，则24h分裂72次，细胞数增殖为2^{72}个，质量超过4000t。实际上，如果培养条件固定，由于营养物质、代谢物质、空间大小等的限制，微生物的高效分裂速度只能维持数小时，因此液态培养时微生物细胞浓度一般为10^{8}～10^{9}个/mL。

4. 适应性强，易变异

微生物对环境的适应能力很强。如耐高温、耐低温、耐酸碱、耐干燥、耐缺氧、耐高渗透压等。有些微生物能在0℃以下的环境正常生长，而有些能在火山口周边90℃以上的环境正常生长，有些嗜盐细胞能在高浓度盐环境中生长，大部分酵母菌能耐受高浓度糖。微生物有如此强的适应性，一是由于微生物的繁殖速度快，在演化过程中产生了灵活的代谢调控机制，不断应对着环境的变化；二是在微生物细胞外面产生保护层或形成休眠体，如细菌的芽孢和真菌的孢子，在干燥的条件下可保藏数年甚至十几年。

微生物细胞结构简单，大多数为单倍体，缺乏免疫系统，繁殖速度快，并且其细胞直接与外界环境接触，因此很容易发生变异。微生物在自然条件下自发突变的频率约为 10^{-6}，最常见的变异形式是基因突变，会涉及形态结构、代谢产物、生理类型、抗性等性状。变异只会导致微生物某些性状发生改变，不会导致种类的变化。

二、微生物的分类

微生物的分类是根据微生物的生物特性、亲缘关系等属性，将其排列成一个有规律的系统，以便于人们对微生物进行鉴定、命名、交流和应用。

微生物的分类系统当中，科学家曾提出过二界、三界、四界、五界、六界、三域系统。我国科学家于 1979 年提出六界系统：病毒界、原核生物界、原生生物界、真菌界、植物界、动物界。除了植物与动物以外，其它绝大多数生物都属于微生物的范畴，可见微生物在生物界中占据非常重要的地位。

1. 微生物的主要类群

根据个体结构和演化水平的不同，可把微生物分为非细胞微生物、原核微生物和真核微生物三大类群。

（1）非细胞微生物 非细胞微生物没有典型细胞结构，是一类比细菌还微小的生物，必须借助电子显微镜才能清楚观察。非细胞微生物不具备新陈代谢所必需的酶系统，只能寄生在活细胞里，利用宿主细胞的生物系统进行增殖，包括病毒与亚病毒。病毒按照寄主的不同可分为：细菌病毒（噬菌体）、真菌病毒、植物病毒、动物病毒等。亚病毒的个体比病毒更加微小、结构更简单，包括朊病毒、类病毒、拟病毒。

（2）原核微生物 原核微生物是一类不具有细胞核，其遗传物质 DNA 裸露地存在于核区的原始单细胞生物。原核微生物结构简单，除了核糖体外没有其它细胞器，其个体长度一般为 1～10μm。原核微生物主要包括细菌、放线菌、支原体、衣原体、立克次氏体、蓝细菌和古细菌等。

（3）真核微生物 真核微生物是一类能进行有丝分裂，具有细胞核、各类细胞器等典型真核细胞结构的微生物。与原核微生物相比，真核微生物的形态较大，结构较复杂，细胞质存在许多由膜包围的功能专一的细胞器，DNA 主要存在于细胞核中。它们的细胞结构主要区别见表 0-1。

表 0-1 原核细胞与真核细胞的主要区别

项目	原核细胞	真核细胞
细胞大小	较小(0.2～10μm)	较大(1～100μm)
细胞壁	主要成分为肽聚糖	主要成分为葡聚糖、纤维素、果胶等
核糖体	70S	80S(线粒体和叶绿体中为 70S)
细胞器	无	有
细胞核	拟核，无核膜，无核仁	真核，有核膜，有核仁
基因组 DNA	只有一条，常为环状	一至数条，与蛋白质结合组装成为染色体
繁殖方式	无性繁殖	无性繁殖、有性繁殖

2. 微生物的分类单位

微生物的主要分类单位有界、门、纲、目、科、属、种七个级别。以大肠埃希菌为例子，主要分类单位级别如下：

界：细菌界 Bacteria

门：变形菌门 Proteobacteria

纲：γ-变形菌纲 Gammaproteobacteria

目：肠杆菌目 Enterobacteriales

科：肠杆菌科 Enterobacteriaceae

属：埃希氏菌属 *Escherichia*

种：大肠埃希菌种 *coli*

有时候在两个主要分类单位之间还可以加上次级分类单位，如“亚门”“亚纲”“亚目”“亚科”“亚属”“亚种”等。“种”是最小的主分类单位，其下面还有亚种、型、菌株等。

(1) 种 “种”是一个基本分类单位。其是指一大群表型特征高度相似、亲缘关系极其接近，与同属内其他种有明显差别的菌株的总称。不同种的微生物存在生殖隔离。

(2) 亚种 当一个种内的不同菌株存在少数明显而稳定的变异特征或遗传性状，但又不足以区分成新种时，可以将这些菌株细分成两个或更多的比“种”小的分类单元，称为“亚种”。如 *E. coli* k12（野生型）是不需要特殊氨基酸的，在实验室应用一段时间后发生变异，产生某种氨基酸缺陷型菌株，此即为 *E. coli* k12 的亚种。

(3) 型 型是指亚种以下的细分，当同种或同亚种内不同菌株之间的性状差异不足以区分成新的亚种时，可以细分为不同的型。如根据抗原性的差异，沙门菌可分为几十个型。

(4) 菌株 菌株是指同一个种但来源不同的纯培养物，一个菌株是指由一个单细胞繁衍而来的细胞群体（起源于共同祖先，保持其祖先特性的一组纯种后代菌群）。一个种可以存在遗传上一致或相似的许多菌株，其主要性状相同，但次要性状（如代谢物产量、生化性状等）可存在差异。菌株在实际应用中最为广泛，常用字母、编号、地址或其它符号来表示，如用于酱油生产的米曲霉“沪酿 3.042”，用于质控的大肠埃希菌 ATCC25922。

3. 微生物的命名

微生物的命名采用双命名法，由属名与种名组成，用拉丁词表示。属名写在前面，斜体、首字母大写；种名写在后面，斜体、全部字母小写；有时还在种名后面附上命名者的名字与命名年份，用正体字表示。如保加利亚乳杆菌 *Lactobacillus bulgaricus* Rogosa & Hansen 1971。一般情况下，后面的正体字部分可以省略，如大肠埃希菌 *Escherichia coli*（*E. coli*）。

三、微生物学的发展简史

微生物个体微小，肉眼不易分辨，但在人类历史的发展长河中，人们早已不知不觉地在利用和控制微生物了。我国是最早应用微生物的为数不多的国家之一，4000 多年前的酿酒技术，2000 多年前的制酱技术，还有酿醋、腌菜、沤肥、轮作、治病等方法。微生物学作为一门学科，与显微技术的发展有很大的关系，自从有显微镜至今，微生物学的发展经历了以下几个阶段。

1. 形态学阶段

图 0-1　列文虎克

17 世纪中叶至 19 世纪中叶是微生物学的形态学阶段，研究内容主要是对微生物进行形态描述与分类。代表人物有列文虎克（图 0-1）等。

安东尼·列文虎克（1632—1723），荷兰生物学家、微生物学的开拓者。列文虎克自制了世界第一台显微镜，放大倍数为 50～300 倍，可清楚观察到原生动物及一些细菌，首次揭示了微生物世界，为微生物学的发展奠定了基础。

2. 生理学阶段

19 世纪中叶至 20 世纪初是微生物学的生理学阶段，其间创立了微生物操作技术和研究方法，奠定了现代微生物学的基础。代表科学家有巴斯德（图 0-2）、科赫（图 0-3）等。

图 0-2　巴斯德

图 0-3　科赫

路易斯·巴斯德（1822—1895），法国著名的微生物学家，其一生研究了微生物的作用、营养、类型、习性、繁殖等，把微生物学的研究从形态描述推进到生理学水平。其贡献主要有：①否定了“微生物自然发生说”。根据曲颈瓶实验，证实空气中含有微生物，是微生物引起食物的腐败变质。②证实发酵是由微生物引起的。发现酒精是由酵母发酵引起的，还证实了醋酸、乳酸等发酵是由不同的菌引起的，奠定了微生物生理学的基础。③利用微生物成功研制了疫苗。通过对霍乱病的研究，发现将病原菌减毒可诱发机体免疫功能，有效预防鸡霍乱病以及牛、羊炭疽病，随后又成功研制狂犬病疫苗，这些研究揭示了动物免疫机制，为人类防治传染病做出杰出贡献。④发明了巴氏消毒法。为了解决当时啤酒和葡萄酒久置会变酸的问题，他发明了巴氏消毒法（60～65℃，30min），此法既可杀死食品中的病菌又能保持食品中营养物质风味不变，一直沿用至今。

罗伯特·科赫（1843—1910），德国微生物学家，细菌学奠基人，在微生物的分离培养、病原菌的研究等方面做出了杰出贡献。其贡献主要有：①发明了微生物的分离纯化操作技术，利用固态的培养基获得了细菌的纯培养，该技术一直沿用至今，是对微生物进行研究的基本技术之一。②提出科赫法则，阐明了病原微生物与疾病的关系，奠定了病原微生物学研究方法的基础，使其成为一门独立的学科。

3. 生物化学阶段

进入20世纪，生物化学和生物物理学向微生物学渗透，加上电子显微镜的发明及放射性同位素的应用，推动了微生物学向生物化学阶段的发展。

1897年，德国学者爱德华·比希纳（1860—1917）用酵母菌的无细胞提取液发酵糖液产乙醇取得成功，认识了酒精发酵的酶促过程，从此将微生物学推进到了生化研究阶段。随后，科学家们展开了对微生物一系列基本生理和代谢途径的研究，阐明了生物体的代谢规律及调控机制。从20世纪30年代起，人们利用微生物进行乙醇、丁醇、丙酮、甘油、油脂、各种有机酸、氨基酸、蛋白质等物质的工业化生产。

4. 分子生物学阶段

20世纪中叶到目前，随着分子生物学的兴起，微生物学的发展走向分子水平阶段。

1953年，沃森（J. D. Watson）和克里克（F. Crick）（图0-4）提出了DNA分子的双螺旋结构模型和核酸半保留复制学说，此后，分子生物学理论和现代研究方法大大促进了微生物学及其分支学科的发展。逐渐地，以基因工程为主导，微生物基因重组的研究不断获得进展，胰岛素、干扰素、生长激素等已开始用微生物进行生产，促使传统的工业发酵提高到发酵工程新水平，现代微生物学的研究将继续向分子水平深入，向生产的深度和广度不断发展。

图0-4 沃森和克里克

四、微生物学及其分支学科

微生物学是生物学的一个分支学科，是在群体水平、细胞水平或分子水平上研究各种微生物的形态结构、生理特征、生长繁殖、遗传变异、营养及代谢特点、生态分布、分类演化等生命活动的基本规律，并将其应用于生物工程、医药卫生、环境保护等实践领域的科学。

我国微生物学的发展

微生物学既是基础学科又是应用学科，其主要任务是研究微生物及其生命活动规律，目的在于发掘、利用、保护、改善对人类有益的微生物，控制、消灭、改造对人类有害的微生物，更好地为人类服务。经历了一个多世纪的发展，微生物学的研究范围日益扩大、层次不断深入，目前已分化出大量的分支学科，根据性质可简单归纳成以下几个大类：

（1）按研究对象划分 有细菌学、真菌学、病毒学、藻类学、支原体学等。

（2）按基础研究内容划分 有微生物形态学、微生物生态学、微生物分类学、微生物生理学、微生物遗传学、分子微生物学、分析微生物学、免疫微生物等。

（3）按应用领域划分 有工业微生物学、农业微生物学、卫生微生物学、医学微生物学、药学微生物学、食品微生物学、兽医微生物学等。

（4）按生态环境划分 有环境微生物学、土壤微生物学、海洋微生物学、水生微生物学、宇宙微生物学等。

目前，微生物学是现代生命科学的带头学科之一，与生物化学、细胞生物学、遗传学等相互渗透，促进了分子生物学、分子遗传学等学科的形成与发展，在探索生物的生命活动、生物演化等方面有着重要意义。

五、常用微生物基础技术

微生物基础技术是现代生物技术的基础，细胞培养、发酵工程、基因工程等应用技术离不开对微生物的操作。常用的微生物基础技术主要有显微技术、形态鉴别技术、消毒与灭菌技术、分离纯化技术、生长测定技术、育种技术、菌种保藏技术等，通过组合可形成不同的技术链，完成不同的工作任务。

1. 显微技术

微生物个体微小，必须使用显微镜放大上百倍以上才能清楚观察。微生物实验室最常用的是普通光学显微镜，可对细菌、放线菌、酵母菌、霉菌等细胞个体进行观察，必要时需要对细胞进行染色。如观察亚显微结构，则需要使用电子显微镜。显微技术主要包括以下几个步骤：样品预处理、制片、显微观察、结果记录。

2. 形态鉴别技术

微生物种类繁多，常见的包括细菌、放线菌、酵母菌、霉菌，利用形态鉴别技术可对微生物进行分类。微生物的形态鉴别主要在两个层面进行，一是细胞个体鉴别，二是细胞群体鉴别，即菌落形态鉴别。细胞个体鉴别主要是通过染色，在显微镜下对其形态、大小、排列方式、细胞结构（如细胞壁、芽孢、鞭毛、荚膜等）及染色特性进行鉴别，达到鉴定微生物种类的目的。细胞群体鉴别主要是通过培养，对微生物在固态培养基上形成的菌落进行形态鉴别，通过对菌落特征的分析并结合生理生化鉴定，可对菌株进行分类鉴定。

3. 消毒与灭菌技术

对微生物进行控制，离不开消毒与灭菌技术。消毒一般是指杀死物体表面或内部部分病原微生物，达到防止感染或传染的目的，其采用的是较温和的理化因素。如常见的对皮肤、自来水等进行药剂消毒，对生产车间等进行紫外线消毒，对牛乳、啤酒、醋、酱油等进行巴氏消毒法消毒。灭菌则是采用强烈的理化因素，使物品表面或内部的所有微生物丧失生长繁殖能力，如用来培养微生物的培养基，必须经过彻底灭菌才能使用。消毒与灭菌技术是对微生物进行培养的基础。

4. 分离纯化技术

分离纯化技术，是指对微生物群体进行单细胞分离及纯培养，从中获得目的菌株的技术。分离纯化技术是进行微生物培养的必要操作，通常采用的方法是稀释法，目标是在平板培养基中获得单个菌落。运用分离纯化技术可进行菌株筛选、菌种复壮等工作。

5. 生长测定技术

生物的生长是一个复杂的生命活动过程，但微生物具有代谢旺盛、生长繁殖快的特点，在实际应用当中需要对其进行生长测定以选择适宜状态（如菌龄、菌密度等），使微生物发挥最大作用。微生物的生长体现在个体生长与群体生长两方面，由于微生物个体微小，研究微生物个体的生长有一定的困难，因此对微生物的生长测定往往是指群体生长的测定。针对不同种类的微生物，生长测定方法不尽相同，单细胞微生物可以测定其细胞数目作为生长的指标，丝状微生物可以测定菌丝生长速率作为生长的指标。

6. 育种技术

微生物育种是以遗传与变异为理论指导，采用相应的手段，获得符合人们需要的优良菌种的过程。微生物菌种选育的方法有自然选育、定向选育、诱变育种、杂交育种、基因工程育种等，各有优点。由于微生物具有易变异的特点，同一菌种经长时间使用，遗传物质的变异会引发其典型性状发生变化，造成主要性能大幅度下降，因此在实际生产应用中应定期进行育种工作。

7. 菌种保藏技术

微生物的倍增时间较短，在应用的过程中会发生变异、污染、死亡等现象，因此菌种保藏工作显得尤其重要。保藏菌种的方法有很多，常用的有斜面低温保藏法、超低温保藏法、砂土管保藏法、冷冻干燥保藏法、液氮保藏法等，不用的微生物菌种应采用其适合的保藏方法。其基本原理是根据微生物的生理生化特点，人为创造条件，降低微生物细胞的代谢速率甚至使其接近休眠状态，以达到保存菌种生命活力、减少菌种变异的目的。

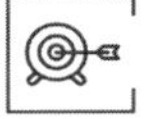

复习思考题

1. 简述微生物的概念、微生物学的概念。
2. 微生物有何生物学特点?
3. 简述生物界的六界分类系统。
4. 原核细胞与真核细胞的主要区别有哪些?
5. 微生物的命名方法是什么? 请举例。
6. 简述巴斯德在微生物学方面的主要贡献。
7. 微生物学的发展经历了哪几个阶段? 各阶段的主要内容是什么?
8. 微生物学的分支学科有哪些?
9. 常用的微生物基础技术有哪些?

第一章

微生物类群及形态结构

根据微生物个体结构的不同，可把微生物分为非细胞微生物、原核微生物和真核微生物三大类群。非细胞微生物没有典型细胞结构，个体极其微小，须借助电子显微镜才能清楚观察，主要包括病毒与亚病毒。相对于非细胞微生物，原核微生物和真核微生物属于细胞型微生物，两者根本区别在于遗传物质的存在形式：原核微生物的细胞没有核结构，其遗传物质是一条裸露的DNA；真核微生物的细胞有核结构，遗传物质以染色体的形式存在于细胞核中，且细胞质中存在功能专一的细胞器。本章主要介绍与食品、生物、制药行业关系密切的一些微生物类群。

知识与思政素养目标

1. 了解细菌、放线菌、酵母菌、霉菌、病毒等微生物。
2. 掌握细菌、放线菌、酵母菌、霉菌、病毒的培养特征和繁殖方式。
3. 掌握细菌、放线菌、酵母菌、霉菌、病毒的形态与结构。
4. 坚定理想信念、家国情怀，坚定中国特色社会主义制度自信。

第一节　细　　菌

细菌是单细胞的微生物，有不同的形状及大小，结构简单，细胞壁坚韧，以典型的二分裂殖方式繁殖。细菌在自然界分布最广、数量最多，是与人类关系十分密切的一类微生物。依照形态及生化特征，细菌可以分成许多类群：它们有些为有益菌，如乳酸菌、醋酸菌、固氮菌、铁细菌、硫细菌、光合细菌等；有些为有害菌，如结核杆菌、肺炎球菌、霍乱弧菌、破伤风杆菌、炭疽杆菌、铜绿假单胞菌、巴氏杆菌等。研究它们对工农业生产，诊断、预防动植物及人类疾病都有重要的意义。

一、细菌的形态和结构

1. 细菌的形态

大多数细菌的形态就是细胞的形态，其形状为球形或近球形的称为球菌；其形状为圆柱形的称为杆菌；其形状为螺旋形的称为螺旋菌（图 1-1）。细胞的形状明显地影响着其行为和稳定性。例如球菌，由于是圆形，在干燥时相对不易变形，因而它比杆菌和螺旋菌更能经受高度干燥而得以存活。杆菌较球菌每单位体积有较大的比表面积，因而比球菌更易从周围环境中摄取营养。螺旋菌呈螺旋式运动，因而较之运动的杆菌受到的阻力要小。

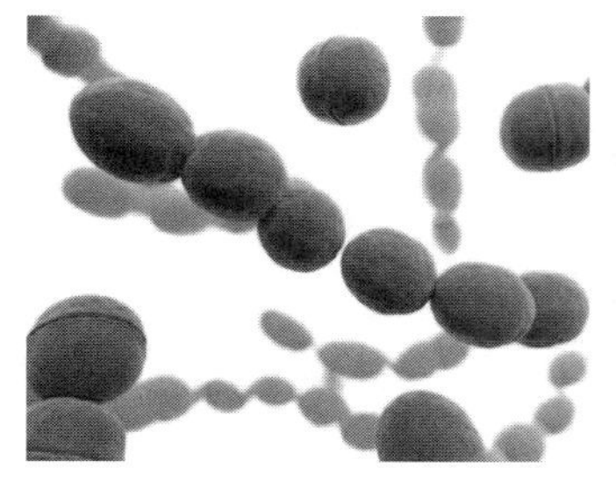

(a) 球形

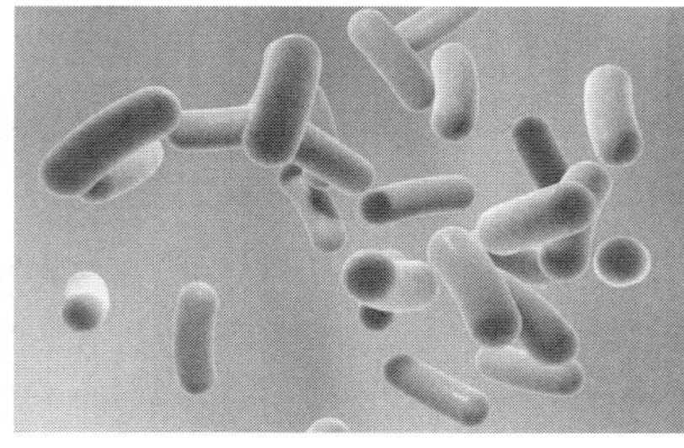

(b) 圆柱形

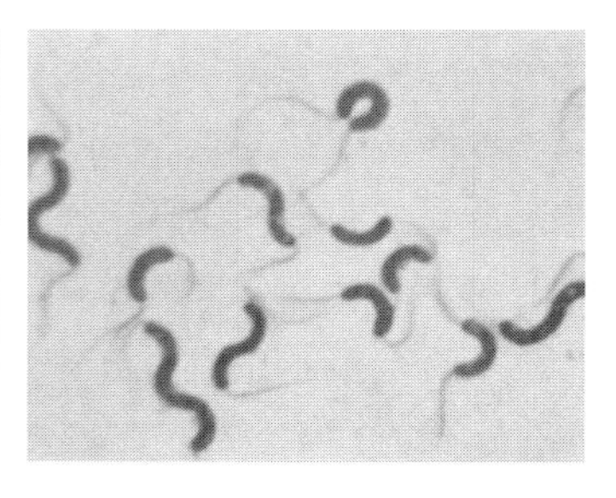

(c) 螺旋形

图 1-1　细菌的细胞形态

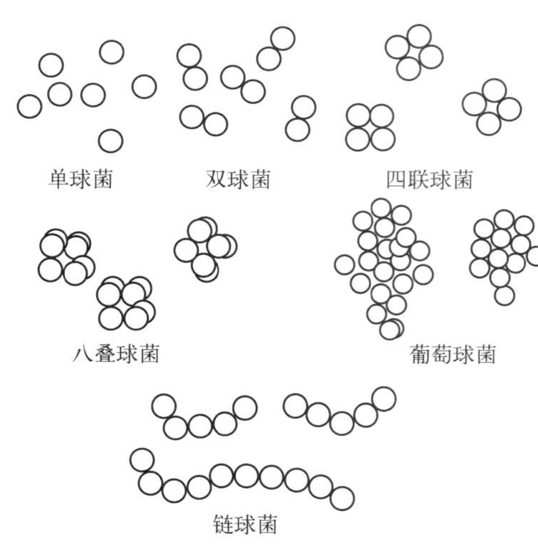

图 1-2　球菌

(1) 球菌　按照细胞的排列方式又可分为单球菌、双球菌、四联球菌、八叠球菌、葡萄球菌和链球菌（图 1-2）。

① 单球菌　细胞分裂沿一平面进行，分裂后新形成的细胞分散而且独立存在，如尿素小球菌。

② 双球菌　细胞分裂沿一平面进行，分裂后新形成的两个细胞成对排列，如肺炎双球菌。

③ 四联球菌　细胞分裂沿两个相互垂直的平面进行，两次分裂后形成的细胞呈田字形排列，如四联小球菌。

④ 八叠球菌　细胞分裂沿三个相互垂直的平面进行，三次分裂后每八个细胞叠在一起成

为一个立方体，如甲烷八叠球菌。

⑤ 葡萄球菌　细胞分裂面不规则，新形成的多个球菌聚在一起，像一串葡萄，如金黄色葡萄球菌。

⑥ 链球菌　细胞分裂沿一平面进行，而第二次细胞分裂与第一次分裂面平行，分裂后的细胞呈链状排列，如乳酸链球菌。

(2) 杆菌　杆状的细菌称为杆菌，是细菌中最多的类型，因菌种不同，其细胞的长短、粗细等方面存在差异。杆菌的形态呈现出多样性，长的杆菌呈圆柱形，有的甚至呈丝状；短的杆菌其形状接近球形，容易与球菌混淆。杆菌的长宽比相差很大，按照其细胞的长宽比及其排列方式又可分为长杆菌、短杆菌、链杆菌和棒杆菌（图 1-3）。菌体呈笔直、稍弯曲和纺锤状等；菌体两端也呈现不同的形状，有半圆形、钝圆形、略尖形等形态。杆菌一般呈无规则分散排列，少数成对或链状，个别呈 Y 状、V 状、栅栏状。一般情况下，同一种杆菌的宽度较为稳定，而它的长度经常会随培养时间、培养条件的变化而呈现出较大的变化。

(3) 螺旋菌　按照其弯曲旋转程度不同又可将螺旋菌分为弧菌、螺菌和螺旋体（图 1-4）。螺旋菌在细菌中种类较少，细胞壁较坚韧，菌体较硬，常以单细胞分散存在。

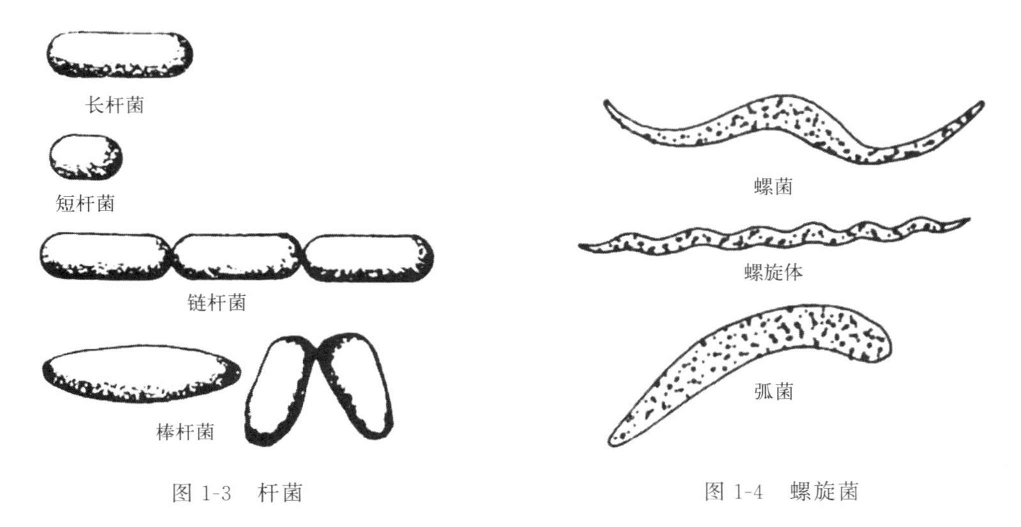

图 1-3　杆菌　　　　图 1-4　螺旋菌

① 弧菌　菌体略弯曲，螺旋不满一环，往往会有偏端单生或丛生鞭毛，如霍乱弧菌。有时，这类菌与略微弯曲的杆菌难以区分。

② 螺菌　菌体回转呈现螺旋状，螺旋满 2～6 环。螺旋程度、螺距会随菌种而异，有的菌体较短，螺旋紧密；有的菌体较长，呈现较多螺旋和弯曲，而且往往细胞的两端有鞭毛，如减少螺旋菌。

③ 螺旋体　介于细菌和原生动物之间的原核微生物，与螺旋菌的结构接近，但因无细胞壁，故菌体很柔软。其螺旋在 6 环以上，有的细菌中央有弹性轴丝，如梅毒螺旋体。

在这三大类细菌中，球菌和杆菌常用于发酵工业，尤其以杆菌最为重要。螺旋菌主要是病原菌。

(4) 其它形态的细菌　细菌除了上述三种基本形态外，还有少数不多的其它形态，如三角形、方形、圆盘形、星形等。

在多数情况下，细胞的形状和排列方式是各种微生物的特征，它们与环境因素有关，如培养的温度、培养基的成分与浓度、pH 值、菌龄等。一般而言，处于适宜生长条件下的幼壮龄细菌，其细胞形态较正常，表现出其所属种类的典型形态，但衰老后或培养条件有较大改变后，就常引起变化，尤以杆菌为甚。异常形态可按其生理功能的差异分为畸形和衰颓形两种。

① 畸形　由于化学的或物理的因素刺激，阻碍了细胞的发育，从而引起其形态的异常变化。如巴氏醋酸杆菌一般为短杆状，由于培养温度不同，可能使其变为纺锤状、丝状或链状。

② 衰颓形　培养时间过长、营养缺乏、代谢抑制物浓度积累过高，使细胞衰老而引起异常形态，此时已停止生长繁殖，细胞膨大，液胞形成，着色力弱，有的菌体名存实亡。如奶酪成熟时的一种乳酪杆菌，在一般培养条件下为长杆状，老熟时则变为无繁殖力的分枝衰颓形。将这类异常形态的细胞转接入新鲜培养基，并在合适条件下培养，它们又会恢复其原来的形状。

过去曾将细胞的排列方式看成是细菌分类的一个主要特征，但现在已知多数情况下这是一种不稳定的特征，只能作为次要的特征。

2. 细菌的大小

细菌的大小因种类的不同而差异较大，有的与藻类细胞接近，肉眼可以观察到，如纳米比亚嗜硫珠菌（细胞呈球状，直径为 0.1～0.3mm）；有的则与最大的病毒相近，在普通光学显微镜下勉强可见。绝大多数细菌介于这两者之间。

球菌的大小以其直径表示，一般处于 0.2～2.0μm 之间；杆菌及螺旋菌以其宽度（直径）×长度表示，多数杆菌的大小为（0.2～1.5）μm×（1.0～8.0）μm，多数螺旋菌的大小为（0.2～2.0）μm×（2.0～60.0）μm。需要注意的是，螺旋菌的长度是指菌体细胞两端点之间的距离，并非其真正的长度。

同一种细菌，其细胞大小相对稳定，但也存在影响因素。一般而言，影响菌体形态的因素也会影响菌体的大小，如幼龄菌比成熟菌或老龄菌的菌体大，培养 4h 的枯草杆菌比培养 24h 的细胞长 5～7 倍，但宽度变化不大。此外，大多数细菌需要经过染色才能进行观察，而染色方法对细胞的大小存在影响，经过固定、染色和干燥处理的死细胞一般要比活的菌体细胞小 1/4～1/3。

3. 细菌的结构

细菌的结构可分两大类：基本结构与特殊结构（图 1-5）。

基本结构为所有细菌所共有，可能为生命所必需，包括：细胞壁、细胞膜、细胞质、间体、核糖体、核质、内含物颗粒等。

特殊结构是某些种的细菌才有，赋予该种细菌某些特定功能，如鞭毛、菌毛、芽孢、荚膜等。

（1）细胞壁　细胞壁是细菌细胞的外壁，较为坚韧且略有弹性，具有保护细胞和维护细胞成形的功能，是细胞的重要结构之一。细胞壁的重量占细胞重量的 10%～25%，各种细菌的壁厚度不等，如金黄色葡萄球菌为 15～20nm；大肠埃希菌为 10～15nm。

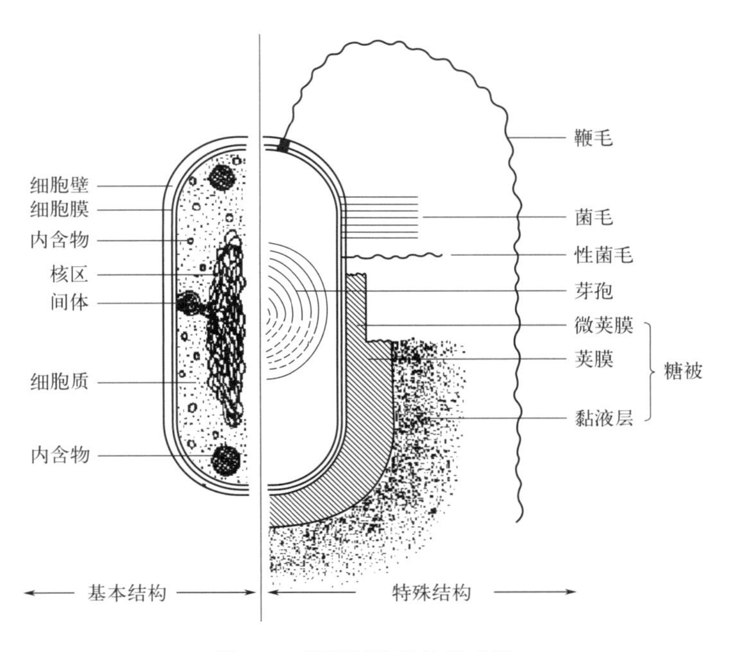

图 1-5　细菌细胞结构模式图

细胞壁的化学成分组成与细菌的抗原性、致病性及对噬菌体的敏感性有关。细胞壁是鞭毛运动所必需的，为鞭毛提供支点。具有鞭毛的细菌失去细胞壁后，仍保持鞭毛，但不能运动。细胞壁多孔，只能允许水及一些小分子化学物质通过，能阻挡大分子。

根据细菌细胞壁结构的重大区别，通过革兰氏染色可将细菌分为革兰氏阳性菌（G^{+}）与革兰氏阴性菌（G^{-}）两大类。G^{+}菌与G^{-}菌细胞壁的主要差异：G^{+}菌的细胞壁只有一层，壁厚，主要由肽聚糖组成；G^{-}菌的细胞壁分内壁与外壁两层，壁薄，肽聚糖含量较低。这两类细菌细胞壁的结构和化学成分的差异见表 1-1。

表 1-1　G^{+}与G^{-}菌细胞壁的结构和化学成分差异

性质	革兰氏阳性菌	革兰氏阴性菌	
		外壁	内壁
肽聚糖	有(占干重的 40%～90%)	有	无
壁酸	有或无	无	无
多糖	有	无	无
蛋白质	有或无	无	有
脂多糖	无	无	有
脂蛋白质	无	有或无	有
厚度/nm	10～80	2～3	3

注：少数细菌，如嗜盐菌、产甲烷菌和硫化叶菌属没有肽聚糖。

革兰氏染色的一般步骤：制片→初染→媒染→脱色→复染。

革兰氏染色的机制：经过初染与媒染，在细胞壁内形成了一种分子较大且不溶性的结晶紫-碘复合物，使细胞呈蓝紫色。经脱色处理，结晶紫-碘复合物可被脱色液从G^{-}细胞中抽提出来，但不能从G^{+}细胞中抽提出来。这是由于G^{+}菌的细胞壁主要由肽聚糖形成的网状结构组成，壁厚、类脂含量低，脱色时细胞壁脱水，肽聚糖层的网状结构孔径缩小，透性降低，结晶紫-碘复合物不易被洗脱而保留在细胞内，复染时复染剂不易进入细胞，最后细胞仍呈现初染剂的蓝紫色；而G^-菌细胞壁的肽聚糖层较薄、类脂含量高，脱色处理时类脂被脱色液溶解，细胞壁透性增大，结晶紫-碘复合物较容易被洗脱出来，复染处理后，细胞被染上复染剂呈现红色。

（2）细胞膜 有时亦称为细胞质膜或质膜等，是指紧靠细胞壁内侧，包裹细胞质的一层薄膜，柔软而富有弹性，可用中性、碱性染料染色，其厚度为5～8nm。细胞膜是使细胞内部与其所处的环境相隔离的最后屏障。细胞膜是一种选择性膜，在对营养物质的吸收和代谢物的分泌方面具有关键作用，如果细胞膜被破坏，细胞膜的完整性就受到破坏，将导致细胞死亡。

① 细胞膜的结构 细胞膜是一种单位膜，约占细胞干重的10%。它主要由蛋白质（占60%～70%）、磷脂（占20%～30%）组成，并以磷脂双分子层为其基本结构（图1-6）。磷脂分子由疏水的脂肪酸和亲水的甘油两部分组成，在水溶液中容易形成高度方向性的双分子层，亲水的极性基团朝外，疏水的非极性基团朝内，形成了细胞膜的基本骨架。蛋白质镶嵌在磷脂双分子层之间，主要指导物质运输功能与催化功能。

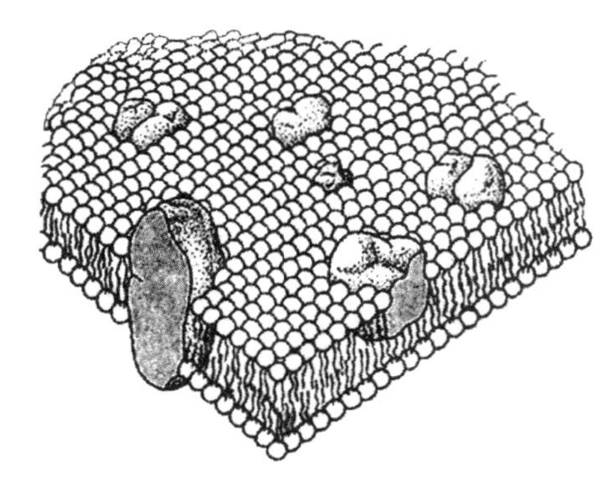
图1-6 细胞膜结构图

② 细胞膜的功能 细胞膜是一层具有高度选择性的半透性薄膜，控制营养物质及代谢产物的进出，使细菌能在各种化学环境中吸收所需的营养物质，排出过多的代谢产物。膜上磷脂的脂酰基在不断地运动，并使膜上的小孔不断打开和关闭。当小孔打开时，水和溶于水中的很多非带电分子可以通过；当小孔关闭时，水溶性物质就不能通过。而受膜表面电荷的影响，离子化与非离子化物质的通过就受到了选择，它们通过膜的机制是不同的。细胞膜的屏障作用是维持细胞内正常渗透压的重要因素。细胞膜是合成细胞壁和糖被的各种组分的重要场所。细菌的细胞膜在细胞呼吸过程中还起到关键的作用。因为膜的内侧和外侧存在呼吸酶系统，其电子传递体系具有电子传递和氧化磷酸化的功能。细胞膜还是鞭毛的着生点和运动能量的来源。

（3）间体 由于细胞质膜的面积比包围细胞所需要的面积大许多倍，大量的细胞质膜内陷，因此形成了一个或数个较大而不规则的层状、管状或囊状物，称为细菌细胞的间体。它似乎起着真核细胞中多种细胞器的作用。原核细胞与真核细胞一样，能合成和分泌消化酶。消化酶不能裸露在细胞质里面，否则就要消化自己。合成的消化酶要排出体外，作为胞外酶在细胞外起消化作用。由于间体是和外界相通的，间体外分泌消化酶时，不用先形成溶酶体再排出，而可直接排出，所以间体实际起着真核生物细胞中内质网的作用。另外，间体上还有细胞色素酶和琥珀酸脱氢酶，因此它又起到了真核细胞的线粒体的一些作用。间体还同细菌横隔形成有关系。革兰氏阳性菌中均有发达的间体，但许多革兰氏阴性菌中却没有。

（4）细胞质 除了核区以外，包在细胞膜以内的无色、透明、黏稠的胶状物质称为细胞质。细胞质的主要成分为水、蛋白质、核酸、脂类、少量糖和无机盐。细胞质是细胞的内在环境，含有各种酶系统，具有生命活动的所有特征，能使细胞与周围环境不断地进行新陈代谢活动。细胞质中核糖核酸含量较高（可达固形物量的15%～20%），呈酸性，易被碱性和中性染料着色。由于老龄细胞中核酸可作为氮源和磷源被消耗，所以其着色力不如幼龄细胞强。

(5) 核糖体　核糖体又称核蛋白体，是分散在细胞质中的亚细颗粒，主要功能是合成多肽。核糖体无膜结构，主要由蛋白质（40%）和RNA（60%）构成，直径约为20nm，其沉降系数为70S，由50S的大亚基和30S的小亚基组成。

在对遗传信息进行翻译时，大小亚基与mRNA结合形成完整核糖体。通常情况下，多个甚至几十个核糖体串联附着在一条mRNA分子上，形成串珠状结构的多聚核糖体，其数量的多少与菌体生长速率有关。

(6) 内含物颗粒　细菌细胞的细胞质常含有各种颗粒，它们大多为细胞储藏物质，称为内含物颗粒。颗粒的多少随菌龄和培养条件的不同而有很大的变化。其成分为糖类、脂类、含氮化合物及无机物等。这些颗粒物质主要有以下五种。

① 异染颗粒　在幼龄细胞中的异染颗粒很小，随着菌龄的增加而变大，在生长后期尤为明显。异染颗粒的功能是储存磷元素和能量。当培养基中缺磷时，它可作为磷的补充源，也可降低细胞的渗透压。

② 聚β-羟丁酸颗粒（PHB）　它不溶于水，是一种碳源和能源性储藏物，具有降低细胞渗透压的作用。在某些细菌干物质中聚β-羟丁酸颗粒含量高达70%～80%。

③ 糖原粒与淀粉粒　细菌的多糖储存物通常均匀地分布在胞内，颗粒较小。

④ 脂肪粒　细菌在旺盛生长时脂肪粒的数量均随之增加，细胞破坏后脂肪粒可游离出来。

⑤ 液泡　许多活细菌细胞内有液泡，液泡内充满水分和盐分，有时含有异染颗粒、类脂。液泡具有调节渗透压的功能，液泡内物质可与细胞质进行物质交换。

不同微生物的储藏性内含物不尽相同。如芽孢杆菌只含有聚β-羟丁酸，肠道菌（如大肠埃希菌、产气杆菌）只储藏糖原，接近衰老时含量增多。当培养环境中缺乏营养物质时，细胞就可利用它们以维持生命活动。一般当环境中缺乏氮源，而碳源、能源丰富时，细胞储存较大量的内含物，有的可达到细胞干重的50%以上。细胞以多聚物形式储存营养物的优点是可以避免内渗透压过高的危害，细胞的大量储存物也可为人们所利用。

(7) 核质　也称为拟核、原核、核区或核基因组，是指原核微生物特有的无核膜结构，无固定形态的原始细胞核。构成核质的主要物质是一个大型环状双链DNA分子，还有少量的蛋白质与之结合。在细菌细胞中有一个或几个核质，每个细胞所含有的核质数与该细胞的生长速度有关，一般为1～4个。其功能是存储、传递和调控遗传信息。核质外面没有核膜，核质中极大部分空间被卷曲的DNA双螺旋所填满。每个核质可能只有一个单位DNA分子，而且呈环状。在快速生长的细胞体内核质DNA可占细菌总体积的20%。

由于细菌核质不具核仁、核膜，所以不是真正的核。但其核质也不与细胞质相混合，因细菌细胞质具有更高的凝胶化程度。另外，由于DNA含有磷酸基团，故带有很高的负电荷。在细胞中，负电荷被Mg^{2+}以及有机碱（如精胺、亚精胺和腐胺等）中和；而在真核生物中，DNA的负电荷被碱性蛋白质（如组蛋白和鱼精蛋白等）所中和。这也是真核生物细胞和原核生物细胞的重大区别之一。

(8) 鞭毛 很多细菌都具有独立运动的能力，这种运动一般是通过特殊的运动器官鞭毛来进行的。细菌的鞭毛是一种细长的附属丝，其一端着生于细胞质内的基粒上，另一端穿过细胞膜、细胞壁伸到外部，成为游离端。鞭毛的数目有一到数十根，其直径一般为15～20nm，长度一般为15～20μm，最长可达70μm。

大多数球菌不生鞭毛；杆菌有的生鞭毛，有的则不生；螺旋菌一般都生有鞭毛。不同的细菌鞭毛的着生位置与数量不同（图1-7），因而鞭毛可作为鉴定菌种的依据。根据鞭毛的排列情况和数量，细菌分为以下几种类型。

① 偏端单生鞭毛菌　在菌体的一端只生一根鞭毛，如霍乱弧菌。

② 两端单生鞭毛菌　在菌体的两端各生一根鞭毛，如鼠咬热螺旋体。

③ 偏端丛生鞭毛菌　在菌体的一端生出一束鞭毛，如铜绿假单胞菌。

④ 两端丛生鞭毛菌　在菌体的两端各生一束鞭毛，如产碱杆菌。

⑤ 周生鞭毛菌　周身都有鞭毛，如大肠埃希菌、枯草杆菌。

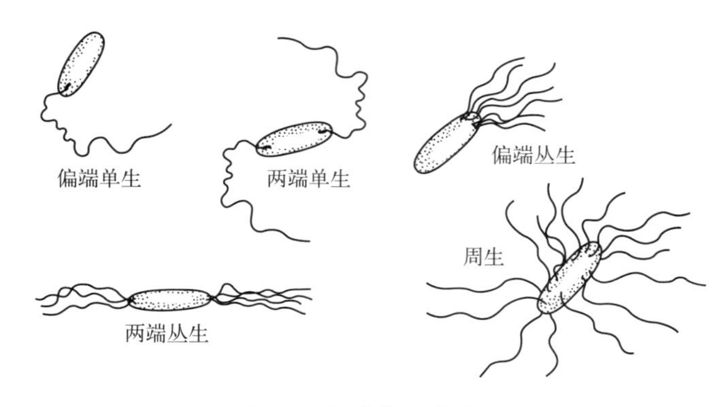

图1-7　细菌鞭毛的类型

鞭毛通常都不是直的，而是螺旋形的，平展时呈波曲状。在两个相邻的弯曲间表现出固定的长度，称为波长。各种微生物鞭毛的波长是恒定的，但也有一些细胞具有两种不同的波长。

细菌鞭毛是由蛋白质亚单位组成，还含有少量的多糖、脂类和核酸等，这种蛋白质称为鞭毛蛋白。它们的氨基酸组成不是很典型，与多数蛋白质相比，其含硫氨基酸和芳香族氨基酸的量较少，而天冬氨酸和谷氨酸的含量则较多。

鞭毛是细菌的运动器官，但并不是生命活动所必需的，鞭毛极其容易脱落，也会因遗传变异而消失。幼龄菌带有鞭毛，运动快，老龄菌鞭毛脱落，不能运动。

鞭毛与细菌的运动密切相关，周生鞭毛菌一般按直线慢而稳定地运动和旋转，而端鞭毛菌运动较快，经过左右旋转由一个地方冲撞到另一个地方。其运动速率为20～80μm/s，即每秒钟的移动距离为细胞长度的10倍，甚至数十倍，这要比最快的动物还快。

(9) 菌毛与性菌毛 菌毛是细菌体表的纤细、短直的丝状体结构，又称纤毛。与鞭毛比较，菌毛更细、更短、更多，而且又直又硬，其直径一般为3～10nm，长度一般为0.5～6μm。菌毛的化学成分同鞭毛相似，也是源于细胞膜内侧的基粒，但结构较鞭毛简单。并非所有细菌都有菌毛，某些不具鞭毛的细菌生有菌毛，有的细菌两者皆有。菌毛无运动功能，具有附着于其他生物体的功能，如一些致病菌借助菌毛附着于宿主细胞引起致病。通常情况下，液态静置培养时，具有菌毛的细菌能在液体表面形成菌膜或浮膜。

性菌毛的成分与结构跟菌毛相同，但比菌毛长，数量上仅有一根到几根，其功能是传递遗传物质。两个细菌细胞通过性菌毛进行接合，游离的 DNA 分子可以从一个细胞转移到另一个细胞。

（10）芽孢　芽孢是某些细菌在其生活史的一定阶段，在营养细胞内形成一个球形或椭球形、壁厚、含水量极低、抗逆性强的休眠体。细菌的芽孢都是在细胞内形成，所以又称为内生孢子，每个细胞只能形成一个芽孢。

能否形成芽孢是细菌种的重要特性。大多数球菌不产生芽孢。杆菌中主要有两个属能产生芽孢，分别为好氧的芽孢杆菌属和厌氧的梭状芽孢杆菌属；此外，有些微好氧芽孢乳杆菌属、厌氧性脱硫肠状菌属、鼠孢菌属也能产生芽孢。螺旋菌、弧菌只有少数种能产生芽孢。

① 芽孢的类型　每种细菌芽孢形成的位置、形状和大小是相对稳定的，但也受环境条件的影响（图 1-8）。这在分类鉴定上有一定的意义。

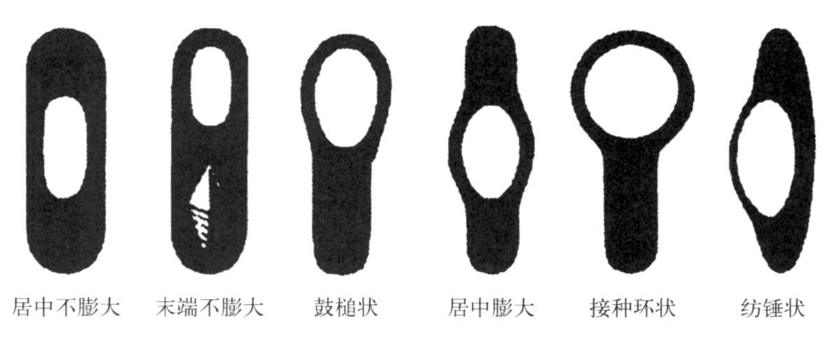

图 1-8　芽孢的类型

多数好氧性的芽孢杆菌形成的芽孢是位于细胞中央或近中央的部位，其直径小于细胞的宽度，如枯草芽孢杆菌、巨大芽孢杆菌、蜡状芽孢杆菌等。

大多数厌氧芽孢杆菌的芽孢也是位于细胞的中央，但直径大于细胞的宽度，因此细胞呈两头小、中间大的梭状。但有些厌氧菌如克氏梭状芽孢杆菌的一些细胞形成的芽孢位于细胞的一端，其直径大于细胞的宽度，从而使细胞呈鼓槌状。

② 芽孢的构造　芽孢构造复杂，有多层结构，主要包括芽孢外壁、芽孢衣、皮层与核心。芽孢外壁：主要成分为脂蛋白，结构致密，通透性差，进行染色时难着色。芽孢衣：主要成分为角蛋白，多价离子难以通过，具有抗酶解和抗药物作用。皮层：主要成分为肽聚糖和 2,6-吡啶二羧酸钙（DPA-Ca），DPA 是芽孢的特有成分，在营养细胞内几乎检测不到 DPA 的存在，DPA 能增强芽孢的耐热性。核心：由芽孢壁、芽孢质膜、芽孢质和核区组成，是形成新细胞的重要部分。芽孢在结构上不同于营养细胞之处主要在于芽孢壁之外的那些层次结构。

芽孢是一种特殊的休眠细胞形式，具有一个细胞维持生命的所有功能，在适宜的环境条件下会萌发形成营养体。芽孢与其它外生孢子不同，一个营养细胞只能形成一个芽孢，一个芽孢只能产生一个新细胞，因此芽孢不是细菌的繁殖体。

（11）荚膜 荚膜也称糖被，由细菌分泌到胞外的黏性物质组成。高度分散的黏性物质很难看作是细胞的构造部分，但是有些细菌分泌的黏性物质并不容易扩散，而以一层厚膜状态包围在胞壁外，在细胞表面形成一个致密层，构成了细菌细胞的荚膜。根据荚膜的形状和厚度不同可分为四种：

① 如果这种黏性物质具有一定外形，相对稳定地附着在细胞壁外，称为荚膜或大荚膜。荚膜的厚度因菌种和环境的不同而不同。一般可达200nm。

② 如果这种黏性物质的厚度较薄，小于200nm，称为微荚膜，与细胞表面结合较紧。

③ 如果这种黏性物质稀疏地附着，没有明显的边缘，只形成一扩散层，且扩散到周围环境中，使培养基的黏度增加，这种黏性物质就称为黏液层。

④ 通常情况下，每个菌体外包围着一层荚膜，但有些细菌的荚膜物质相互融合，连在一起，组成了共同的荚膜，多个细菌存在于一个共同的荚膜内，就称之为菌胶团。

荚膜的成分因菌种的不同而异，含有大量水分，约占其重量的90%以上，其余一般由多糖类、多肽类，或者多糖蛋白质复合体组成。产生荚膜的能力是微生物的一种遗传特性，革兰氏阳性和革兰氏阴性两类菌群都能形成荚膜，荚膜不是细菌的必要成分，没有荚膜的变异株照样能正常地生长。

荚膜的生理功能是它本身可作为细菌的养料储藏库，在营养缺乏时，细菌可利用其储藏的碳源和能量，甚至直接利用荚膜多糖来维持生命；还可用于堆积废物；荚膜有抗吞噬作用，荚膜能保护病原菌免遭宿主吞噬细胞的吞噬，可增强致病菌本身的毒力；荚膜的“胶体”性质能使细胞抵抗干燥，并可使细胞与环境中的毒性金属离子隔离，而达到保护细胞的作用。

二、细菌的培养特征

1. 菌落特征

细菌细胞的个体极小，当接种到合适的固体培养基上时，在合适的生长条件下，便会迅速生长繁殖。由于受固体培养基表面的限制，细菌的生长繁殖局限在固体表面的某一空间内，形成一个较大的子细胞群落，此群落称为菌落。菌落如果是由一个单细胞发展而来，就是一个纯种细胞群，称纯无性繁殖系，或称克隆。各菌落如果连成一片则称为菌苔。菌落在微生物学中，主要用于微生物的分离、纯化、鉴定、计数等研究和菌种选育等。

各种细菌在标准培养条件下形成的菌落具有一定的特征（图1-9）。

菌落特征包括菌落大小、形状（圆形、假根状、不规则状等）、边缘情况（整齐、波状、裂叶状、锯齿状等）、隆起情况（扩展、台状、低凸、凸面、乳头状等）、光泽（闪光、金属光泽、无光泽）、表面状态（光滑、皱褶、颗粒状、同心环、龟裂状）、颜色、质地（油脂状、膜状、黏、脆等）、硬度、透明度等。这对于菌种识别和鉴定具有一定意义。

菌落的形状和大小不仅决定于菌落中细胞的特性，还受其邻近菌落的影响。菌落靠得太近时，由于营养物质有限，有害代谢物的分泌与积累，会使菌落的生长受到抑制。另外，菌落内各个细胞间也会因所处的空间位置不同，在营养物的摄取和空气的提供方面有差异，从而造成同一菌落中个体间在生理与形态上有所差异。

细菌的菌落一般较小，较薄，较有细腻感，较湿润、黏稠，易挑起，质地均匀，菌落各

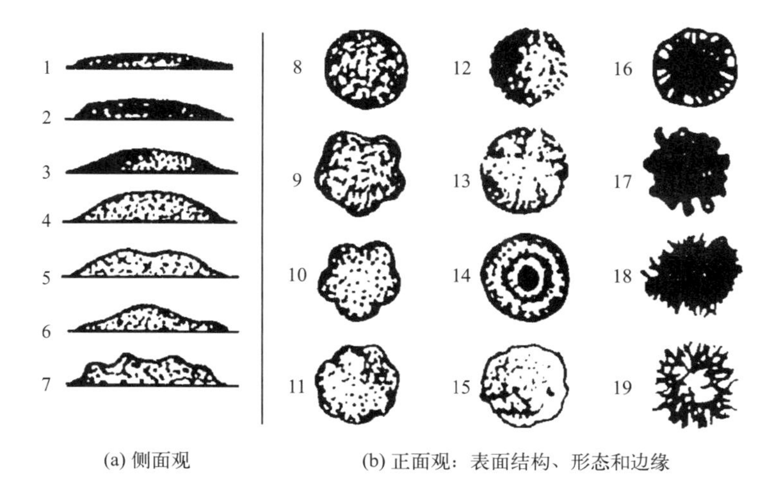

(a) 侧面观　　(b) 正面观：表面结构、形态和边缘

图 1-9　细菌的菌落特征

1—扁平；2—隆起；3—低凸起；4—高凸起；5—脐状；6—草帽状；7—乳头状；8—圆形，边缘完整；9—不规则，边缘波浪；10—不规则，颗粒状，边缘叶状；11—规则，放射状，边缘叶状；12—规则，边缘扇状；13—规则，边缘齿状；14—规则，有同心环，边缘完整；15—不规则，毛毯状；16—规则，菌丝状；17—不规则，卷发状；18—不规则，丝状；19—不规则，根状

部位的颜色一致等。但也有的细菌形成的菌落表面粗糙、有褶皱感等特征。

2. 其他培养特征

培养特征除了菌落外，还包括在软琼脂穿刺培养中的生长、在明胶穿刺培养中的生长、在肉汤培养基的生长、在琼脂斜面划线培养的生长等形成的特征。

在软琼脂培养基上进行穿刺培养主要是为了鉴定细菌的运动特征。因为不能运动的细菌只能沿穿刺线部分生长，而能运动的细菌则向穿刺四周扩散生长。不同种的细菌，其运动扩散的形状是有差异的。

细菌若能在明胶培养基中生长繁殖，则说明它能产生明胶酶（即蛋白酶）水解明胶。明胶被水解后会形成一定形状的溶解区。

在肉汤中培养细菌是为了观察其液体培养特征。一般培养 1～3 天后可以观察其表面（膜和环等）的生长情况、混浊程度、沉淀情况、有无气泡和颜色等。

在琼脂斜面上划线培养一般要在 2～5 天后观察。每种细菌的培养特征亦不同。

三、细菌的繁殖方式

细菌的繁殖体现为细胞数目的增多。在适宜的环境条件下，细菌细胞不断吸收和利用营养物质，细胞的体积会增大、质量会增加，称为细菌的生长。当生长到一定阶段，细胞数量就会增加，称为细菌的繁殖。生长与繁殖是交替相伴进行的。

细菌一般进行无性繁殖，即细胞的横分裂，称为裂殖。裂殖形成的子细胞常大小相等，称同形裂殖。在陈旧培养基中也会出现大小不等的子细胞，称异形裂殖。

细菌分裂分三步进行：第一步是细菌染色体进行复制，细胞核区伸长并分裂，同时在细胞赤道附近的细胞质膜由外向中心作环状推进，然后闭合而形成一个垂直于细胞长轴的细胞质隔膜，并使细胞质和两个“细胞核”分开；第二步是形成横隔膜，随着细胞膜内陷，母细胞的细胞壁向内生长，将细胞质隔膜分成两层，分别成为子细胞的细胞质膜，横隔膜也随之分成两层，每个子细胞都有了一个完整的细胞壁；第三步是将细胞等分为两个子细胞。裂殖过程如图 1-10 所示。

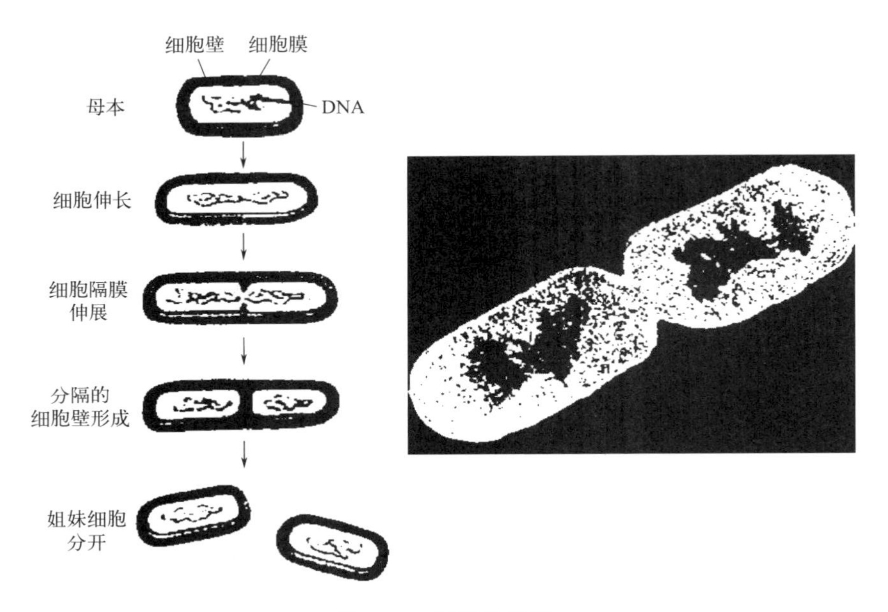

图 1-10　细菌的裂殖

有些细菌细胞在横隔膜形成后便相互分离，而有的则在横隔膜形成后暂时不分离，呈双球菌、双杆菌、链状菌，有些球菌因分裂面的变化而呈四联球菌、八叠球菌。因此，根据分裂的方向及分裂后各子细胞排列的状态不同，可形成各种形状的群体，如图 1-11 所示。

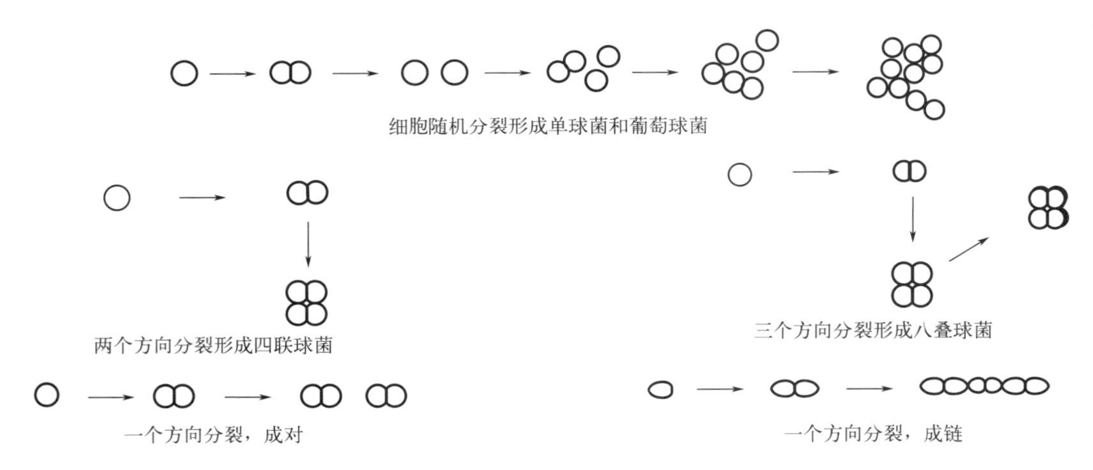

图 1-11　裂殖后细胞的排列方式

细菌除了无性繁殖外，还存在有性接合，是指两个细菌细胞通过性菌毛相互接触，DNA 从一个细胞转移到另一个细胞，最终产生基因重组，子代产生新性状。在自然条件下，细菌进行有性接合的频率较低。除埃希氏菌属外，志贺菌属、沙门菌属、假单胞菌属、沙雷菌属和弧菌属的培养物，在实验室条件下都有有性接合现象。

四、常见的细菌

在食品生产中有许多细菌在发挥着各种作用，如在食醋生产中进行醋酸发酵的醋酸杆菌、在白酒发酵中产生酯香成分的丁酸菌和己酸菌、在发酵乳制品生产中起积极作用的嗜热链球菌和乳杆菌等。当然也有许多危害食品生产和食品质量的有害细菌，如容易引起人类肠道疾病的大肠埃希菌、金黄色葡萄球菌、沙门菌等。

1. 肠杆菌科

大肠菌群

肠杆菌科在自然界中分布较广，大部分为肠道共生菌、传染病菌或其他动物致病菌，一部分为致病菌，另一部分为腐生菌。细胞短而直，(0.4～1.0)μm×(1～4)μm，革兰氏阴性菌，无芽孢，以周生鞭毛运动，能够分解碳水化合物为有机酸、二氧化碳和水等，能还原硝酸盐为亚硝酸盐。

大肠埃希菌，即大肠杆菌，细胞呈杆状，0.5μm×(1.0～3.0)μm，有时呈近似球状，有的呈长杆状，为革兰氏阴性菌，运动或不运动，运动者有周生鞭毛。一般无荚膜，无芽孢，琼脂菌落为白色到黄白色，边缘全缘呈波状，光滑闪光，扩展。牛乳中迅速产酸凝固，不胨化。明胶不液化。能产生吲哚，甲基红阳性，V. P. 试验阴性，不能利用柠檬酸盐。

2. 乳酸菌

乳酸菌

乳酸菌是一类可发酵糖主要产生大量乳酸的细菌的通称，有球状菌和杆状菌两种，它们均为革兰氏阳性，大多数不运动，能运动的乳酸菌为周生鞭毛。乳酸菌无芽孢，通常排列成链，当周围环境中有碳水化合物时，能够旺盛生长繁殖。可以直接发酵乳糖，过氧化氢酶呈阴性，大多数无色素。

3. 醋酸杆菌

醋酸杆菌

其属于醋酸单胞菌属，细胞从椭圆到杆状，为单生、成对甚至成链。醋酸杆菌有两种类型的鞭毛，即周生鞭毛和端生鞭毛，周生鞭毛醋酸菌可以氧化醋酸为水和二氧化碳，而端生鞭毛的醋酸菌不能进一步氧化醋酸，二者皆为革兰氏阴性菌。

4. 枯草杆菌

枯草芽孢杆菌

枯草杆菌属于芽孢杆菌属，细胞 (0.7～0.8)μm×(2.0～3.0)μm，单生，着色均匀，无荚膜，周生鞭毛，能运动，革兰氏阳性。芽孢 (0.6～0.9)μm×(1.0～1.5)μm，椭球到柱状，中生到近中生，壁薄。芽孢囊不明显膨大，常为两端染色，菌落粗糙，不透明，不闪光，扩展，灰白色或微黄色。能液化明胶，胨化牛乳，能还原硝酸盐，能水解淀粉，好氧，分解色氨酸生成吲哚。该菌广泛应用于制备蛋白酶、淀粉酶、5′-核苷酸酶、某些氨基酸、核苷等。

5. 产氨短杆菌

属于短杆菌科短杆菌属，细胞呈杆状，端头圆，0.8μm×(1.4～1.7)μm，为单生，无荚膜，不运动，革兰氏阳性，琼脂菌落呈圆形，扁平，光滑，全缘，灰白色，偶尔有淡黄色，不能液化明胶，石蕊牛乳微酸，不能产生吲哚，能还原硝酸盐，对淀粉无水解能力，分解尿素产氨，好氧或兼性厌氧。此菌为氨基酸、核苷酸工业生产中常用菌种。

第二节 放 线 菌

放线菌是一大类介于细菌和真菌之间的单细胞微生物，其形态极为多样（杆状到丝状），大多数呈丝状生长。放线菌的细胞构造、细胞壁的化学成分和对噬菌体的敏感性与细菌相同，但在菌丝的形成和以外生孢子繁殖等方面则类似于丝状真菌。放线菌因菌落呈放射状而得名。

放线菌大多数为腐生菌（即分解已死的生物或其他有机物以维持自身正常生活的一种方式），少数为寄生菌（即一种生物寄居于另一种生物体内或体表，摄取宿主细胞中的营养物质以维持生命的一种方式）。部分寄生型放线菌可引起人和动植物病害。放线菌在自然界中分布极广，主要居于土壤之中，每克土壤中含有数万甚至数百万放线菌的孢子，一般在中性或偏碱性的土壤中较多。土壤特有的腥味主要就是由放线菌所产生的代谢产物引起的。

放线菌大多数为好氧菌，只有某些种是微量好氧或厌氧菌，因此，在工业发酵生产抗生素时必须保证足够的通气量。温度对放线菌的生长也有较大的影响，大多数放线菌的最适温度为23～37℃；高温放线菌的生长温度为50～60℃；低温为20～30℃。放线菌的菌丝体比细菌的营养体抗干燥能力强，放线菌的孢子具有较强的耐干燥能力，但不耐高温。

放线菌的应用非常广泛，其代谢产物在医药、卫生、农业生产、食品加工等方面得到广泛应用。目前生产的抗生素绝大多数是由放线菌产生的，有些放线菌还用来生产维生素、酶、有机酸等。如由弗氏链霉菌产生的蛋白酶已在制革工业中用以脱毛，游动放线菌产生的葡萄糖异构酶已用于生产，从灰色链霉菌的发酵液中提取维生素 B_{12} 等。此外，在酶抑制剂、甾体转化、烃类发酵、污水处理等方面也有所应用。

一、放线菌的形态和结构

放线菌的形态较细菌复杂，大部分放线菌的菌体由分枝状菌丝体构成，菌丝大多数无隔膜，仍属单细胞，革兰氏阳性。菌丝的粗细与杆菌接近（1μm），细胞壁含胞壁酸、二氨基庚二酸，不含几丁质、纤维素。菌丝体由于形态、功能的不同，分为基内菌丝和气生菌丝。

1. 基内菌丝

基内菌丝长在培养基内部或表面（图1-12），其主要功能是吸收营养物质，所以又称为营养菌丝。基内菌丝一般无横隔膜（诺卡氏菌除外），直径0.2～1.2μm，但长度差别很大，短的小于100μm，长的可达600μm以上，分枝繁茂。无色或产生水溶性或脂溶性色素而呈现黄、绿、橙、红、紫、蓝、褐、黑等各种颜色。

2. 气生菌丝

基内菌丝生长到一定时期，分枝长出培养基表面，往上空伸展生成的菌丝称为气生菌丝。气生菌丝的颜色较基内菌丝深，较粗，直径为1～1.4μm，其长度差别更为悬殊；形状直形或弯曲状，有分枝，有的产生色素。在无性繁殖过程中，气生菌丝分化为孢子丝、孢囊和孢子等。

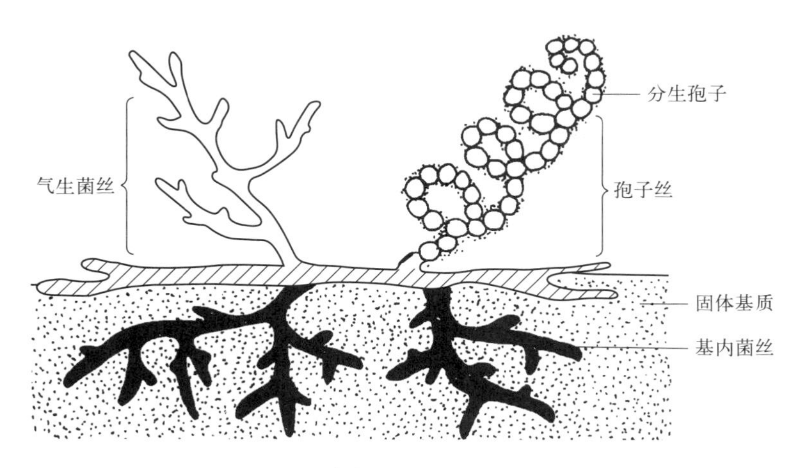

图 1-12　链霉菌的基内菌丝与气生菌丝

3. 孢子丝及孢子

孢子丝是由气生菌丝生长发育到一定阶段，分枝部分分化而来，是具有形成孢子作用的繁殖菌丝，形状呈直状、波曲状、螺旋状和轮生状等，常见孢子丝形态如图 1-13 所示。

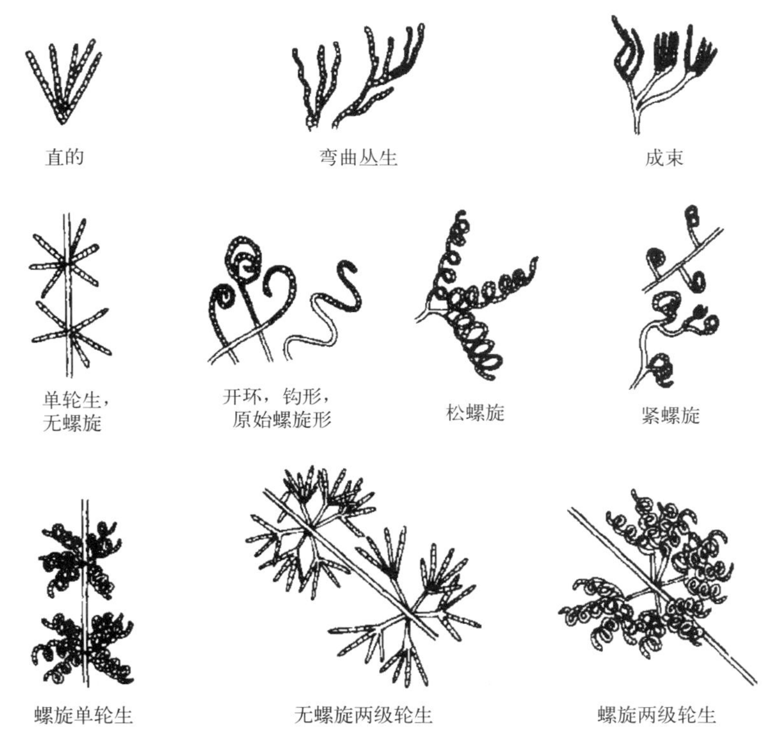

图 1-13　放线菌孢子丝类型

孢子丝的形状及在气生菌丝上的排列方式随种的不同而不同。螺旋的数量、大小、疏密程度、旋转方向都是菌体中的特征。螺旋的数量通常为 5～10 转，也有少至 1 个多至 20 个的；旋转方向多为逆时针，少数为顺时针；孢子丝排列的方式有交替着生，有丛生，有轮生。孢子丝上形成成串的孢子。孢子形状有球形、椭圆形、杆形、柱形和瓜子形等。

同一孢子丝上分化的孢子，其形状、大小有时不一致，因此孢子的形状和大小不能作为区分种的唯一依据，而必须结合孢子的表面来进行区分。据目前的发现，孢子丝直或波曲的，其孢子表面光滑；孢子丝为螺旋形的，其孢子表面则因种而异：有的光滑，有的刺状，有的毛发状。常见的链霉菌孢子丝形态有垂直状、松螺旋状、紧螺旋状、单轮无螺旋状、双轮螺旋状，如图 1-14 所示。

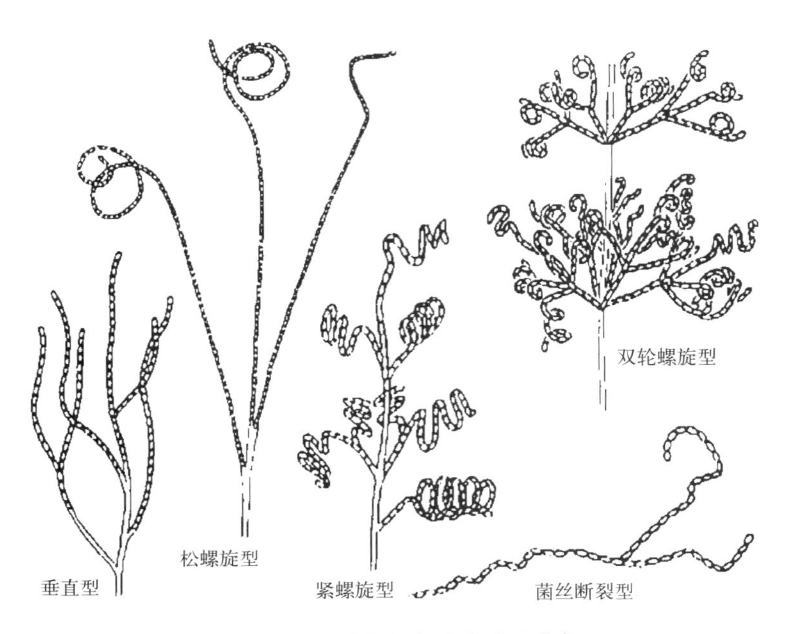

图 1-14　链霉菌的常见孢子丝形态

4. 孢囊及孢囊孢子和游动孢子

孢囊链霉菌的孢囊发育于基内菌丝或气生菌丝，通常近似圆形。孢囊内形成的孢子有球形、椭圆形或杆状。具有鞭毛能游动的称为游动孢子；没有鞭毛不能游动的称为孢囊孢子。游动孢子的鞭毛有一个单生，或两个生在一起，或多数是丛生，或是周生（图 1-15）。

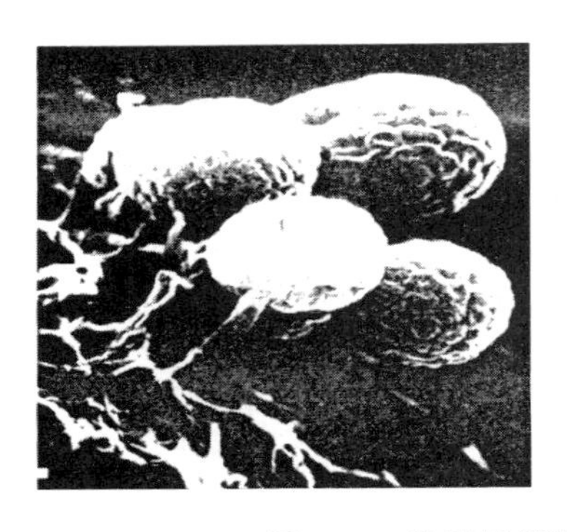

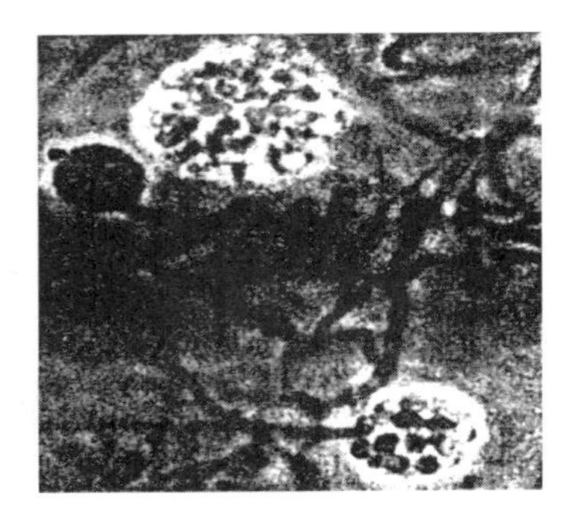

图 1-15　孢囊链霉菌的孢囊及孢囊孢子

放线菌孢子通常具有色素，呈白色、灰色、黄色、橙黄色、红色、粉红色、蓝色、绿色等颜色。成熟的孢子堆，其颜色在一定培养基与培养条件下比较稳定。孢子的颜色与孢子的结构有一定的相关性，白色、黄色、淡绿色、灰黄色、淡紫色孢子的表面一般都是光滑，粉红色孢子只有极少数带刺，黑色孢子则绝大多数都带刺和毛发。因此，颜色是鉴定此类菌种的重要依据之一。

二、放线菌的培养特征

由菌丝体组成的菌落一般为圆形，秃平或有许多皱褶和地衣状。菌丝体就是由菌丝相互缠绕而形成的形态结构，菌落特征介于细菌和霉菌之间。由于放线菌的气生菌丝较细，生长缓慢，菌丝分枝相互交错缠绕，所以形成的菌落质地较致密，表面呈较紧密的绒状，坚实、干燥、多皱，菌落较小而不延伸。

菌落的形成会因菌种而不同。一类是产生大量分枝的基内菌丝和气生菌丝的菌种（如链霉菌），基内菌丝伸入基质内，菌落紧贴着培养基表面，极坚硬，若用接种针来挑取，可将整个菌落自表面挑起而不破裂。菌落表面起初光滑或如发状缠结，其后在上面产生孢子，表面呈粉状、颗粒状或絮状。气生菌丝有时呈同心环（图 1-16）。

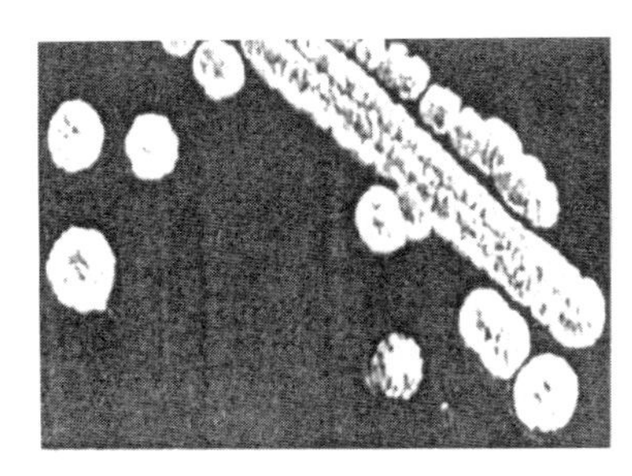
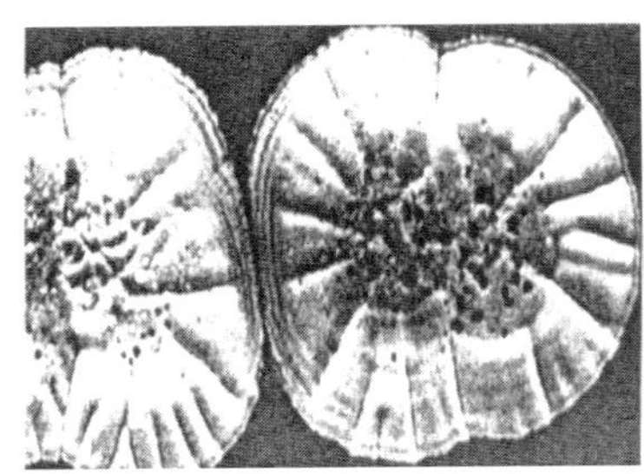

图 1-16　链霉菌菌落

另一类是不产生大量菌丝的菌种，如诺卡氏菌所形成的菌落。这类菌的菌落黏着力不如上述的一类强，结构呈粉质，用针挑取则粉碎（图 1-17）。

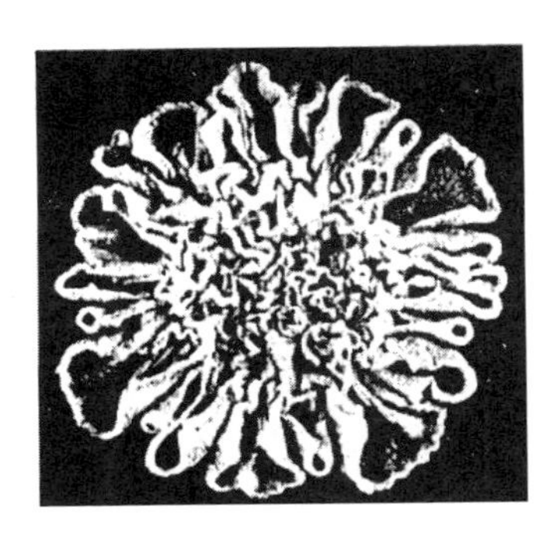
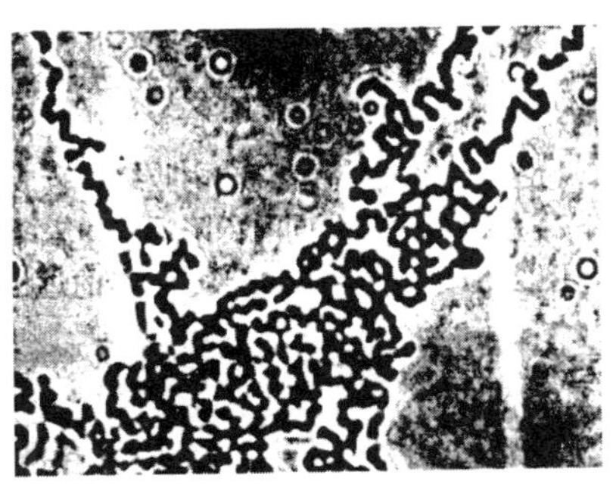

图 1-17　某种诺卡氏菌菌落

在放线菌菌落表面常产生聚集成点状的白色或黄色菌丝，即次生菌丝，不产生孢子。普通染色剂如次甲基蓝、结晶紫和石炭酸品红都可作为气生菌丝、基内菌丝和孢子的染料。

幼龄菌落中气生菌丝尚未分化成孢子丝，其菌落表面与细菌难以区分。当孢子丝形成大量孢子布满菌落表面后，就呈现表面絮状、粉状或颗粒状的菌落特征；菌丝和孢子常呈现不同颜色，使菌落表面和背面呈现不同色泽。水溶性色素可扩散，脂溶性色素则不扩散。

若将放线菌接种于液体培养基中静态培养，在瓶壁液面处形成斑状或膜状菌落，或沉降于瓶底而不会使培养基混浊；若用振荡培养，常形成由短的菌丝体所构成的球状颗粒。

三、放线菌的繁殖方式

放线菌以无性方式繁殖，主要是形成无性孢子进行繁殖，无性孢子主要有分生孢子和孢子囊孢子；也可通过菌丝断片繁殖。

放线菌生长到一定阶段后，一部分气生菌丝分化为孢子丝，孢子丝成熟便分化形成许多孢子，成为分生孢子，其生活史见图 1-18。

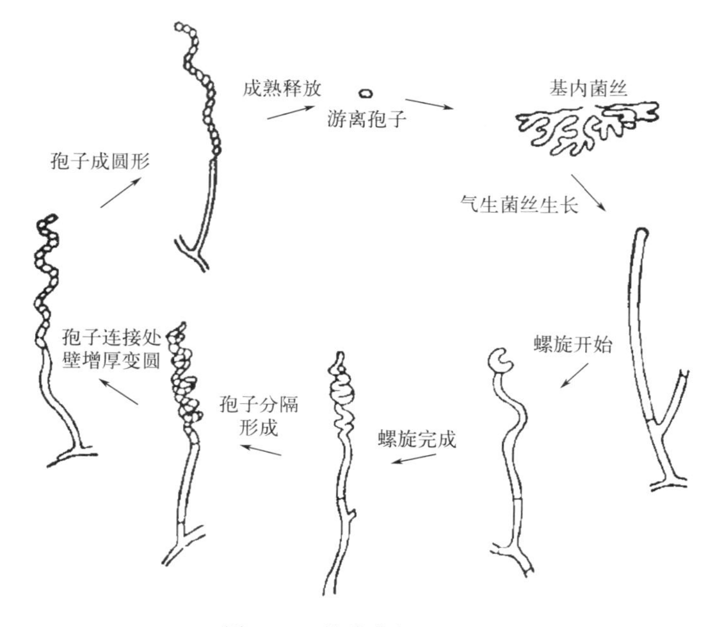

图 1-18　放线菌的生活史

利用电子显微镜观察超薄切片，结果表明，成熟的孢子丝以横隔分裂的方式形成孢子：一是质膜内陷，逐渐由外向内收缩并形成横隔膜，孢子丝分隔成许多孢子；二是细胞壁和质膜同时内陷，逐渐向内缢缩，形成隔膜壁，孢子丝缢裂成连串的孢子。

有些放线菌由菌丝盘卷形成孢子囊，其间产生横隔，在孢囊内形成孢囊孢子，孢子囊成熟后，释放出大量孢囊孢子。孢子囊可以在气生菌丝形成，也可在基内菌丝上形成。

在液体培养中，放线菌主要靠菌丝断裂片段进行繁殖。工业发酵生产抗生素时，放线菌就以此方式进行大量繁殖。如果静置培养，培养物表面往往形成菌膜，膜上可生出孢子。

另外，小单胞菌科中的多数种的孢子着生在直而短的营养菌丝的分叉顶端上，一个枝杈顶端形成一个球形、椭圆形或长圆形的孢子，这些孢子也称分生孢子。它们聚集在一起，很像一串葡萄；某些放线菌偶尔也会产生厚壁孢子。

四、常见的放线菌

1. 链霉菌属

该属菌的基内菌丝体纤细，直径为 0.5～0.8μm，也有 1～1.2μm，无横隔，多分枝。形成各种形状的孢子丝，呈直状、波曲状、螺旋状及轮生状。多生长在含水量较低、通气较好的土壤中。菌落紧密、多皱、崎岖，皮壳状或平滑，颜色各异。气生菌丝覆盖在菌落表层，呈粉状、绒状或茸毛状。孢子形成后可呈各种颜色。

链霉菌属有1000多种。许多常用的抗生素都由链霉菌产生，如链霉素、土霉素、井冈霉素、丝裂霉素、博来霉素、制霉菌素和卡那霉素等。据统计，由链霉菌属产生的抗生素占由放线菌产生的抗生素的90%以上。

2. 链孢囊菌属

能形成孢囊孢子，有时还可形成螺旋孢子丝，成熟后分裂出分生孢子。其基内菌丝分枝较多，但横隔稀有，直径0.5～1.2μm。气生菌丝呈丛生、散生或同心环排列。此属菌有15种以上，其中不少种可产生广谱抗生素：粉红链孢囊菌产生的多霉素可抑制革兰氏阳性菌、革兰氏阴性菌和病毒等，对肿瘤也有抑制作用；绿色链孢囊菌产生的孢绿菌素对细菌、霉菌、酵母菌都有抑制作用；由西伯利亚链孢囊菌产生的西伯利亚霉素对肿瘤细胞有抑制作用。

3. 小单孢菌属

菌丝体纤细，直径0.3～0.6μm，无横隔膜，不断裂。菌丝体侵入培养基内，不形成气生菌丝，只在基内菌丝上长出很多分枝小梗，顶端着生一个孢子。其菌落较链霉菌的菌落小得多，一般直径为2～3mm，通常呈橙黄色或红色，也有深褐色、黑色、蓝色等；菌落表面覆盖着一薄层孢子堆。

该属多为好氧性腐生菌，能利用各种氮化物和糖类。大多数分布在土壤或湖底泥土中，堆肥和厩肥中也不少。

该属有30多种，能产生30多种抗生素，如庆大霉素就是由绛红小单孢菌和棘孢小单孢菌产生的。此外，有的种还能产生卤霉素、小菌素、青铜杀菌素和利福霉素等。有的种还能产生维生素B_{12}。

4. 放线菌属

放线菌属多数为致病菌。只有基内菌丝，无气生菌丝，也不形成孢子。菌丝直径小于1μm，有横隔，可断裂成“V”形或“Y”形体。一般为厌氧菌或兼性厌氧菌。引起牛颚肿病的牛型放线菌就是此属的典型代表；另一类代表是衣氏放线菌，寄生在人体中，可引发颚骨肿瘤和肺部感染。该类放线菌的生长需要较丰富的营养，通常需在培养基中加入血清或心、脑浸汁等。

5. 诺卡氏菌属

该属又称原放线菌属。该属菌在培养基上形成典型的菌丝体，剧烈弯曲如树根状或不弯曲，具有长菌丝，一般在15h至4d内菌丝体出现横隔膜并断裂成长度不同的杆状、球形或带叉的杆状体。菌丝体纤细，直径0.3～1.2μm，通常不抗酸。

诺卡氏菌有两种类型：①无气生菌丝，菌落光秃。②在基内菌丝上覆盖着极薄一层气生菌丝（比基内菌丝粗2～3倍），称为子实枝或孢子丝。孢子丝一般直形，个别种呈钩状或初旋。孢子丝与基内菌丝都有横隔膜，呈横隔断裂。孢子杆状、椭圆、柱形。

菌落外貌和结构多样，通常菌落体积比链霉菌的菌落小。一些种菌落表面崎岖，多皱，致密，干燥，接种环一触即碎，或者质地如面团；另一些种菌落平滑或凸起，无光或发亮呈水浸状。少数为厌氧性寄生菌，能同化各种糖类，有的能利用烃类和纤维素等。

诺卡氏菌主要分布在土壤中，能产生30多种抗生素。如对结核分枝杆菌和麻风分枝杆菌有特效的利福霉素，对引起植物白叶枯病的细菌及对原虫子病毒有作用的间型霉素，对革兰氏阳性菌具有作用的瑞斯托菌素等。另外，有些诺卡氏菌还用于石油脱蜡、烃类发酵及污水处理中分解腈类化合物。

6. 游动放线菌属

气生菌丝一般没有或稀少。基内菌丝的分枝或多或少，直或不规则地卷曲，横隔无或有，直径0.2～2.0μm。孢囊在基内菌丝上形成，只在靠近水面处才产生，孢囊5～40μm，着生在孢囊梗上或菌丝上。孢囊梗直或有分枝，在每分枝顶上有1至数个孢囊。孢囊孢子在孢囊内盘卷或呈直行排列，成熟后分散为不规则排列。孢囊孢子直径1～1.5μm，呈球形或近球形，通常略有棱角，有1个至数个发亮小体和几根端生鞭毛，有的种是周生鞭毛，能运动。孢囊成熟后，孢囊孢子由孢囊壁膜上小孔或由壁膜破裂而释放，然后孢囊壁立即消失，但有的种孢囊壁可保留一天。某些种有时产生分生孢子，椭圆，单个或成链。

第三节　酵　母　菌

酵母菌含丰富的蛋白质、维生素和各种酶类，广泛应用于食品、医药、化工、饲料等各方面。目前，利用酵母菌生产酵母片、核糖核酸、核苷酸、核黄素、辅酶A、细胞色素、脂肪酶、乳糖酶、多种氨基酸和发酵饲料等产品。酵母菌生长在水果、蔬菜及植物的花和果实上，以及菜园和果园土壤中。少数酵母菌是人和动物的病原菌。

一、酵母菌的形态和结构

1. 酵母菌的个体形态

酵母菌是单细胞的真核微生物，酵母菌的基本形态有近球形、椭圆形、卵圆形、柠檬形、香肠形等。常见的形态多以卵圆形为主。在一定条件下培养，某些种的酵母菌产生的芽体与母细胞不分离而形成链状的细胞串，称为假菌丝。酵母菌的形态与种属、培养条件（固态、液态等）和培养时间有关。一般成熟细胞的形体大于幼龄细胞的，液体培养的细胞大于固体培养的细胞。有些种的酵母菌细胞大小、形态极不均匀，而有些种的酵母菌大小、形态则较为均匀。通常酵母菌的细胞宽1～5μm，长5～30μm。

2. 酵母菌的细胞结构

酵母菌具有较典型的真核细胞结构，有结构完整的细胞核、线粒体及内质网等细胞器，在普通光学显微镜下，可清晰地分辨个体细胞及模糊地看到细胞内的结构（如图1-19）。

（1）细胞壁　酵母菌细胞壁呈“三明治”结构：内层主要为葡聚糖，中间层是蛋白质，外层为甘露聚糖。细胞壁厚度为0.1～0.3μm，重量占其干重的18%～25%。幼年细胞的细胞壁较薄，有弹性，随着生长逐渐变厚变硬。细胞壁由特殊的酵母纤维素构成，主要成分是甘露聚糖、葡聚糖，还有几丁质、蛋白质和类脂。

酵母菌出芽繁殖时，子细胞与母细胞分离，在子细胞和母细胞壁上都会留下痕迹，母细胞壁上留下痕迹称为出芽痕，子细胞壁上留下痕迹称为诞生痕。

（2）细胞膜　酵母菌细胞膜的结构、成分与原核生物基本相同，但功能不如原核生物那样具有多样性，有由膜分化的细胞器。

（3）细胞质　酵母菌的细胞质中含有各种功能的细胞器，如线粒体、核糖体、内质网、高尔基体、溶酶体、微体、液泡等。

① 线粒体是由双层单位膜包围的细胞器，含有脂类、蛋白质、少量 RNA 和环状 DNA。线粒体内含有 DNA，决定着线粒体的某些遗传性状，主要是呼吸酶系的载体，其功能是为细胞运动、物质代谢等提供足够能源，是细胞的“动力工厂”。

② 核糖体是合成多肽的场所，沉降系数为 80S，由 60S 大亚基和 40S 小亚基构成，游离在细胞质中或附着在内质网上。

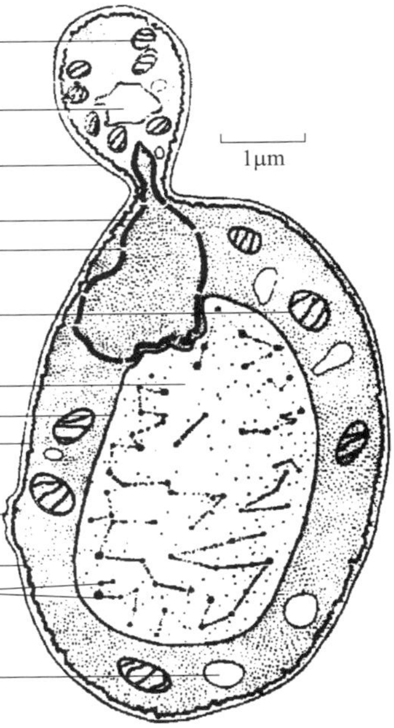

图 1-19　酵母菌细胞基本结构

③ 内质网是分布在整个细胞中的由膜构成的管道和网状结构。在细胞中与核膜或细胞膜相连在一起。根据表面结构分为粗糙型内质网（即膜外附着核糖体）和光滑型内质网（即表面没有附着的颗粒）。内质网的主要功能是脂类的合成与蛋白质的加工，同时起到物质传递的作用。

④ 高尔基体同样是一种内膜结构，由扁平双层膜和小泡所构成。其主要功能是蛋白质的加工与运输、参与溶酶体的形成。

⑤ 液泡是由单层膜包裹的囊泡物，液泡中含水、有机酸、盐类和水解酶类，还有一些储藏颗粒（如糖原、脂肪粒、异染颗粒等）。液泡往往是在细胞发育后期出现，大小可作为衡量细胞成熟的标志。其功能是储藏营养物和水解酶类，与细胞质进行物质交换；调节渗透压。

（4）细胞核　酵母菌为真核生物，具有明显的细胞核。核内有核膜、核仁和核质。核膜是一种双层单位膜，上面有大量的核孔。核内有染色体，染色体是由 DNA 和组蛋白牢固结合而成，呈线状，数目因种而异。核内有一个或几个区域 rRNA 含量很高，这一区域为核仁，是核糖体亚单位组装场所。细胞核的主要功能是携带遗传信息，控制细胞的增殖和代谢。

二、酵母菌的培养特征

酵母菌一般都是单细胞微生物，在固体培养基表面形成的菌落也与细菌相似。一般都有湿润、较光滑、有一定的透明度、容易挑起、菌落质地均匀，正反面和边缘及中央部位的颜色都很均一等特点。但由于酵母菌的个体细胞较大，胞内颗粒明显，胞间含水量比细菌少，所以菌落较大而厚，外观表现光滑、湿润、有黏性和较不透明。酵母菌菌落的颜色比较单调，多数都呈乳白色或矿烛色，少数为红色，个别为黑色。有些菌落因培养时间较长，会逐渐生皱，变得较为干燥，颜色亦较原先为暗。假丝酵母因其边缘常产生丰富的藕节状假菌丝，故细胞易向外围蔓延，使菌落增大，扁平而无光泽，边缘不整齐。凡不产生假菌丝的酵母菌，其菌落更为隆起，边缘十分圆整。酵母菌的菌落一般还会散发出一股悦人的酒香味。

菌落的颜色、光泽、质地、表面和边缘等特征都是酵母菌菌种鉴定的依据。

在液体培养基中生长时，有的均匀生长；有的在底部生长产生沉淀；有的在表面生长产生菌膜；有的菌膜较厚，有的菌膜很薄，有的则在容器壁上形成一圈菌环。以上特征对分类也具有意义。

三、酵母菌的繁殖方式

酵母菌的繁殖方式分为无性繁殖和有性繁殖。无性繁殖方式分为芽殖、裂殖和芽裂。有性繁殖方式是产生子囊孢子。

1. 无性繁殖

（1）芽殖 芽殖是酵母菌的主要繁殖方式。芽殖开始时，成熟的母细胞一端生出一个小突起，接着细胞核分裂成两个，一个留在母细胞内，另一个随母细胞的部分原生质进入小突起内，小突起逐渐增大，而成为芽体。最后，在芽体与母细胞交接处形成新膜，使芽体与母细胞隔离而分开，成为独立生活的新细胞。

每个酵母菌能形成的芽数是有限的，平均为 24 个。出芽的方式有单边出芽、两端出芽、三边出芽、多边出芽等。

芽殖完成后，子细胞可脱离母细胞独立生活，也可与母细胞暂时相接。子细胞在形成后若不脱离母细胞，而继续进行芽殖，这样可以形成许多成串的细胞群，被称为酵母菌的假菌丝。

（2）裂殖 分裂繁殖是少数酵母菌的繁殖方式，其过程是母细胞延长，横分裂为二，细胞中央出现隔膜，将细胞横分为两个具有单核的子细胞。

（3）芽裂 为芽殖、裂殖的中间类型，母细胞在出芽的同时产生横隔膜。母细胞总在一端出芽，并在芽基处形成隔膜，子细胞呈瓶状。这种繁殖方式很少。

2. 有性繁殖

酵母菌的有性繁殖是以形成子囊孢子的方式进行的。当酵母菌发育到一定阶段，两个性别不同的细胞（单倍体核）接近，各伸出一个小的突起而相互接触，使两个细胞结合起来。接触处的细胞壁溶解，两个细胞的细胞质通过所形成的融合管道进行质配，两个单倍体核也移至融合管道中发生核配形成二倍体核的接合子。接合子可在融合管道的垂直方向形成芽细胞，然后二倍体核移入芽细胞内。二倍体细胞可以从融合管道上脱离下来，再开始二倍体营养细胞的生长繁殖。很多酵母菌细胞的二倍体细胞可以进行多代的营养生长繁殖，因而酵母菌的单倍体、双倍体细胞都可以独立存在。

在合适的条件下接合子经减数分裂，双倍体核分裂为 4～8 个单倍体核，单倍体核外包以细胞质逐渐形成子囊孢子，包含在由酵母菌细胞壁演变来的子囊中。子囊孢子又可萌发成单倍体营养细胞。一般一个子囊可产生 4～8 个子囊孢子。孢子数目、大小、形状因种而异。

3. 酵母菌的生活史

母代个体经过一系列生长、发育而产生子代个体的全部历程，称为该生物的生活史或生命周期。

由于酵母菌的单倍体细胞和二倍体细胞都有可能独立存在，各自进行生长、繁殖。因此，酵母菌的生活史包含了单倍体生长阶段和二倍体生长阶段两个部分。根据单倍体和二倍体阶段存在的长短，可以分为三种类型。

(1) 单倍体型　该类酵母菌是以单倍体的营养细胞为主要存在方式，以无性繁殖的芽殖方式为主，有性繁殖方式出现概率较小，这类酵母菌的二倍体细胞不能独立生活，二倍体细胞一旦形成，马上进行减数分裂，成为子囊孢子，故此阶段很短。

(2) 二倍体型　该类酵母菌只能以二倍体（$2n$）的营养细胞形式存在。单倍体营养细胞易接合成双倍体，其子囊孢子在子囊内就成对结合，发生核配，形成双倍的核，并形成二倍体细胞。路氏酵母是典型的营养体二倍体型的酵母菌。其特点是：①营养体为二倍体，不断进行芽殖，该阶段较长；②单倍体的子囊孢子在子囊内发生接合；③单倍体阶段仅以子囊孢子形式存在，不能进行独立生活。

(3) 单双倍体型　该类酵母菌的单倍体（n）营养细胞和二倍体（$2n$）营养细胞都可以进行芽殖。啤酒酵母是典型的单双倍型的酵母菌。其特点是：①一般情况下都以营养体状态进行出芽繁殖；②营养体既能以单倍体形式存在，也能以二倍体形式存在；③在特定条件下进行有性繁殖。

四、常见的酵母菌

1. 啤酒酵母

啤酒酵母是啤酒生产上常用的典型上面发酵酵母。除用于酿造啤酒、生产酒精及其他饮料酒外，还可用于发酵制作面包。啤酒酵母在麦芽汁琼脂培养基上菌落为乳白色，有光泽，平坦，边缘整齐。无性繁殖以芽殖为主。能发酵葡萄糖、麦芽糖、半乳糖和蔗糖，不能发酵乳糖和蜜二糖。

按细胞长与宽的比例，可将啤酒酵母分为三组。第一组的细胞多为圆形、卵圆形或卵形（细胞长/宽<2），主要用于酒精发酵、饮料酒酿造和面包生产。第二组的细胞形状以卵形和长卵形为主，也有圆形或短卵形细胞（细胞长/宽≈2）。这类酵母菌主要用于酿造葡萄酒和果酒，也可用于啤酒、蒸馏酒和酵母菌生产。第三组的细胞为长圆形（细胞长/宽>2）。这类酵母菌比较耐高渗透压和高浓度盐，适合于用甘蔗糖蜜为原料生产酒精。

2. 卡尔斯伯酵母

也称卡氏酵母。卡氏酵母细胞呈椭圆形或卵形，大小为（3～5）μm×（7～10）μm。在麦芽汁琼脂上，菌落呈浅黄色，质软，具有光泽，会产生微细的皱纹，边缘产生细的锯齿状，能发酵葡萄糖、蔗糖、半乳糖、麦芽糖及棉籽糖。卡氏酵母除了用于酿造啤酒外，还可做食用、药用和饲料酵母，也用于泛酸、硫胺素、吡哆醇和肌醇等维生素的测定。

3. 异常汉逊酵母异常变种

异常汉逊酵母异常变种的细胞为圆形、椭圆形或腊肠形，大小为（2.5～6）μm×（4.5～20）μm，有的细胞甚至长达30μm。在麦芽汁琼脂培养基上，菌落平坦，呈乳白色，无光泽，边缘丝状。多边芽殖，发酵液面有白色菌醭，培养液混浊，有菌体沉淀于底部。异常汉逊氏酵母产生乙酸乙酯，常在食品的风味中起一定作用。

4. 产朊假丝酵母

产朊假丝酵母的细胞呈圆形、椭圆形或腊肠形，大小为（3.5～4.5）μm×（7～13）μm。在麦芽汁琼脂培养基上，菌落呈乳白色，平滑，有或无光泽，边缘整齐或菌丝状。液体培养不产醭，底部有菌体沉淀。能发酵葡萄糖、蔗糖、棉籽糖，不发酵半乳糖、乳糖和蜜二糖。不能分解脂肪，能同化硝酸盐。产朊假丝酵母的蛋白质含量和维生素B族含量均高于啤酒酵母。能以尿素和硝酸盐为氮源，不需任何生长因子。特别是能利用五碳糖和六碳糖，即能利用造纸工业的亚硫酸废液、木材水解液及糖蜜等生产人畜食用的蛋白质。

第四节　霉　　菌

霉菌是丝状真菌的统称，也称为丝状真菌。凡是能在营养基质上形成绒毛状、蜘蛛网状或絮状菌丝体的真菌统称为霉菌。霉菌在自然界中分布极广，土壤、空气、水和生物体内外等都存在，并与人类生活密切相关。霉菌是酿酒、制酱和制造其他发酵食品的重要生产菌。霉菌在酒精发酵、柠檬酸发酵、酶制剂生产、饲料发酵以及抗生素生产等领域都发挥重要作用。但是霉菌也给人类带来危害，如一些霉菌引起农副产品、食品等霉变，还有一些霉菌会引起动植物病害，甚至产生毒素，危害人畜健康。

霉菌的生长特性为偏喜酸性、糖质的环境，大多数为好氧性微生物，多数为腐生菌，少数为寄生菌。

一、霉菌的形态和结构

霉菌的菌体由分枝或不分枝的菌丝构成。菌丝是霉菌营养体的基本单位。菌丝是中空管状结构，直径为3～10μm。许多菌丝相互交织在一起所构成肉眼看见的结构称为菌丝体。

霉菌菌丝按菌丝的形态，分为无隔菌丝、有隔菌丝（图1-20）。因此根据菌丝有无隔膜，可以将真菌分成高等真菌和低等真菌两大类。

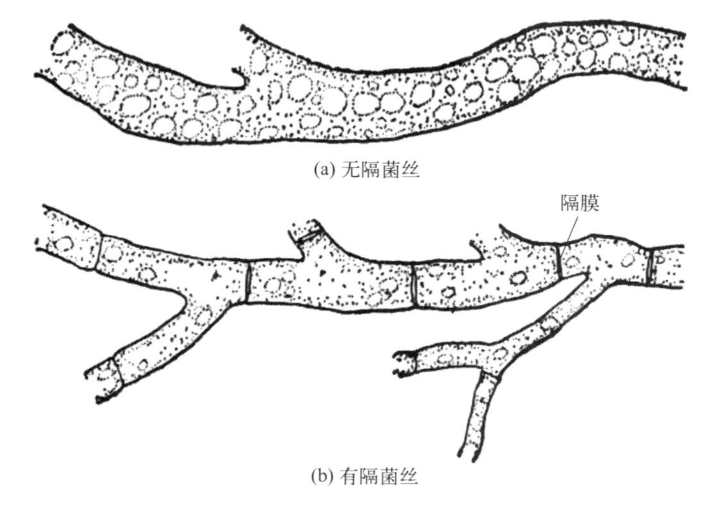

图1-20　霉菌的形态与构造

无隔菌丝：长管状单细胞，细胞质内含有多个核。其生长表现为菌丝的伸长和细胞核的增多。这是低等真菌所具有的菌丝类型。

有隔菌丝：菌丝中有隔膜，被隔膜隔开的每段菌丝就是一个细胞，菌丝由多个细胞组成，每个细胞内有一至多个核。隔膜上有孔，为单孔或多孔，细胞质和细胞核可自由流通，使得组成的菌丝每个细胞相互独立，但又相互影响和依赖。这是高等真菌所具有的菌丝类型。

霉菌菌丝按菌丝的分化程度，可分为营养菌丝和气生菌丝。在固体培养基上，一部分菌丝伸入培养基内吸收营养物质，此类菌丝称为营养菌丝；另一部分菌丝向空中生长，此类菌丝称为气生菌丝。气生菌丝进一步发育，分化成繁殖器官，有的菌种在营养菌丝上产生假根，伸入基质内或附着在器壁上。

霉菌的细胞结构是由细胞壁、细胞膜、细胞质、细胞核、细胞器（线粒体、核糖体、内质网等）和各种内含物（糖原、脂肪滴、异染粒等）等组成。霉菌细胞壁的厚度为100～250nm，多数由几丁质组成，少数低等水生霉菌细胞壁含有纤维素。细胞质膜厚7～10μm，与酵母菌细胞膜的结构与功能相同。细胞核的直径为0.7～3μm，有核膜、核仁和染色体。细胞质中含有线粒体和核糖核及内含颗粒，例如糖原和脂肪滴等。线粒体、核糖体等细胞器结构与其他真核生物（如酵母菌）基本相同。幼龄菌的菌丝细胞中细胞质均匀，而老龄菌的菌丝中会出现液泡。幼龄菌液泡往往小而少，老龄菌则具有较大的液泡。

二、霉菌的培养特征

霉菌的细胞呈丝状，在固体培养基上有营养菌丝和气生菌丝的分化，故其菌落与细菌和酵母菌不同，而与放线菌接近。由于菌丝可沿培养基表面蔓延生长，霉菌的菌落形态较大，质地比放线菌疏松，外观干燥，不透明，呈现或紧或松的蛛网状、绒毛状或棉絮状；菌落与培养基的连接紧密，不易挑取，菌落正反面的颜色和边缘与中心的颜色往往不一致等。不同种的霉菌，其孢子含有不同的色素，因此菌落可呈现红、黄、绿、青绿、青灰、黑、白、灰等多种颜色。

霉菌菌落正反面颜色呈现明显差别的原因是气生菌丝的颜色往往比分散在固体基质内的营养菌丝的颜色深；而菌落中心与边缘颜色及结构不同的原因，则是越接近中心的气生菌丝其生理菌龄越大，发育分化和成熟得也越早，越早产生孢子，颜色也越深，因此，与菌落边缘的幼龄气生菌丝比起来，自然会有明显的颜色和结构上的差异。

在培养液中，当静置培养时，霉菌往往在表面生长，在液面上形成菌膜；振荡培养时，菌丝相互缠绕在一起形成菌丝球，菌丝球均匀地悬浮在培养液中或沉于培养液底部。

三、霉菌的繁殖方式

1. 霉菌的无性繁殖

无性繁殖是指不经过两个性细胞的结合，只是由营养细胞分裂或分化而形成同种新个体的过程。霉菌的无性繁殖主要通过产生无性孢子来实现。

（1）孢囊孢子　生于孢子囊内，又叫内生孢子，是由气生菌丝顶端膨大形成特殊的囊状结构——孢子囊，孢子囊逐渐长大，囊内充满许多细胞核，每一个核外包以原生质并产生细胞壁，形成孢囊孢子。带有孢子囊的梗称孢囊梗，孢子囊梗伸入孢子囊中的部分叫囊轴或中轴。当孢子成熟后孢子囊破裂，孢囊孢子即分散出来，如毛霉、根霉等。

（2）分生孢子 生于细胞外，又叫外生孢子，是霉菌中常见的一类无性孢子，是大多数子囊菌纲及全部半知菌的无性繁殖方式。分生孢子是由菌丝顶端细胞，或由分生孢子梗顶端细胞经过分割或缩缢而形成的单个或成簇的孢子。分生孢子的形状、大小、结构、着生方式、颜色会因种而异。

（3）节孢子 又称粉孢子，是由菌丝断裂形成的外生孢子。当菌丝长到一定阶段，出现许多横隔膜，然后从横隔膜处断裂，产生许多孢子。节孢子是成串的短柱状、筒状或两端钝圆的细胞，如白地霉。

（4）厚垣孢子 又称厚壁孢子，具有很厚的壁。菌丝顶端或中间的个别细胞膨大、原生质浓缩、变圆，然后细胞壁加厚形成圆形、纺锤形或长方形的厚壁孢子。厚垣孢子是真菌的一种休眠体，对热、干燥等不良环境抵抗力很强。

2. 霉菌的有性繁殖

有性繁殖是经过两个性细胞结合而产生新个体的过程。有性繁殖一般包括质配、核配和减数分裂三个阶段。质配阶段是两个性细胞进行细胞质融合而细胞核不融合，形成双核细胞，每个核的染色体数目都是单倍的。核配是双核细胞中的两个核融合形成二倍体接合子，核的染色体数目是双倍的。核配后立即发生减数分裂，形成单倍体有性孢子，核的染色体数目恢复单倍。

大多数霉菌是单倍体，二倍体仅限于接合子。在霉菌中，有性繁殖不如无性繁殖普遍，有性繁殖多发生在特定的条件下，往往在自然条件下较多，在一般培养基上不常见。不同的霉菌有性繁殖的方式不同。多数霉菌是由不同性别的菌丝分化形成特殊的性细胞——配子囊或由配子囊产生的配子（雄器和雌器）相互交配，形成有性孢子。常见的有性孢子有卵孢子、接合孢子、子囊孢子和担孢子。

（1）卵孢子 由大小不同的配子囊结合后发育而成。小型的配子囊为雄器，大型的配子囊为藏卵器，藏卵器内有一个或数个称为卵球的原生质团，相当于高等生物的卵。当雄器与藏卵器配合时，雄器中的细胞质和细胞核通过受精管进入藏卵器，并与卵球结合，受精卵球生出外壁，发育成卵孢子。

（2）接合孢子 是由菌丝生出的，结构基本相似、形态相同或略有不同的两个配子囊接合而成。接合孢子厚壁、粗糙、黑壳。两个相邻的菌丝相遇，各自向对方生出极短的侧枝，称原配子囊。原配子囊接触后，顶端各自膨大并形成横隔，分隔形成两个配子囊细胞，配子囊下的部分称配子囊柄。相接触的两个配子囊之间的横隔消失，发生质配、核配，同时外部形成厚壁，即成接合孢子。

（3）子囊孢子 在子囊内形成的有性孢子。形成子囊孢子是子囊菌纲的主要特征。子囊是两性细胞接触以后形成的囊状结构，子囊的形状会因菌种不同而异，有球形、棒形、圆筒形、长方形等。子囊内通常有1～8个孢子。子囊孢子的形状、大小、颜色也各不相同。不同的子囊菌形成子囊的方式不同。最简单的是两个营养细胞结合形成子囊，细胞核分裂形成子核，每一子核形成一个子囊孢子。

（4）担孢子 担孢子为外生孢子，一般发生在担子菌中，如大部分的蕈菌。在发育过程中，担子菌会产生两种形式不同的菌丝：第一种是由担孢子萌发形成具有单核的菌丝，叫作初生菌丝；第二种是由两个可亲和的初生菌丝细胞进行质配形成具有两个核的菌丝细胞，核并不及时结合而保持双核的状态，这种菌丝叫次生菌丝。次生菌丝在适当的环境条件下进行核配，已核配的细胞叫担子，接着进行减数分裂形成4个单倍体核，最后发育成4个担孢子。

3. 霉菌的生活史

霉菌的生活史是指一种霉菌从孢子开始，经过一定的生长和发育，到最后又产生孢子的过程。整个生活史中包括无性繁殖阶段和有性繁殖阶段。较典型的生活史为：霉菌的菌丝体（即营养体）在适宜的条件下，产生无性孢子，无性孢子萌发形成新的菌丝体。反复重复，即为无性阶段。霉菌生长后期，可能进入有性生殖阶段，在菌丝体上形成配子囊，经过质配、核配而形成二倍体的细胞核，又经减数分裂，形成单倍体的有性孢子。

四、常见的霉菌

1. 根霉属

根霉在生长时，由营养菌丝产生匍匐枝，匍匐枝的末端生有特有的假根，在有假根处的匍匐枝上着生有成群的孢囊梗，柄的顶端膨大而形成孢子囊，囊内生孢囊孢子。孢子囊内囊轴明显，球形或近球形，囊轴基部与柄相连处有囊托。孢囊孢子呈球形、卵形或不规则。根霉在酿酒工业中主要作为糖化菌广泛应用。同时根霉还能产生乳酸、琥珀酸等有机酸，也能产生芳香性酯类物质。常见的根霉有黑根霉、米根霉等。

2. 毛霉属

毛霉属的菌丝体在基质上或基质内能广泛地蔓延，无假根和匍匐枝，孢囊梗直接由菌丝体生出，一般为单生，分枝较少或不分枝。分枝大致有两种类型，即单轴式（总状分枝）和假轴状分枝。在分枝顶端有膨大的球形孢子囊，在囊壁上常带有针状的草酸钙结晶，囊轴与孢子囊柄相连处无囊托。毛霉的用途广泛，常作为豆腐乳和豆豉的生产菌。许多毛霉能够产生草酸，有些毛霉能产生乳酸、琥珀酸及甘油等。

3. 曲霉属

曲霉的菌丝体由具有横隔的分枝菌丝构成，通常为无色，当老熟时逐渐转变为浅黄色至褐色。而分生孢子梗从特有的菌丝细胞（足细胞）中生出，顶端膨大形成顶囊，顶囊的形状有棍棒形、椭圆形、半球形或球形。顶囊表面呈辐射状小梗，小梗为单层或双层，小梗顶端分生孢子串生。分生孢子具有不同的形状与颜色。由顶囊、小梗以及分生孢子梗构成分生孢子头，这些分生孢子头具有不同的颜色和形状，如球形、棍棒形或圆柱形等。曲霉菌在发酵工业、医药与食品工业、粮食储藏等方面均具有重要的作用。常见的菌种有黑曲霉，广泛应用于酒精和白酒生产原料中淀粉的液化和糖化，蛋白质分解或食品消化剂，水解聚半乳糖醛酸，果汁澄清和植物纤维精炼。黑曲霉还可产生多种有机酸，如柠檬酸、葡萄糖酸和没食子酸等。米曲霉属于黄曲霉群，菌丛一般呈现黄绿色，是酿酒和酱油生产的常用生产菌种。

4. 青霉属

青霉属在自然界中分布较广，且种类繁多，是食品工业中常见的生产菌种，如干酪加工和有机酸生产等。但也有少数青霉菌是水果、食品及其它工业产品的有害菌。

青霉菌的营养菌丝无色、淡色或具有鲜明的颜色。有横隔，分生孢子梗也有横隔，光滑或粗糙，其基部无足细胞，顶端不形成膨大的顶囊，而形成扫帚状分枝。小梗顶端串生分生孢子，分生孢子呈球形、椭圆形或短柱形，光滑或粗糙。大部分青霉菌生长时呈现蓝绿色。少数产生闭囊壳，内形成子囊和子囊孢子，也有少数菌种产生菌核。

5. 红曲霉属

红曲霉菌落初期为白色，老熟后为淡粉色、紫红色或灰黑色等，通常都能形成红色素。菌丝具有横隔，多核，分枝繁多。分生孢子着生在菌丝及其分枝的顶囊，单生或成链。闭囊壳球形，有柄，内生十多个子囊。子囊呈球形，且含有 8 个子囊孢子，成熟后子囊壁解体，孢子则留在薄壁的闭囊壳内。

红曲霉能产生淀粉酶、麦芽糖酶、蛋白酶、柠檬酸、琥珀酸、酒精、麦角甾醇等。有些菌种还能产生鲜艳的红曲霉红素和红曲霉黄素。红曲霉的用途较多，可广泛应用于酿酒、制醋，也可以作为豆腐乳的着色剂、食品着色剂和调味剂。

第五节 病　　毒

一、病毒的基本知识

病毒是一类比细菌更小，结构更简单的生命形式，可以通过细菌过滤器，仅含一种类型核酸（或 DNA 或 RNA），只能在活细胞内生长繁殖的非细胞形态的微生物。病毒有高度的寄生性，是介于生物与非生物之间的一种原始的生命体。病毒能引起人、动物和植物的传染病，危害极大。但病毒也有广阔的应用前景，如利用病毒的专性寄生特性进行细菌的分类鉴定，利用病毒的遗传特性进行基因工程的研究等。另外，随着研究的深入，有些病毒（如噬菌体）有可能替代部分抗生素成为治疗疾病的新一代药物。

1. 病毒的特点

与细胞生物相比较，病毒的特点：

（1）个体极小　一般都能通过细菌滤器，只能借助电子显微镜才能观察到。

（2）无细胞结构　主要成分仅为核酸和蛋白质两种，故又称“分子生物”。每种病毒只含一种核酸，不是 DNA 就是 RNA。

（3）专性活细胞寄生　病毒不具备维持生命活动的完整酶系统，只有在活的宿主细胞内才能表现生命活动，才具有生命的特征。病毒是严格的专性活细胞寄生生物，在细胞外不能独立进行新陈代谢。

（4）抵抗力低　通常，病毒对自然环境的抵抗力是很小的，对阳光、紫外线、干燥和温度都很敏感。绝大多数病毒对干扰素敏感程度不同，抗生素对病毒无效。

（5）感染能力　病毒通过以核酸和蛋白质等“元件”的装配来实现大量繁殖，在离体条件下，能以无生命的生物大分子状态存在，并长期保持其侵染活力，有些病毒的核酸还能整合到宿主的基因组中，诱发潜伏性感染。

2. 病毒的分类（按宿主范围）

目前还没有一个普遍公认的病毒分类系统，由于在几乎所有生物中都发现有病毒的存在，所以习惯按宿主种类将病毒分为：微生物病毒、植物病毒、动物病毒。

（1）微生物病毒　在细菌、支原体、蓝细菌等原核生物和真菌中都发现有病毒的感染。侵染细菌等原核生物的病毒通常称为噬菌体，它是病毒研究中一个方便的模式系统，病毒学的许多基本概念都是先用细菌病毒来阐明，然后应用到高等生物病毒中而形成。在大肠埃希菌中发现的噬菌体最多，研究也最深入。噬菌体的形态主要有球状、丝状和蝌蚪状 3 种。

（2）植物病毒　植物病毒粒子有 3 种基本形态：杆状、丝状和等轴对称的近球状二十面体。绝大部分属于丝状单链 RNA 病毒，多数种类没有包膜。很多植物病毒虽然是严格的细胞内寄生物，但是它们的专一性不强，往往一种病毒可以寄生于不同种、属甚至不同科的植物上，例如烟草花叶病毒 TMV 就可以传染 10 多个科、100 多种草本和木本植物。

（3）动物病毒　可分为脊椎动物病毒和无脊椎动物病毒。

① 脊椎动物病毒是指寄生在人类、哺乳动物、禽类、两栖类、爬行类和鱼类等各类脊椎动物细胞内的病毒。目前研究得较广泛和深入的是那些与人类健康、畜牧业直接相关的少数脊椎动物病毒。常见的如流感、麻疹、腮腺炎、脊髓灰质炎、肝炎、疱疹、流行乙型脑炎、艾滋病以及狂犬病病毒等。近年来发现一些冠状病毒对人类健康产生了一定的威胁，如 2003 年的 SARS-CoV（引起严重急性呼吸综合征，SARS），2012 年的 MERS-CoV（引起中东呼吸综合征，MERS），2019 年的 SARS-CoV-2（引起新型冠状病毒肺炎，COVID-19）。此外，据统计，在恶性肿瘤中，约有 15%是由于病毒的感染而诱发的。

② 无脊椎动物病毒主要发现于昆虫，在甲壳动物、软体动物以及其它无脊椎动物中都存在。在农林害虫的生物防治、有益昆虫病毒病的控制以及在虫媒病毒引起疾病的研究和防治方面，昆虫病毒得到人类的重视并开发利用。在昆虫病毒中 80%以上是农林业中常见的鳞翅目害虫的病原体。

二、病毒的形态和结构

病毒在宿主细胞外是以完整的个体形式存在的。成熟、结构完整、具有感染宿主细胞能力的单个病毒颗粒称为“病毒粒子”或“病毒颗粒”。许多与人类关系密切的病毒的形态及构造已得到了解。

1. 病毒的形态

病毒的形态多样化，基本形态为杆状、球状（或近似球状）和蝌蚪状，少数呈卵圆状、砖状、子弹状和丝状等。植物病毒大多数呈杆状，如烟草花叶病毒；少数呈丝状，如甜菜黄化病毒；也有一些呈球状，如花椰菜花叶病毒等。动物病毒大多为球状，如脊髓灰质炎病毒和腺病毒等；有的呈砖状或卵圆状，如痘病毒；少数呈子弹状，如狂犬病毒。噬菌体有的呈蝌蚪状，如 T_4 噬菌体等；有的呈球状和丝状等。

2. 病毒的大小

病毒形体极其微小，大小不一，测量其大小的单位为纳米（nm）。多数病毒直径约 100nm（20～200nm），较大的病毒直径为 300～450nm，较小的病毒直径仅为 10～22nm。

病毒侵染寄主细胞后，常在寄主细胞内形成一种在光学显微镜下可见的小体，称为包涵体。不同病毒所形成的包涵体的大小、形状及其在细胞内的部位各不相同，有的包涵体位于细胞质内，如烟草花叶病毒；有的包涵体位于细胞核内，如疱疹病毒；有的包涵体可同时存在于细胞质和细胞核内，如麻疹病毒；有的嗜酸性，有的嗜碱性。由于不同病毒的包涵体在寄主细胞内的位置、大小和形状是基本固定的，因此可作为病毒病诊断的辅助依据。

3. 病毒的化学组成

绝大多数病毒只含核酸和蛋白质两种成分。少数大型病毒还含有脂类、多糖等物质。

（1）病毒蛋白质 病毒通常只含一种或少数几种蛋白质。病毒蛋白质的氨基酸组成与其他生物一样。但不同病毒蛋白质的氨基酸种类和含量各不相同。

病毒蛋白质在病毒的结构构成、病毒的侵染与增殖中具有重要功能：

① 构成病毒粒子外壳，对核酸起着保护作用；

② 决定病毒感染的特异性，与宿主细胞表面的受体具有特异性亲和力，使病毒吸附；

③ 破坏宿主的细胞膜与细胞壁；

④ 构成 DNA 和 RNA 聚合酶、RNA 复制酶、逆转录酶等核酸复制酶，以及合成病毒蛋白质所需的各种酶，在增殖过程中发挥重要作用。

（2）病毒核酸 一种病毒只含有一种核酸：DNA 或 RNA。植物病毒绝大部分含有 RNA；动物病毒有些含有 DNA，有些含有 RNA；噬菌体大多数含有 DNA；真菌病毒绝大多数含有 RNA，还不清楚是否具有含有 DNA 的真菌病毒。

病毒核酸是遗传的物质基础，类型极为多样化。病毒 DNA 和 RNA 有单链（ss）和双链（ds）。病毒 DNA 分子多数是双链，少数是单链；而病毒 RNA 分子多数是单链，少数为双链。病毒 DNA 分子还有线状和环状；而病毒 RNA 分子都是线状的，环状极为少见。此外，病毒核酸还有正链（＋）和负链（－）之分。凡碱基排列顺序与 mRNA 相同的单链 DNA 和 RNA，称（＋）DNA 链或（＋）RNA 链；凡碱基排列顺序与 mRNA 互补的单链 DNA 和 RNA，称（－）DNA 链或（－）RNA 链。如烟草花叶病毒 TMV 的核酸属于（＋）RNA，正链核酸具有侵染性，可直接作为 mRNA 合成蛋白质；负链没有侵染性，必须依靠病毒携带的转录酶转录成正链后才能作为 mRNA 合成蛋白质。

（3）其他成分 一些较复杂的病毒（有包膜的大型病毒）除含有蛋白质和核酸外，还含有脂类和糖类等成分。病毒所含的脂类主要存在于包膜中，糖类主要以糖蛋白的形式存在于包膜的表面，决定病毒的抗原性。

4. 病毒的结构

病毒粒子的主要成分是核酸和蛋白质。病毒核酸位于病毒粒子的中心，构成核心或基因组；病毒蛋白质包围在核心周围，构成病毒粒子的衣壳。衣壳是病毒粒子的主要支架结构和抗原成分，对核酸具有保护作用，是由许多被称为衣壳粒的蛋白质亚单位以高度重复的方式排列而成的。衣壳和核心合称为核衣壳，核衣壳是病毒的基本结构。有些病毒核衣壳是裸露的，称为裸露病毒，如烟草花叶病毒 TMV。有些病毒在核衣壳外还有一层包膜包围着，称为包膜病毒，如大多动物病毒和少数噬菌体（图 1-21）。这样的结构具有高度的稳定性，保护核酸不会在细胞外环境中受到破坏。

衣壳粒排列具有高度对称性。根据其排列方式不同，一般表现出下列三类不同构型：

（1）螺旋对称 具有螺旋对称结构的病毒多数是单链 RNA 病毒，最典型的代表是烟草

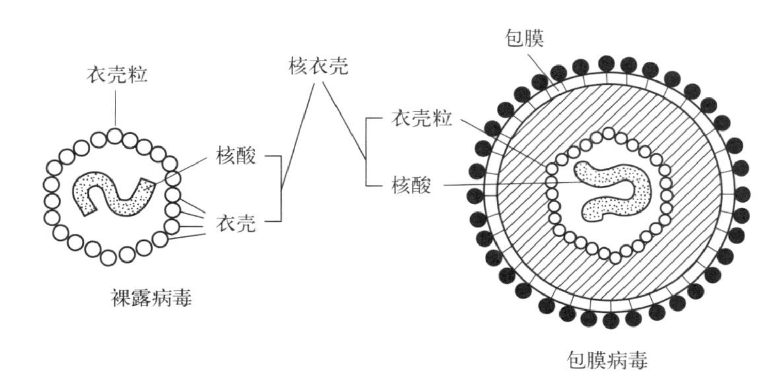

图 1-21　病毒的基本结构

花叶病毒 TMV。TMV 的单链 RNA 分子位于由螺旋状排列的衣壳所组成的沟槽中，呈直管状，长 300nm，直径 4nm，宽 15nm。由 2130 个衣壳粒排列成 130 个螺旋，即每 3 圈螺旋有 49 个衣壳粒，螺距为 2.3nm（图 1-22）。

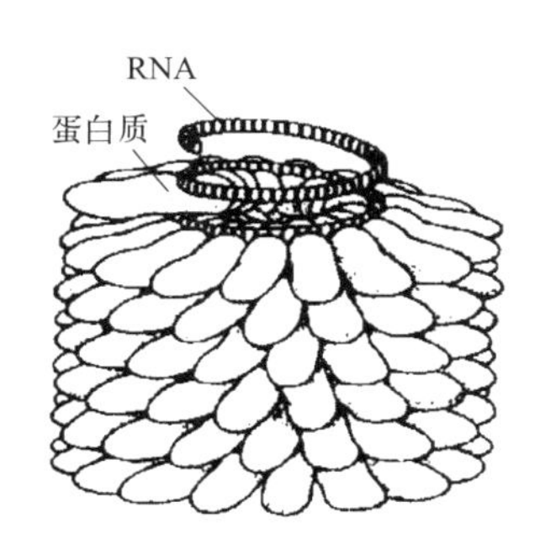

图 1-22　TMV 的形态结构

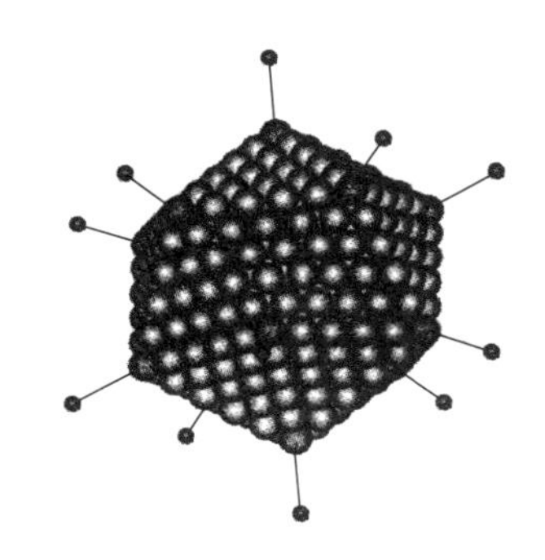

图 1-23　腺病毒的形态结构

（2）多面体对称　也称等轴对称。常见的多面体是二十面体，典型代表是腺病毒，为双链 DNA 病毒，无包膜，看起来似球状，也称为球状病毒，直径 70～80nm，是由 20 个等边三角形构成的 20 面体。其有 12 个角、20 个面和 30 条棱，252 个衣壳粒沿 3 根互相垂直的轴对称排列，位于 12 个顶点上的 12 个衣壳粒被与其相邻的 5 个衣壳粒围绕形成五邻体，位于棱上和面上的 240 个衣壳粒由 6 个相邻的衣壳粒围绕形成六邻体（图 1-23）。

（3）复合对称　这类病毒的衣壳由两部分结构组成，既有螺旋对称部分，又有多面体对称部分，故称复合对称。典型代表是大肠埃希菌 T_4 噬菌体，呈蝌蚪状，头部是多面体对称（二十面体），衣壳含有 8 种蛋白质、212 个衣壳粒，核心是线状双链 DNA；尾部是螺旋对称，由尾鞘、基板、刺突与尾丝等组成，含有 6 种蛋白质，144 个衣壳粒螺旋排列成 24 圈，尾部中央是尾髓，尾髓中空，头部 DNA 通过尾髓进入宿主细胞。基板为一个六角形的盘状结构，上面长有 6 根尾丝和 6 个刺突（如图 1-24）。

三、病毒的增殖

病毒在细胞内增殖，完全不同于其他微生物。病毒没有完整的酶系统，只能依靠宿主活细胞，在原代病毒基因组控制下合成病毒核酸和蛋白质，并装配为成熟的子代病毒，释放到细胞外，或再感染其他易感活细胞。这种病毒增殖的方式称为病毒复制。病毒的增殖一般包

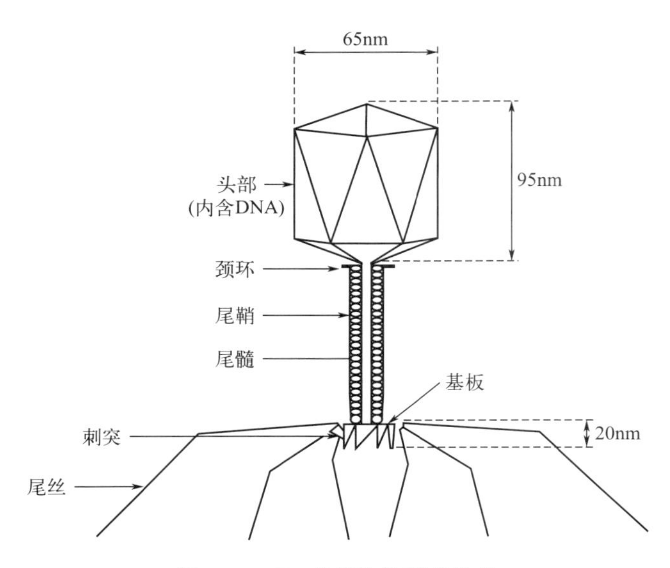

图 1-24　T_4 噬菌体的形态结构

括吸附、侵入、合成、装配和释放这五个阶段。

（1）吸附　指病毒以其特殊结构与宿主细胞表面的特异性受体发生特异性结合的过程。如大肠埃希菌 T 系列噬菌体靠尾丝尖端附着在大肠埃希菌的细胞壁上（图 1-25）。一些有囊膜的动物病毒则靠刺突吸附在宿主细胞表面的特异性受体上。

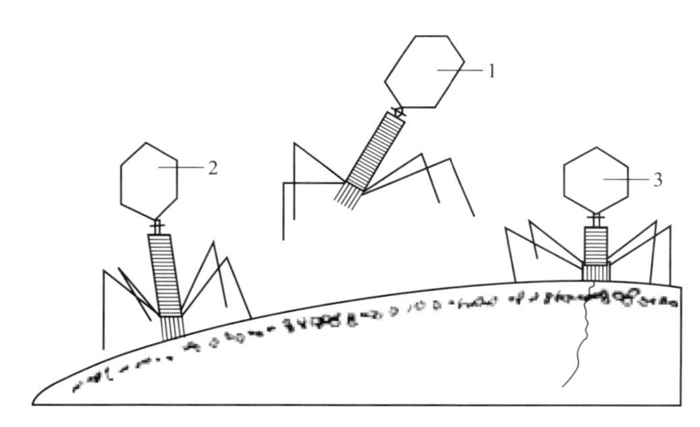

图 1-25　噬菌体吸附和侵入模式图

1— 未吸附的噬菌体；2—用尾丝尖端附着在宿主细胞的细胞壁上；
3—将核酸注入宿主细胞

（2）侵入　指病毒或病毒的一部分进入宿主细胞的过程。不同种类的病毒，侵入方式有所不同。如 T_4 噬菌体先用溶菌酶在宿主细胞壁上“钻”出一个小孔，然后将核酸注入细胞内，蛋白质外壳则留在细胞外。多数病毒通过类似胞饮或吞噬的方式，使整个病毒进入细胞内部。植物病毒往往通过昆虫的口器或从植物体上的伤口进入植物体内。连同衣壳或囊膜一起进入细胞内部的病毒，迅速在溶酶体蛋白水解酶的作用下脱掉蛋白质衣壳，释放出核酸，此过程称为脱壳。不同的病毒从吸附至脱壳所需的时间从数分钟至数小时不等。

（3）合成　包括病毒核酸的复制和蛋白质的合成。病毒侵入敏感细胞后，将核酸释放于细胞中，此时病毒粒子已不存在，并失去了原有的感染性，开始了核酸复制与蛋白质合成。在宿主细胞中，病毒基因组从核衣壳中释放后，先转录早期基因，合成它们的早期 mRNA，利用宿主的核糖体翻译成早期蛋白。一部分是抑制蛋白，可封闭宿主的正常代谢，使细胞转向有利于合成病毒，如分解宿主 DNA 的 DNA 酶；一部分作为病毒生物合成所必需的复制酶，如复制病毒 DNA 的 DNA 聚合酶，用以复制子代基因组。基因组复制完成后，在早期基因产物的作用下，晚期基因转录产生晚期 mRNA，经翻译产生成熟病毒衣壳蛋白及其他结构蛋白，还有在病毒装配中所需的非结构蛋白，如各种装配蛋白、溶菌酶等。

(4) 装配　病毒的核酸和蛋白质的生物合成是分别进行的，必须将核酸和蛋白质装配在一起才能成为成熟的病毒。结构简单的病毒，其各个组分是自发地装配在一起的。结构复杂的病毒往往需要在非结构蛋白质的指导下进行装配。

(5) 释放　无囊膜的病毒靠裂解宿主细胞的方式，一起释放出来。有囊膜的病毒，以类似出芽的方式，逐个从宿主细胞中释放出来。

四、噬菌体

噬菌体是感染细菌、真菌、放线菌或螺旋体等微生物的病毒，在葡萄球菌和志贺菌中首先发现。噬菌体广泛分布于自然界中，有高度的宿主特异性，只寄居在易感宿主菌体内，故可利用噬菌体进行细菌的流行病学鉴定与分型，以追查传染源。噬菌体结构简单、基因数少，是分子生物学与基因工程的良好实验系统。

1. 噬菌体的生物学性状

(1) 特性与形态　噬菌体分布广，种类多，具有其他病毒的共同特性：体积小，结构简单，由蛋白质和核酸组成，具严格的寄生性，必须在活的易感宿主细胞内增殖。噬菌体有三种形态，即蝌蚪形、微球形和纤线形（图 1-26）。大多数噬菌体呈蝌蚪形，由头部和尾部两部分组成。

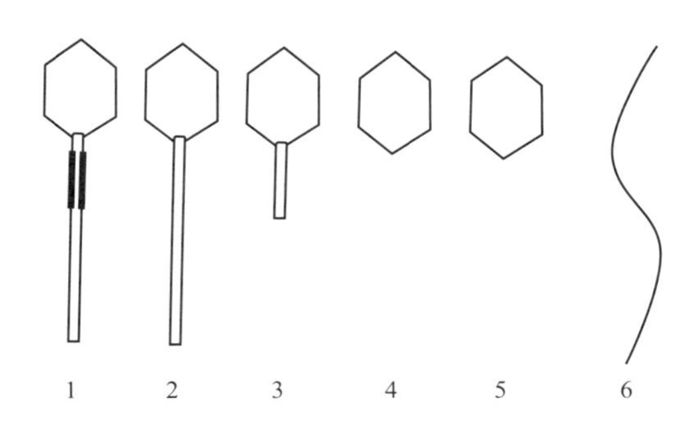

图 1-26　噬菌体的形态

1～3—蝌蚪形；4～5—微球形；6—纤线形

(2) 化学组成　噬菌体主要由核酸和蛋白质组成。核酸是遗传物质，常见噬菌体的基因组大小为 2～200kb。蛋白质构成噬菌体头部的衣壳及尾部，包括尾髓、尾鞘、尾板、尾刺和尾丝，起着保护核酸的作用，并决定噬菌体外形和表面特征。噬菌体的核酸为 DNA 或 RNA，并由此将噬菌体分成 DNA 噬菌体和 RNA 噬菌体两大类。

(3) 抗原性　噬菌体具有抗原性，能刺激机体产生特异性抗体。该抗体能抑制相应噬菌体侵袭敏感细菌，但对已吸附或已进入宿主菌的噬菌体不起作用，噬菌体仍能复制增殖。

（4）抵抗力 噬菌体对理化因素与多数化学消毒剂的抵抗力比一般细菌的繁殖体强；能抵抗乙醚、氯仿和乙醇，一般经75℃ 30min或更久才能被灭活。噬菌体能耐受低温和冰冻，但对紫外线和X射线敏感，一般经紫外线照射10～15min即失活。

2. 烈性噬菌体和温和噬菌体

（1）烈性噬菌体 烈性噬菌体是侵染宿主细胞后，进入裂解途径，破坏宿主细胞原有遗传物质，合成大量的自身遗传物质和蛋白质并组装成子代噬菌体，最后使宿主细胞裂解的一类噬菌体。

烈性噬菌体能在短时间内连续完成吸附、侵入、复制、装配和裂解这五个阶段而实现其增殖。

（2）温和噬菌体 温和噬菌体，吸附并侵入细胞后，并不马上进行增殖和引起宿主细胞裂解，而是把DNA整合到宿主的基因组DNA中，随宿主DNA复制而复制并传递给细菌后代，在适当的条件下才进入裂解途径而实现自身增殖。这种与宿主菌细胞共存的特性称为噬菌体的溶原性。

整合到宿主细菌基因组中的噬菌体DNA称为原噬菌体。带有原噬菌体的细菌称为溶原性细菌，它可导致敏感性细菌裂解，故称“溶原”。溶原性细菌有以下特性：

① 遗传性 可把噬菌体DNA传给子代，即溶原周期。

② 裂解性 原噬菌体偶尔自发地（自发裂解）或在适合的理化因素诱导下（诱发裂解）脱离宿主菌基因组而进入溶菌周期，产生大量子代噬菌体，导致细菌裂解。

③ 免疫性 溶原性细菌会慢慢具有抵抗同种或有亲缘关系噬菌体重复感染的能力，即使得宿主菌处在一种噬菌体免疫状态。

④ 复愈 细菌在生长繁殖的过程当中，有些细胞会丢失噬菌体DNA而复愈。

⑤ 溶原转变 由于原噬菌体的作用而使宿主细菌产生新的性状称为溶原转变。如不产毒素的白喉棒状杆菌被噬菌体侵染而发生溶原化时，会变成产毒素的致病菌株。其它如沙门菌、红曲霉、链霉菌等也具有溶原转变的能力。

3. 噬菌体的检测方法

噬菌体是极其微小的微生物，通常在光学显微镜下不能看见，在人工培养基上又不能生长，所以对噬菌体的检测只能用间接的方法进行。这些方法主要是根据噬菌体的生物学特征而设计的。第一，噬菌体对寄主具有高度的特异性，可利用敏感菌株对其进行培养；第二，噬菌体侵染宿主细胞后可引起裂解，通过观察在含有敏感菌株的琼脂平板上接种噬菌体培养后是否出现噬菌斑，或是观察在含敏感菌的液体培养基中培养物是否变清来进行判断。常用的方法有载玻片快速检测法、单层琼脂法和双层琼脂法。

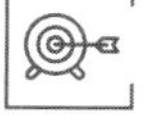

复习思考题

1. 简述细菌的基本形态和细胞构造。
2. 芽孢为什么具有较强的抗逆性?

3. 试述链霉菌的形态特征和繁殖方式。
4. 什么叫菌落? 简述细菌、放线菌、酵母菌和霉菌的菌落特点。
5. 用细菌细胞壁的结构和组成解释革兰氏染色的机制。
6. 简述细菌细胞壁的主要功能。
7. 简述细胞质膜的主要功能。
8. 真菌的无性繁殖有哪些方式?
9. 酵母菌、霉菌均属真核微生物，它们的细胞结构有何异同?
10. 试比较原核微生物和真核微生物的区别。
11. 什么是病毒? 什么叫烈性噬菌体、温和噬菌体?
12. 简述病毒的增殖方式。

第二章
微生物的营养

微生物细胞从外界环境摄取化学物质，使其在生长过程中获取生命活动所需要的能量及其结构物质的生理过程称为营养。具有营养功能的物质，称为营养物，可为微生物正常生命活动提供结构物质、能量、代谢调节物质和良好的生理环境。

知识与思政素养目标

1. 了解微生物细胞的化学组成、微生物的营养类型。
2. 理解微生物的营养物质种类、微生物吸收营养物质的方式。
3. 掌握微生物的营养要素及功能、培养基的类型及制备方法。
4. 激发奋斗精神，加强品德修养，厚植爱党爱国情怀。

第一节 微生物的营养要求

一、微生物细胞的化学组成

微生物细胞中的各种化学元素都是微生物吸收营养物质转变而来的。因此，分析微生物细胞的化学组成，可以作为确定微生物需求营养物质的重要依据。微生物细胞的化学组成和其他生物基本一致。从元素组成上讲，都含有碳、氢、氧、氮和各种矿物质元素。主要元素含量如表 2-1 所示。

表 2-1 微生物细胞中主要元素的含量

微生物	在干物质中的含量/%			
	碳	氧	氮	氢
细菌	50.4	30.5	12.3	6.7
酵母菌	49.8	31.1	12.4	6.7
霉菌	47.9	40.2	5.24	6.7

各种化学元素在微生物细胞中的含量因其种类不同而有明显差异，也随菌龄及培养条件的不同而在一定范围内发生变化。如细菌和酵母菌的含氮量比霉菌高；幼龄菌比老龄菌的含氮量高；在氮源丰富的培养基上生长的细胞与在氮源相对贫乏的培养基上生长的细胞相比，前者含氮量高，后者含氮量低。在特殊生态环境中生活的某些微生物，常在细胞内富集某些特殊元素，例如海洋微生物细胞中含较高的钠，某些硫化细菌在细胞内积累硫元素，铁细菌内积累较高的铁，硅藻在外壳中积累硅、钙等元素。

从化合物组成上讲，微生物细胞都含有水分、碳水化合物、蛋白质、核酸、脂类、维生素、无机盐等。主要物质含量如表 2-2 所示。

表 2-2 微生物细胞中主要物质的含量

微生物	水分/%	干物质/%					
		总量	蛋白质	核酸	碳水化合物	脂肪	无机盐
细菌	75～85	15～25	50～80	10～20	12～28	5～20	1.4～14
酵母菌	70～80	20～30	32～75	6～8	27～63	2～5	7～10
霉菌	85～95	5～15	14～52	1	7～40	4～40	6～12

1. 碳水化合物

碳水化合物在微生物体内主要是组成细胞结构或作为储藏物质或作为代谢底物和产物。其存在形式有单糖、双糖和多糖，主要以多糖存在。单糖主要是己糖和戊糖。己糖是组成双糖或多糖的基本单位，戊糖是核糖的组成成分。多糖有荚膜多糖、纤维素、半纤维素、淀粉、糖原等不同种类。

2. 蛋白质

蛋白质是细胞干物质的主要成分，含量高达 80%，主要分布在细胞壁、细胞膜、细胞质、细胞核等结构中，可分为简单蛋白和结合蛋白两类。简单蛋白包括球蛋白和清蛋白。结合蛋白包括核蛋白、糖蛋白、脂蛋白等。核蛋白可占蛋白质总量的1/3～1/2。

3. 核酸

脱氧核糖核酸（DNA）是生物遗传变异的物质基础，主要存在于细胞核中，少量以质粒形式存在于细胞质中。核糖核酸（RNA）主要存在于细胞质中，是RNA病毒和RNA类病毒的遗传物质。细菌和酵母菌中核酸的含量比霉菌高。在同一种微生物中，RNA的含量随其生长阶段的变化而变化，而DNA的含量恒定。

4. 脂类

脂类包括脂肪、磷脂、蜡质和固醇等，存在于细胞壁、细胞膜、细胞质中。脂肪以油滴状储藏于细胞质中；磷脂是细胞膜的主要组成成分；有些微生物的细胞壁含蜡质；酵母细胞内胆固醇含量较高，可用来生产维生素D。

细胞内脂肪的含量因微生物种类和培养条件的不同而相差很大，如产脂内孢霉、含脂圆酵母和黏红酵母中脂肪含量高达50%甚至更多。

5. 无机盐

无机元素约占细胞干重的10%，包括磷、硫、钾、钠、镁、钙、铁、锰、铜、钴、锌、钼等。磷含量最高，约占全部灰分的40%。这些无机元素在细胞中除少数以游离状态存在，大部分都以无机盐形式存在或结合于有机物质中。

6. 水分

水是微生物细胞的主要组成成分，一般含量为70%～90%。细菌含水量为75%～85%；酵母菌为70%～80%；霉菌可达85%～95%。细菌的芽孢和霉菌的孢子含水量较少，含水量分别为40%和38%。同种微生物的含水量会随周围环境和培养时间的变化而变化，如酵母菌在20℃生长的含水量为91.2%，而在43℃生长的含水量则降为74%。

水在细胞中有两种存在形式：一种是结合水，结合水不易挥发，不冻结，不能作为溶剂，也不能渗透，一般占总水量的17%～28%；另一种是游离水，具有水的一般特性，可被微生物直接利用。游离水与结合水的比例大约为4∶1。

此外，有些微生物细胞中还含有维生素、抗生素、色素、毒素等。

二、微生物的营养物质及功能

根据营养物质在微生物机体内生理功能的不同，可分为碳源、氮源、能源、无机盐、生长因子和水等六类。

1. 碳源

碳源是构成微生物细胞物质和代谢产物的碳素来源。

碳源的生理功能，一是提供细胞物质中的碳素来源，构成微生物细胞的碳水化合物、蛋白质、脂类等，各种代谢产物和细胞储藏物质等几乎都含有碳。二是提供微生物生命活动过程中所需的能量。微生物分解利用碳源物质，仅20%用于合成细胞物质，其余均被氧化分解并释放能量。

微生物可利用的碳源物质种类很多。根据碳源的来源不同，可将碳源分为无机碳源和有机碳源。常见的无机碳源有 CO_2、$NaHCO_3$、$CaCO_3$ 等，有机碳源有糖类、醇类、有机酸、蛋白质及其分解物、脂类和烃类等。糖类是微生物最容易利用的良好碳源，其次是醇类、有机酸类和脂类等。在糖类中，单糖优于双糖和多糖，己糖优于戊糖，葡萄糖、果糖优于半乳糖、甘露糖，淀粉优于纤维素。绝大多数的细菌及全部放线菌和真菌都是以有机物作为碳源。

实验室中最常利用的碳源物质是葡萄糖和蔗糖。发酵工业上，常根据不同微生物的需要，利用各种农副产品如山芋粉、玉米粉、米糠、麸皮、马铃薯、甘薯中的淀粉以及废糖蜜作为微生物廉价的碳源。这类碳源往往包含了几种营养要素。

2. 氮源

氮源是构成微生物细胞物质和代谢产物的氮素来源。微生物细胞中含氮 5%～13%，它是微生物细胞蛋白质和核酸的主要成分。

氮源的主要功能是提供合成原生质和细胞其它结构的氮素来源，一般不提供能量，但硝化细菌利用铵盐或硝酸盐作为氮源和能源。

微生物能利用的氮源种类十分广泛，大大超过动植物，可以分成三类，第一类是空气中的分子氮（N_2），少数具有固氮能力的微生物（如自生固氮菌、根瘤菌）能利用，但是，当固氮微生物生活环境中有其它氮源存在时，它们就会利用这些氮源而失去固氮能力；第二类是无机氮化合物，如铵态氮（NH_4^+）、硝态氮（NO_3^-）和简单有机氮（如尿素），微生物吸收这类氮源的能力较强，可自行合成所需要的氨基酸，进而转化为蛋白质及其它含氮有机物，因此自然界绝大多数微生物均可利用无机氮化合物；第三类是有机氮化合物，绝大多数寄生性微生物和一部分腐生性微生物不能合成某些必需氨基酸，必须以有机氮化合物（蛋白质、氨基酸）作为氮素营养。氨基酸能被微生物直接吸收利用，蛋白质需要先经微生物分泌的胞外蛋白酶水解成氨基酸才能被吸收利用；尿素也需要被微生物先分解为 NH_4^+ 以后才被利用。

实验室中，常以铵盐、硝酸盐、尿素、氨基酸、牛肉膏、蛋白胨、酵母浸膏等简单氮化合物作为氮源；在发酵生产中，常以花生饼粉、鱼粉、血粉、蚕蛹粉、豆饼粉、玉米浆、麸皮和米糠等复杂廉价的有机氮化合物作为氮源。

3. 能源

能源是指微生物生命活动过程中需要的能量来源物质。其功能是为微生物提供能量。

能源依微生物种类不同而有所区别。对于异养微生物来说，碳源就是能源，只有在极少数情况下，氮源作为能源或利用日光作为能源。光能自养微生物的能源是光，碳源是 CO_2；化能自养微生物的能源是 NH_4^+、NO_2^-、S、H_2 和 Fe^{2+} 等还原态无机化合物，而碳源是 CO_2。

4. 无机盐

微生物除了碳源、氮源和能源以外，还需要 P、S、K、Mg、Ca、Na、Fe、Co、Zn、Mo、Cu、Mn、Ni 和 W 等元素。无机盐在微生物体内的生理功能主要表现在：①构成细胞的组成成分，如 P、S 分别是核酸和含硫氨基酸的重要组成元素之一。②参与酶的组成、构成酶活性基团或激活酶的活性，如 Fe 是过氧化氢酶、细胞色素氧化酶的组成成分，Ca 是蛋白酶的激活剂。③调节和维持微生物的生长条件，如细胞渗透压、氢离子浓度、氧化还原电位等。磷酸盐是重要的缓冲剂，能维持微生物生长过程中 pH 值的稳定。④作为某些自养微生物的能源，如 NH_4^+、NO_2^-、S 和 Fe^{2+} 分别是亚硝化细菌、硝化细菌、硫化细菌和铁细菌的能源（表 2-3）。

表 2-3　部分无机元素的来源及其生理功能

元素名称	占干物质百分数/%	生理功能
P	3	核酸、磷脂、某些辅酶（辅酶Ⅰ等）的组分；参与能量转移；缓冲剂
S	1	参与含硫氨基酸、CoA、生物素、硫辛酸的组成；硫化细菌的能源
K	1	细胞中的主要无机阳离子；酶的激活剂；与物质运输有关
Mg	0.5	细胞中重要的阳离子；许多酶的激活剂；组成光合菌中的细菌叶绿素
Ca	0.5	酶的激活剂；细菌芽孢组分；降低细胞膜的透性；调节酸度
Fe	0.2	细胞色素组分；酶的辅助因子、激活剂；铁细菌的能源
Cu、Co、Mn、Mo、Zn	微量	酶的组成成分；酶的激活剂；促进固氮作用

凡微生物对其需要量在 10^{-3}～10^{-4} mol/L 范围内的元素称为大量元素或常量元素，如 P、S、K、Ca、Na、Mg 和 Fe 等。需要量在 10^{-6}～10^{-8} mol/L 范围内的元素称为微量元素，如 Co、Zn、Mo、Cu、Mn、Ni 和 W 等。由于这些元素大多以无机盐的形式提供，因而称为无机盐或矿质元素。培养微生物时，无机盐大多可以从培养基的有机物中得到，一般只需加入适量的硫酸盐、磷酸盐或氯化物即可满足需要，其他无机盐一般不需另外添加，自来水和其他营养物中以杂质形式存在的数量就能满足微生物生长的需要，过量添加反而会产生抑制甚至毒害。

5. 生长因子

生长因子是指微生物自身不能合成，而生命活动不可缺少、必须外界少量供给的特殊营养物，又称生长因素。生长因子与碳源、氮源不同，它们不提供能量，也不参与细胞的结构组成，而是作为一种辅助性的营养物。主要生理功能是：①构成细胞的组成成分，如嘌呤、嘧啶构成核酸。②调节新陈代谢，维持生命的正常活动，如许多维生素是各种酶的辅酶或辅基，没有这些物质，酶就失去活力，新陈代谢也会停止。广义的生长因子按它们的化学结构和生理功能可分成氨基酸、维生素、嘌呤（或嘧啶）碱基及其衍生物等；狭义的生长因子仅指维生素。

自然界中自养型细菌和大多数腐生细菌、霉菌都能自己合成许多生长辅助物质，不需要另外供给就能正常生长发育。异养微生物则可分三种类型：一种不需要外源提供，自身可以合成；一种则需要补充，如产谷氨酸的短杆菌，需要添加生物素才能正常生长；还有一种不仅不需要补充，反而在细胞内能积累，例如肠道微生物能在肠道内分泌大量 B 族维生素，供机体吸收。

在实验室或实际生产中，常用酵母膏、蛋白胨、牛肉膏、马铃薯汁、玉米浆、麦芽汁或其他动植物浸出液等天然物质作为生长因子的来源以满足微生物的需要，因此在此类培养基中一般不必另外补充。

6. 水

水是微生物生命活动不可缺少的物质。在细胞中水的生理功能主要有：①微生物细胞物质的组成成分；②细胞中营养物质和代谢产物的溶剂与运输介质；③细胞中各种生化反应必须以水为介质才能完成；④水的比热高，是热的良好导体，能有效吸收代谢过程中产生的热量并及时将热散发出体外，有利于维持细胞内温度和保持环境温度的稳定；⑤能维持蛋白质、核酸等生物大分子结构的稳定和酶的活性；⑥能维持一定的渗透压，维持细胞的正常形态。

培养微生物时应提供足够的水分，一般用自来水、井水、河水等可满足微生物对水分的营养要求，但应注意水中的无机盐是否过多，过多应软化后再用。如有特殊要求可用蒸馏水。

第二节　微生物的营养类型

划分微生物营养类型的标准各种各样，但通常都是根据能源、氢供体和碳源来划分的。根据碳源的性质不同，把微生物分为自养型微生物和异养型微生物。自养型微生物以 CO_2 为主要碳源或唯一碳源；异养型微生物以有机物为主要碳源。根据能源的性质不同，把微生物分为光能型微生物和化能型微生物。能利用光能，将光能转化为化学能的微生物称为光能型微生物；必须利用化合物的氧化还原反应产能的微生物为化能型微生物。结合碳源性质和能源，将微生物分为光能自养型、光能异养型、化能自养型和化能异养型四种营养类型（表 2-4）。

表 2-4　微生物的营养类型

营养类型	能源	氢供体	基本碳源	实例
光能自养型（光能无机营养型）	光	无机物	CO_2	蓝细菌、紫硫细菌、绿硫细菌、藻类
光能异养型（光能有机营养型）	光	有机物	CO_2 及简单有机物	红螺菌科的细菌（即紫色非硫细菌）
化能自养型（化能无机营养型）	化学能①	无机物	CO_2	硝化细菌、硫化细菌、铁细菌、氢细菌、硫黄细菌等
化能异养型（化能有机营养型）	化学能	有机物	有机物	绝大多数细菌、全部放线菌、全部真核微生物

① NH_4^+、NO_2^-、S^0、H_2S、H_2、Fe^{2+} 等。

一、光能自养型

这类微生物利用光作为生长所需要的能源，以 CO_2 作为唯一碳源或主要碳源，以还原性无机化合物（如 H_2O、H_2S 或 $Na_2S_2O_3$ 等）为氢供体，还原 CO_2，生成有机物质。光能自养型微生物主要是一些蓝细菌、紫硫细菌、绿硫细菌等少数微生物，它们都含有一种或几种光合色素（叶绿素或菌绿素），能够进行光合作用，将光能转变为化学能（ATP）供细胞直接利用。

例如，蓝细菌进行产氧光合作用，利用 H_2O 作为氢供体，在光照下同化 CO_2，放出 O_2：

$$CO_2 + H_2O \xrightarrow[\text{叶绿素}]{\text{光照}} [CH_2O] + O_2$$

绿硫细菌和紫硫细菌以 H_2S 或硫代硫酸盐等还原态硫化物作为氢供体，还原 CO_2，并得到硫：

$$CO_2 + 2H_2S \xrightarrow[\text{菌绿素}]{\text{光照}} [CH_2O] + H_2O + 2S\downarrow$$

二、光能异养型

这类微生物利用光作为能源，以有机碳化合物（甲酸、乙酸、丁酸、甲醇、异丙醇、丙酮酸和乳酸等）作为主要碳源和氢供体，但不能以 CO_2 作为主要或唯一的碳源。例如，红螺细菌利用异丙醇作为氢供体，进行光合作用，并积累丙酮，这类微生物生长时大多需要外源性的生长因素：

$$2(CH_3)_2CHOH + CO_2 \xrightarrow[\text{光合色素}]{\text{光照}} [CH_2O] + 2CH_3COCH_3 + H_2O$$

此菌在光和厌氧条件下进行上述反应，但在黑暗和好氧条件下又可能利用有机物氧化产生的化学能推动代谢作用。

三、化能自养型

这类微生物的能源来自无机物氧化所产生的化学能，碳源是 CO_2 或碳酸盐。常见的化能自养型微生物有硫（化）细菌、硝化细菌、氢细菌、铁细菌、一氧化碳细菌和甲烷氧化细菌等。它们分别以还原态硫化物（S、H_2S、$S_2O_3^{2-}$ 等）、NH_3、NO_2^-、H_2、Fe^{2+}、CO 和 CH_4 作为能源。例如，亚硝酸细菌能从氧化 NH_3 为亚硝酸（HNO_2）中获得能量，用以还原 CO_2，形成碳水化合物：

$$2NH_3 + 3O_2 + 2H_2O \xrightarrow{\text{亚硝酸细菌}} 2HNO_2 + 4H^+ + 4OH^- + \text{能量}$$

$$CO_2 + 4H^+ \xrightarrow{\text{能量}} [CH_2O] + H_2O$$

化能自养型微生物可以生活在完全无机的环境中，分别氧化各自合适的还原态的无机物，一般需消耗 ATP，以取得同化 CO_2 时所需的能量。这类菌的生长速度较为缓慢。

四、化能异养型

化能异养型微生物包括绝大多数的细菌、全部放线菌和真菌以及原生动物等。这类微生物以有机化合物为能源，碳源和氢供体也是有机化合物，即同一种有机化合物的代谢既可供给能量，也可以供给碳架物质，主要是淀粉、蛋白质等大分子物质以及单糖、双糖、有机酸和氨基酸等简单有机物。其氮素营养可以是有机物（如蛋白质），也可以是无机物（如硝酸铵等）。化能异养型微生物可分为腐生和寄生两种类型。腐生菌是利用无生命的有机物为养料进行生长繁殖，大多数有益，在自然界物质转化中起重要作用，但易引起食品腐败，如引起食品腐败的一些霉菌和细菌属于这一类。寄生菌是寄生在活的有机体内，从寄主体内获得营养物质而进行生长繁殖。专性寄生菌只能在活的寄主体内生活，如立克次氏体、衣原体和病毒。在腐生和寄生之间存在着不同程度的既可腐生又可寄生的中间类型，称为兼性腐生或兼性寄生，如结核杆菌和痢疾志贺菌。

微生物营养类型的划分不是绝对的，在自养型和异养型、光能型和化能型之间，存在一些过渡类型。例如，红螺细菌在有光和厌氧条件下利用光能，而在黑暗和有氧条件下利用有机物氧化释放的化学能，属于“兼性光能营养型”。又如，氢单胞菌在完全无机的环境中，通过氢的氧化获取能量，同化 CO_2，为化能自养型；而当环境中存在有机物时便直接利用有机物，为化能异养型，属于“兼性自养型”。许多异养型微生物并非绝对不利用 CO_2，只是它们不以 CO_2 作为唯一碳源或主要碳源，但它们具有固定 CO_2 到有机物中的能力，如固定 CO_2 到丙酮酸中生成草酰乙酸。由此可见，微生物的营养类型会因环境因素而发生改变。

第三节 营养物质的跨膜运输

微生物体积小、结构简单，没有专门的摄取营养物质的器官，营养物质的吸收以及代谢产物的排出都是通过细胞表面进行的，细胞壁是环境中营养物质进入微生物细胞的屏障之一，但只能阻挡大分子物质的进入。复杂的大分子营养物质（如蛋白质、脂肪、纤维素、果胶等）必须经过微生物的胞外酶水解成小分子的可溶性物质后，才能以不同的方式被吸收。

细胞膜由于具有高度选择性，因而在控制物质进入细胞的过程中具有极其重要的作用。微生物吸收营养物质的种类以及吸收的速度，取决于细胞膜结构的特性和细胞的代谢活动。目前认为，在微生物体内营养物质主要以单纯扩散、促进扩散、主动运输和基团转位 4 种方式透过细胞膜。

一、单纯扩散

单纯扩散，又称被动转运或自由扩散，是物质进出细胞最简单的一种方式［图 2-1(a)］。其特点是物质由高浓度区向低浓度区扩散，是单纯的物理扩散过程，不需要能量。一旦膜两侧的物质浓度梯度消失，即细胞膜两侧的物质浓度相等，单纯扩散就达到动态平衡。单纯扩散是非特异性的，没有载体蛋白（渗透酶）参与，也不与膜上的分子发生反应，扩散的物质本身也不发生变化，扩散的速度很慢。因此，单纯扩散不是微生物细胞吸收营养物质的主要方式，一些小分子物质，如气体分子（O_2、CO_2）、水、某些无机离子（Na^+）及一些水溶性小分子（乙醇、甘油、尿素）等简单化合物可通过单纯扩散透过细胞膜。

二、促进扩散

促进扩散与单纯扩散相似，也是一种被动的物质跨膜运输方式。细胞膜上的载体蛋白与相应的营养物结合，从高浓度环境进入低浓度环境，在细胞膜内侧释放该营养物质，运输过程中也不消耗能量［图 2-1(b)］。细胞膜内外浓度差越大，被运输物质的扩散速度越快。这种具有运载营养物功能的特异性蛋白质，称为渗透酶（载体蛋白）。它们大多是诱导酶，当外界存在所需的营养物质时，能诱导细胞产生相应的渗透酶；每一种渗透酶只转运一类营养物质，如葡萄糖载体蛋白只转运葡萄糖；但也有多种载体蛋白转运一类分子，如鼠伤寒沙门菌通过 4 种不同的载体蛋白转运组氨酸；载体蛋白本身在运输前后不发生变化。

已分离出有关葡萄糖、半乳糖、阿拉伯糖、亮氨酸、苯丙氨酸、精氨酸、组氨酸、酪氨酸、磷酸、Ca^{2+}、Na^+ 和 K^+ 等的载体蛋白，它们的分子量介于 9000～40000 之间，而且都是单体。促进扩散是真核微生物的普遍运输机制，如酵母菌运输葡萄糖就是这种方式；在原

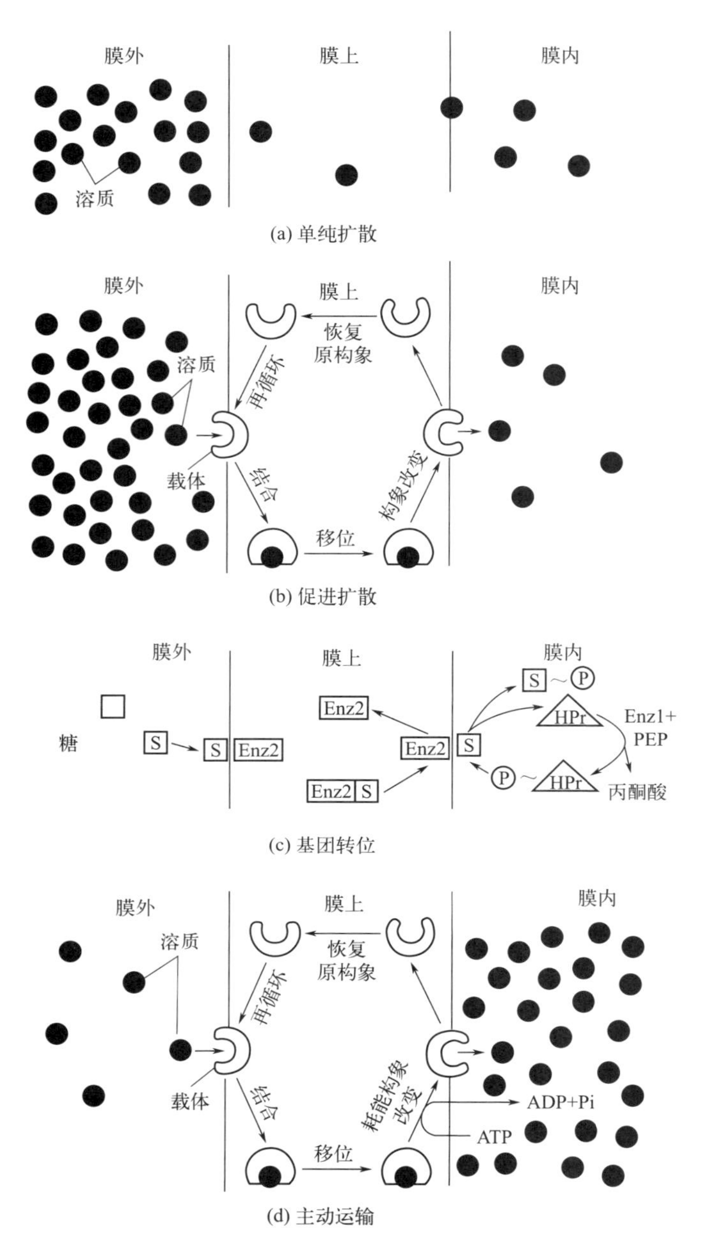

图 2-1　细胞运输营养物质的 4 种方式

核微生物中比较少见，甘油可通过促进扩散进入沙门菌、志贺菌等肠道细菌。如从沙门菌的细胞膜中分离出的与硫酸盐渗透有关的载体蛋白，其分子量为 34000，每分子硫酸盐与一分子蛋白质专一性可逆结合，不需要 ATP，这种渗透酶不呈现酶的活性，被运输的分子也不发生变化。

三、主动运输

主动运输是微生物吸收营养物质的一种主要方式。微生物在能量的推动下，通过细胞膜上的载体蛋白，逆浓度梯度运输营养物质，在运输过程中需要消耗能量。如大肠埃希菌在生长期中，细胞中的 K^+ 浓度比周围环境高出 3000 倍；当以乳糖作碳源时，细胞内乳糖的浓度比周围环境高出 500 倍。

细胞膜上的渗透酶与细胞外的营养物质能特异性结合，形成复合体。复合体旋转 180°从膜外转移到细胞膜内表面，消耗能量，使渗透酶的构型发生变化，减弱载体蛋白与营养物质的亲和力，从而释放与之结合的营养物；渗透酶构型变化后，再次获得能量恢复原状，增强亲和力，结合位置朝向膜外，重复进行主动运输［图 2-1(d)］。

四、基团转位

微生物还有一种特殊的吸收营养物质的方式，称为基团转位或基团移位。这种运输方式不仅需要特异性载体蛋白的参与和消耗能量，还会改变营养物质本身的结构，在运输过程中有化学基团转移到被转运的物质上，从而使营养物质在细胞内持续增加，养料可不受阻碍地向细胞内源源不断运送。基团转位主要存在于厌氧型和兼性厌氧型细菌中，主要运输糖及其衍生物，脂肪酸、核苷酸、碱基等也可通过这种方式运输。

以大肠埃希菌通过磷酸转移酶系统摄入葡萄糖为例来介绍基团移位［图 2-1(c)］。磷酸转移酶系统，即磷酸烯醇式丙酮酸-磷酸糖转移酶系统，该系统主要由五种不同的蛋白质组成，包括酶Ⅰ、酶Ⅱ和热稳定蛋白（HPr）。HPr 是含组氨酸的可溶性蛋白，对热稳定，具有非特异性，能像高能磷酸载体一样起作用。酶Ⅰ是存在于细胞质中的一种非特异性酶，对很多糖都一样起作用。酶Ⅱ是细胞膜上的结构酶，对糖类有高度专一性，只能运载某一种糖类而且是诱导生成的，即同时起渗透酶和磷酸转移酶的作用。该系统催化的反应分两步进行：

1. 热稳定蛋白的激活

少量 HPr 被磷酸烯醇式丙酮酸（PEP）磷酸化生成 P-HPr，并转移到膜的内表面，其反应式为：

$$\text{PEP}+\text{HPr}\xrightarrow{\text{酶Ⅰ}}\text{P-HPr}+\text{丙酮酸}$$

2. 糖被磷酸化后进入膜内

P-HPr 将它的磷酰基传递给葡萄糖，生成 6-磷酸葡萄糖，然后进入细胞质内，反应式为：

$$\text{P-HPr}+\text{葡萄糖}\xrightarrow{\text{酶Ⅱ}}\text{6-磷酸葡萄糖}+\text{HPr}$$

在这一步中，葡萄糖先与位于膜外表面的特异性酶Ⅱ结合并移位到膜的内表面，被 P-HPr 磷酸化并进入细胞。

6-磷酸葡萄糖不能透过膜，能在细胞内积累起来；此外，由于进入细胞的是 6-磷酸葡萄糖，而不是原来的葡萄糖，因此细胞内葡萄糖浓度一直很低，环境中的葡萄糖就能源源不断进入细胞。

在大肠埃希菌和鼠伤寒沙门菌中，嘌呤和嘧啶的输送也是以基团转位的方式进行的。在输送过程中，需借助磷酸核糖转移酶系统将 5-磷酸核糖焦磷酸分子的磷酸核糖转移到嘌呤或嘧啶分子上，生成的单核苷酸积累在细胞内。

对上述 4 种营养物质进入细胞的方式进行比较，如表 2-5 所示。

表 2-5 细胞运输营养物质的 4 种方式

比较项目	单纯扩散	促进扩散	主动运输	基团转位
载体蛋白	无	有	有	有
运输速度	慢	快	快	快
溶质运输方向	由浓至稀	由浓至稀	由稀至浓	由稀至浓
平衡时内外浓度	内外相等	内外相等	内部浓度高得多	内部浓度高得多
运输分子	无特异性	有特异性	有特异性	有特异性
能量消耗	不需要	不需要	需要	需要
运输前后溶质分子	不变	不变	不变	改变
载体饱和效应	无	有	有	有
与溶质类似物	无竞争性	有竞争性	有竞争性	有竞争性
运输抑制剂	无	有	有	有
运输对象举例	O_2、CO_2、H_2O、乙醇、甘油、少数氨基酸、盐类、代谢抑制剂	SO_3^{2-}、PO_4^{3-}、糖（真核微生物）	氨基酸，乳糖等糖类，Na^+、Ca^{2+}等无机离子	葡萄糖、果糖、甘露糖、嘌呤、核苷酸、脂肪酸等

微生物对营养物质的吸收是一个复杂的生理过程。不同的微生物运输物质的方式不同；对同一种物质，不同微生物的摄取方式也不一样；同一种微生物中可能同时存在一种或多种运输方式，对不同的营养物进行跨膜运输而互不干扰。

第四节 微生物培养基的制备技术

培养基是人工配制的适合不同微生物生长繁殖或积累代谢产物的营养物质，是研究微生物的形态构造、生理功能以及生产微生物制品等方面的物质基础。因此，良好的培养基要求包含微生物生长繁殖所需要的六大营养要素，能充分发挥微生物的代谢合成能力，使微生物正常生长繁殖，达到最佳的实验、科研和生产目的。反之，若培养基的成分、浓度配比、pH 值等因素不合适，则会严重影响微生物的代谢活动和生长繁殖。因此必须设计和配制合适的培养基。

一、设计和配制培养基的原则

1. 培养目的明确

不同的微生物对营养有不同的要求，所以在配制培养基时，首先要明确培养基的用途、培养的对象和目的，如培养哪种菌，获取什么产物，用于实验室科学研究还是大规模发酵生产，为了获取生产上的“种子”还是用于发酵，等等。

培养细菌、放线菌、酵母菌和霉菌的培养基是不同的。一般来说，培养细菌常用牛肉膏蛋白胨培养基；培养放线菌常用高氏一号培养基；培养酵母菌常用麦芽汁培养基；培养霉菌常用马铃薯培养基和察氏培养基。要注意的是，病毒、立克次氏体、衣原体和某些螺旋体（回归热螺旋体和梅毒螺旋体）等专性寄生菌不能在人工制备的普通培养基上生长，必须用鸡胚、细胞培养和动物培养等方法培养。

自养型微生物的培养基应完全是简单无机盐，因为自养型微生物有较强的生物合成能力，能将简单无机盐合成细胞所需的各种营养物质；异养型微生物的培养基至少要有一种有机物作为碳源和能源，通常是葡萄糖。

如果培养是为了获取微生物细胞或作种子培养基用，营养成分要丰富些，尤其是氮源含量宜高，即 C/N 稍低，以促进微生物的生长繁殖；相反，如果用作大量代谢产物的发酵培养基，氮源含量宜低，即 C/N 稍高，以使微生物生长不致过旺而有利于代谢产物的积累。

实验室中进行一般培养时，常选用营养丰富、取材与制备均较方便的天然培养基；如果是进行精细的生理、代谢或遗传等研究时，则选用合成培养基。在大规模的发酵生产上，除考虑满足菌种的营养需要外，还需选择来源广泛的廉价粗料，如采用野生原料、代用品和副产品等。为获取大量优良菌种而制备的种子培养基，除了营养丰富和含氮量较高外，还应加入能使菌种适应以后发酵条件的基质。为使生产菌生长良好并能积累大量代谢产物，所选用的发酵培养基还应考虑代谢产物的性质。一般说来，生产含碳量较高的代谢产物，如有机酸，培养基所用原料的 C/N 要高，例如柠檬酸发酵培养基只用山芋粉作原料；生产氨基酸类含氮量高的代谢产物时，要增加氮源比例，例如谷氨酸发酵培养基中除了含有水解淀粉或大量的糖外，还有尿素和玉米浆。在某些次生代谢产物（如抗生素、维生素或赤霉素）的生产中还要加入作为它们组成部分的元素或前体物质，例如生产维生素 B_{12} 时要加入钴盐、生产金霉素时要加入氯化物、生产氨苄青霉素时要加入前体物质苯乙酸等。

2. 营养物质配比协调

培养基中只有营养物质的浓度与比例适宜，微生物才能良好生长繁殖。对于大多数异养微生物来说，它们所需的各种营养要素的比例大体是：水＞碳源＞氮源＞P、S＞K、Mg＞生长因子。其中，最为重要的是碳源和氮源的比例（C/N），C/N 即培养基中 C 原子的摩尔浓度与 N 原子的摩尔浓度之比。不同的微生物菌种要求不同的 C/N，如细菌和酵母菌培养基中的 C/N 约为 5/1，霉菌培养基中的 C/N 约为 10/1。如为获得微生物细胞或制备种子培养基，常要求较低的 C/N；如代谢产物中含碳量较高，则要求较高的 C/N；如代谢产物中含氮量高，则要求较低的 C/N。在谷氨酸发酵时，C/N 为 100/(0.5～2) 时菌体大量繁殖，产生少量谷氨酸；当 C/N 为 100/(11～12) 时，则积累大量的谷氨酸。

此外，还需注意无机盐的量及其平衡。如磷、钾含量一般在 0.05%左右，镁、硫含量约为 0.02%。很多无机盐在低浓度时为微生物生长所必需，但在高浓度时则可能抑制微生物的生长；无机盐的比例不适当也会影响微生物的生长，如 K_2HPO_4 与 KH_2PO_4 浓度的比例失调会影响培养基的缓冲能力。

添加生长因子时，也要注意适当的比例，以维持微生物对生长因子的平衡需求和吸收。

3. 理化条件适宜

除营养因素外，培养基的 pH、O_2、渗透压等物理化学因素也直接影响微生物的生长和正常代谢，为了使微生物良好地生长繁殖或积累代谢产物，必须创造尽可能适宜的生长条件。

(1) pH 各类微生物一般都有它们适宜的生长 pH 范围。一般，细菌的最适 pH 在 7.0～8.0 范围，放线菌 pH 在 7.5～8.5 之间，酵母菌要求 pH 3.8～6.0，霉菌的适宜 pH 为 4.0～5.8。具体的每一种微生物还有其特定的最适生长 pH 范围，但是，某些极端环境中的微生物，可能会超出所属类群范围的上限和下限。如氧化硫杆菌是一种嗜酸菌，其生长 pH 范围为 0.9～4.5；某些专性嗜碱菌的生长 pH 值在 11 以上。

由于微生物在代谢过程中，会不断地向培养基中分泌代谢产物，引起培养基的 pH 变化，尤其是很多微生物有很强的产酸能力，如不适当调节，就会抑制或杀死自身。因此，在配制培养基时，要加入一定的缓冲物质，通过培养基中的这些成分发挥调节作用。常用的缓冲物质主要有磷酸盐类和碳酸盐类。

① 磷酸盐类。由一氢磷酸盐和二氢磷酸盐（如 K_2HPO_4 与 KH_2PO_4）的等摩尔溶液（pH6.8）组成的磷酸盐缓冲液，不仅起缓冲作用，还兼有磷源和钾源作用。这种缓冲液只在接近中性的 pH 范围内（6.4～7.2）有缓冲作用。其反应原理如下：

$$K_2HPO_4 + HCl \longrightarrow KH_2PO_4 + KCl$$

$$KH_2PO_4 + KOH \longrightarrow K_2HPO_4 + H_2O$$

② 碳酸钙（$CaCO_3$）。当微生物的产酸能力较强时，K_2HPO_4-KH_2PO_4 溶液难以起到缓冲作用，常在培养基中添加 1%～5%的 $CaCO_3$ 来进行调节。$CaCO_3$ 在中性条件下的溶解度极低，加入培养基后，由于在中性环境中几乎不解离，所以不影响培养基 pH 的变化，当微生物开始生长，培养基的 pH 下降时，$CaCO_3$ 开始解离，游离的 CO_3^{2-} 与 H^+ 形成碳酸，最后释放出 CO_2，在一定程度上缓解了培养基 pH 的降低。

$$CO_3^{2-} \xrightarrow{+H^+} HCO_3^- \xrightarrow{+H^+} H_2CO_3 \longrightarrow CO_2 + H_2O$$

有时，由于微生物产生过量的酸或碱，使用上述缓冲液或 $CaCO_3$ 都难以避免 pH 的大幅变化，则可在培养基中直接加酸或碱来调节。

(2) 渗透压 绝大多数微生物适宜于等渗溶液中生长。当环境中渗透压低于细胞原生质的渗透压时，细胞会出现吸水膨胀甚至破裂；当环境渗透压高于原生质渗透压时，会导致细胞膜与细胞壁分开。当培养嗜盐微生物时，常加入适量 NaCl 以提高培养基的渗透压，如海洋微生物的最适生长盐度为 3.5%。培养嗜渗透微生物（如高渗酵母）时加入接近饱和量的蔗糖以提高渗透压。

4. 经济节约选择培养原料

选择培养基的原料时，除了必须考虑容易被微生物利用以及满足工艺要求外，还应考虑经济效果，尤其是大规模工业生产更应如此。应尽量减少主粮的利用，采用以副产品代用原材料的方法。遵循“以粗代精”“以野代家”“以废代好”“以简代繁”“以烃代粮”“以纤代糖”“以氮代朊”“以国产代进口”等经济节约的原则。例如发酵工业生产中碳源的代用方向主要是以纤维水解物、废糖蜜等代替淀粉、葡萄糖等。氮源的代用方向以花生饼、豆饼等代替黄豆粉、蛋白胨等。根据微生物的营养特点，选择合适的培养原料，既满足微生物生长的需要，又能获得优质高产的代谢产物，同时也符合增产节约、因地制宜的效果，是大规模生产必须遵守的原则。

二、培养基的类型

培养基种类繁多，可从不同角度进行分类。

1. 根据对培养基成分的了解程度分类

(1) 合成培养基 由化学成分及含量完全确定的化学物质配制而成的培养基。此类培养基的优点是成分精确、稳定，重复性强；缺点是成本较高、配制麻烦，因而一般微生物在合成培养基上生长缓慢，对营养要求较高的异养型微生物难以很好生长。合成培养基一般用于实验室进行的营养代谢、遗传育种、分类鉴定和生物测定等定量要求较高的研究。例如培养氧化硫杆菌的培养基：

粉状硫　10g　　$(NH_4)_2SO_4$　0.4g　　$MgSO_4 \cdot 7H_2O$　0.5g

$FeSO_4$　0.01g　　KH_2PO_4　4g　　$CaCl_2$　0.25g

水　1000mL　　pH　7.0～7.2

此外，常见的合成培养基还有培养细菌的葡萄糖铵盐培养基、培养放线菌的高氏一号培养基、培养真菌的察氏培养基等。

(2) 天然培养基　采用动植物组织或微生物细胞或它们的提取物或消化产物等天然有机物配制而成的营养基，其成分含量无法确切了解或化学成分不恒定，又称为综合培养基。配制此类培养基常用牛肉膏、蛋白胨、酵母膏、麸皮、马铃薯、麦芽汁、豆芽汁、玉米粉、花生饼粉、牛奶和血清等营养成分较高的物质。天然培养基的优点是取材广泛，营养丰富，配制方便，并且价格低廉；缺点是它们的具体成分不清楚，不同单位生产的或同一单位不同批次所提供的产品成分不稳定，因而不适合于精细的科学实验，自养型微生物也不能在这类培养基上生长。天然培养适合配制实验室用的各种基本培养基及大规模生产中的种子培养基或发酵培养基。例如培养细菌的牛肉膏蛋白胨培养基：

牛肉膏　3g　　蛋白胨　5g　　NaCl　5g

水　1000mL　　pH　7.0～7.2

(3) 半合成培养基　既含有天然成分又含有纯化学试剂的培养基，称为半合成培养基。含有的天然有机物提供碳源、氮源及生长因子，添加的化学试剂用来补充无机盐成分。例如，培养真菌用的马铃薯蔗糖培养基。在生产和实验室中使用最多的是半合成培养基，大多数微生物在此类培养基上生长良好。

2. 根据培养基的物理状态分类

(1) 液体培养基　各类营养物质溶解于水中，配制成液体状态的培养基质为液体培养基。这类培养基有利于微生物的生长和积累代谢产物，常用于实验室中观察微生物生长特征和研究生理生化特性以及大规模的工业化生产。因此，发酵生产中大多数发酵培养基采用液体培养基。

(2) 固体培养基　在液体培养基中加入一定量的凝固剂配制而成的呈固体状态的培养基称为固体培养基。早期使用明胶作为凝固剂，加入量为5%～12%。现在常用的凝固剂是琼脂，加入量一般为1.5%～2.0%。琼脂在96℃熔化，40℃凝固，不容易被微生物分解利用，透明度好，黏着力强，能反复凝固熔化，经高温高压灭菌不被破坏，对微生物无害。因而，琼脂作为凝固剂得到广泛应用。当培养基pH在4.0以下时，琼脂熔化后不能凝固。

此外，用天然固体营养物质可以直接配成天然固体培养基。例如用麸皮、米糠、豆饼、玉米粒、麦粒、马铃薯块、棉籽壳、木屑等原料经粉碎、蒸煮处理后制得的培养基是固体培养基。可直接用于发酵生产。

固体培养基在科学研究和生产实践上具有广阔的用途。例如，可用于菌种分离鉴定、菌落计数、选种育种、菌种保藏、抗生素等生物活性物质的生物测定。

(3)半固体培养基 在液体培养基中加入少量凝固剂(0.5%~0.8%的琼脂)制成的半固体状态的培养基叫半固体培养基。半固体培养基呈现出容器倒放时不致流下、在剧烈振荡后能破散的状态。常用来观察细菌的运动、鉴定菌种、保存菌种、噬菌体的效价滴定和微需氧细菌的培养等。

3. 根据培养基的用途分类

(1)加富培养基 在自然环境中,多种微生物通常混杂在一起生长,根据某种微生物的生长需求,在培养基中加入这种菌特别需要的特殊营养物质,使其快速生长而不利于其他微生物的生长繁殖,这种培养基叫加富培养基,也叫增殖培养基。其营养物质的配比,能使目的菌生长繁殖迅速,数量富集,逐渐占据优势,达到淘汰其他非目的菌的目的。例如,石蜡发酵用的酵母菌种筛选时,其加富培养基为:

石蜡 20g	NH_4NO_3 3g	NaCl 0.5g
酵母膏 0.5g	$MgSO_4 \cdot 7H_2O$ 1g	KH_2PO_4 4g
水 1000mL	pH 5.1~5.4	

在这种培养基中,石蜡含量占优势,能使利用石蜡的菌种比其他菌种生长快,逐渐淘汰其他微生物。

用于加富的营养物质通常是被富集对象专门需要的碳源和氮源,如富集纤维素分解菌选用纤维素,富集石油分解菌用石蜡油,富集自生固氮菌用甘露醇,富集酵母菌用浓糖液等。此外,这类培养基中也加入血、血清、动植物组织提取液等以培养营养要求比较苛刻的异养型微生物。理化因素如温度、氧气和其他气体、pH以及盐度等也有利于选择某些特殊类型的微生物,如嗜热和嗜冷微生物、好氧和厌氧微生物、嗜酸和嗜碱微生物以及嗜盐微生物等。加富培养基主要用于菌种的保藏或用于菌种的分离筛选。

(2)选择性培养基 在培养基中加入某种化学物质以抑制非目的菌的生长,而促进目的菌的生长,这类培养基叫选择培养基。常用的抑制物质有染料、抗生素和脱氧胆酸钠等。如SS琼脂培养基中加入胆盐,对沙门菌等肠道致病菌无抑制作用,而对其他肠道细菌有抑制作用;分离真菌用的马丁氏培养基中添加的孟加拉红、链霉素和金霉素等具有抑制细菌生长的作用。再如,浓度为1∶200~1∶5000的结晶紫,能抑制大多数革兰氏阳性菌的生长;青霉素、四环素或链霉素能抑制细菌和放线菌的生长;灰黄霉素能抑制霉菌和酵母菌的生长。

(3)鉴别培养基 在培养基中添加某种与微生物代谢产物发生明显颜色变化的物质,用以鉴别不同微生物的培养基,称为鉴别培养基。例如,用于鉴别肠道杆菌中某些细菌的伊红亚甲蓝(EMB)是典型的鉴别培养基:

蛋白胨 10g	乳糖 10g	K_2HPO_4 2g
2%伊红溶液 20mL	0.65%亚甲蓝溶液 10mL	琼脂 17g
蒸馏水 1000mL	pH 7.1	

其中,伊红为红色酸性染料,亚甲蓝为蓝色碱性染料,大肠埃希菌强烈分解乳糖时能产生大量有机酸,结果与两种染料结合形成紫黑色菌落。由于伊红还发出略呈绿色的荧光,因此在反射光下可以看到深紫色菌落表面有绿色金属光泽。而肠道致病菌沙门菌和志贺菌不发酵乳糖,所以形成无色菌落。这样,就可以将无害的大肠埃希菌与致病性的沙门菌和志贺菌区

别开来。伊红和亚甲蓝这两种苯胺染料还可抑制革兰氏阳性菌以及一些难培养的革兰氏阴性菌生长。

细菌细胞内的各种酶能分解糖类，产生酸类、气体或其他产物。不同的细菌对糖类的分解能力不同，因此，在肉汁培养基中加入各种糖类及指示剂，可进行各种细菌的分类鉴别。鉴别培养基也可用作分离筛选某种微生物。几种常见的鉴别培养基如表 2-6。

表 2-6　几种常用的鉴别培养基

培养基名称	加入化学物质	微生物代谢产物	培养基特性变化	主要用途
明胶培养基	明胶	胞外蛋白酶	明胶液化	鉴别产蛋白酶菌株
淀粉培养基	可溶性淀粉	胞外淀粉酶	淀粉水解圈	鉴别产淀粉酶菌株
H_2S 试验培养基	乙酸铅	H_2S	黑色沉淀	鉴别产 H_2S 菌株
糖发酵培养基	溴甲酚紫	乳酸、乙酸、丙酸	由紫色变黄色	鉴别肠道细菌
远藤氏培养基	碱性复红、亚硫酸钠	乙醛酸	深红色菌落具金属光泽	鉴别大肠菌群
伊红亚甲蓝培养基	伊红、亚甲蓝	有机酸	紫黑色菌落具金属光泽	鉴别大肠菌群

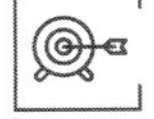

复习思考题

1. 名词解释：营养，营养物质，生长因子，C/N，主动运输，合成培养基。
2. 微生物细胞的化学组成物质主要有哪几种？
3. 简述微生物需要的六大营养要素及其生理功能。
4. 举例说明微生物的营养类型。
5. 微生物细胞运输营养物质的方式有哪几种？ 试比较其异同。
6. 什么叫培养基？ 制备培养基的基本原则是什么？
7. 什么是选择性培养基？ 什么是鉴别培养基？ 两者有什么区别？
8. 试列举细菌、放线菌和真菌培养基各一种，并说明每种培养基中各组分的功能。
9. 如果你需要从自然界中选育一株菌株，利用本章知识应如何考虑培养基的选用和配制？

第三章

微生物的生长

微生物的生长可分为个体生长和群体生长，在实际研究与应用中一般是指群体生长。不同类群微生物，由于自身的特性及与环境相互关系的差异性，表现出的生长规律各异。微生物个体微小，种类繁多，在自然界中分布广泛且数量庞大，有些微生物及其代谢产物对人类和动植物有益，有些则有害，严重的可带来病害甚至灾难。掌握微生物的特性及生长规律，可对其生长进行培养及控制，利用其有益的方面、控制其有害的方面，为人类造福。

知识与思政素养目标

1. 了解微生物生长的测定方法。
2. 理解微生物的生长规律、控制微生物生长的方法。
3. 掌握微生物的培养方法。
4. 掌握事物发展规律，塑造品格，树立精益求精的大国工匠精神。

第一节　微生物生长概述

一、微生物的个体生长与群体生长

微生物在适宜的环境中，不断地与所处的环境进行物质交换并进行新陈代谢，当同化作用大于异化作用时，细胞会增大，细胞的体积逐渐增加，此现象称为微生物的个体生长。当微生物生长到一定的阶段，细胞就进行分裂，形成两个基本相似的子细胞，使细胞数目增加，此现象称为微生物的繁殖。

微生物的生长与繁殖是两个不同、但又相互联系的概念。生长是一个逐步发生的量变过程，繁殖是一个产生新的生命个体的质变过程。这一质变过程叫发育。微生物在合适的条件下，能正常生长和繁殖。在高等生物里这两个过程可以明显分开，但在低等生物里特别是在单细胞的生物里，由于个体微小，这两个过程是很难划分的。因此在讨论微生物生长时，往往将这两个过程放在一起讨论，这样微生物生长又可以定义为在一定时间和条件下细胞数量的增加，称为微生物的群体生长，即微生物个体生长和繁殖的结果导致群体体积、数量、重量的增加。

在微生物的研究与应用当中，群体生长比个体生长更有实际意义，因此，在研究微生物的生长时，主要研究其群体生长的规律。单细胞微生物的生长是以群体数目的增加作为生长标志，丝状微生物的生长是以菌丝的伸长和分枝表现为生长的。微生物的生长繁殖过程可表现为：

个体生长 →个体繁殖→群体生长

群体生长＝个体生长＋个体繁殖

二、微生物的生长规律

微生物的生长规律主要是指群体生长规律，单细胞微生物与多细胞微生物表现差别较大。单细胞微生物如细菌、酵母菌等，在液态培养基中可以均匀分布，每个细胞接触的环境条件基本相同，同步性较好，因此每个细胞都能迅速地生长繁殖。多细胞微生物如放线菌、霉菌、蕈菌等，菌体呈丝状，菌丝常常扭结在一起，细胞同步性较差，只有在外周的细胞才能迅速生长繁殖。本书主要介绍单细胞微生物的生长规律。

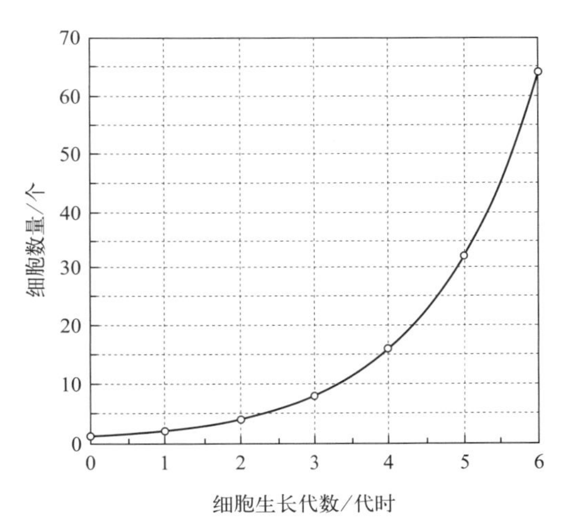

图 3-1　细菌培养数量变化图

由一个细胞分裂成为两个细胞的时间间隔称为世代，一个世代所需的时间就是倍增时间（又称代时），代时也是群体细胞数目扩大一倍所需的时间。单位时间内繁殖的代数称为生长速率。图 3-1 表示的是一个细胞经过若干代分裂后的情况。从图可见，每经过一个代时，细胞数目就增加一倍，呈指数增加，因而称为指数生长，这就是典型单细胞群体生长的特征。

1. 微生物的生长曲线

把少量纯种单细胞微生物接种到恒容积的液体培养基中后，在适宜的温度、溶氧等条件下，它们的群体就会有规律地生长。在培养过程中，定时取样测单位体积的细胞数，以培养时间为横坐标，以细胞数目的对数作纵坐标，绘出生长过程中的曲线，称为生长曲线。根据微生物的生长速率常数，即每小时的分裂代数（R）不同，一般可把典型生长曲线粗分为延滞期、对数生长期、稳定期、衰亡期等四个时期（图 3-2）。

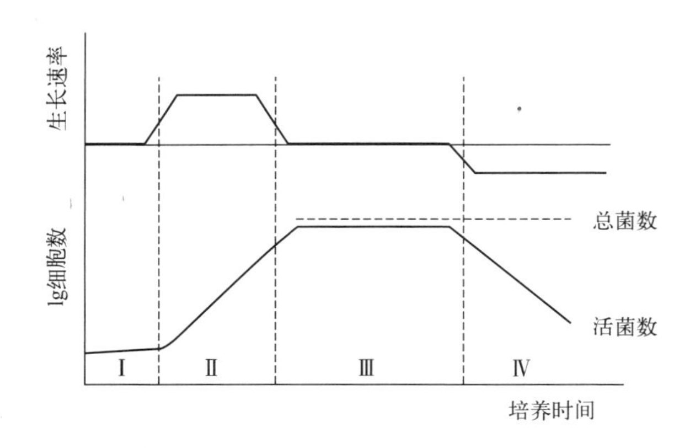

图 3-2　单细胞微生物的生长曲线

Ⅰ—延滞期；Ⅱ—对数生长期；Ⅲ—稳定期；Ⅳ—衰亡期

（1）延滞期　又称为延迟期、停滞期、调整期或适应期，是将少量微生物接种到新的恒容积的培养液中，在开始培养的一段时间内细胞数目基本不增加的时期。该时期的特点：①生长速率常数约等于零。②细胞形态变大或增长，许多杆菌可长成长丝状，如巨大芽孢杆菌在接种时，细胞长为 3.4μm；培养至 3.5h，其长为 9.1μm；至 5.5h，竟可达到 19.8μm。③细胞内 RNA 尤其是 rRNA 含量增高，原生质嗜碱性增强。④合成代谢活跃，核糖体、酶类和 ATP 的合成加快，易产生诱导酶。⑤对外界不良条件如 NaCl 溶液浓度、温度和抗生素等因素的反应敏感。

影响延滞期长短的因素很多，除菌种特性外，主要有：

① 接种菌龄　接种菌龄即“种子”的群体生长年龄，是处在生长曲线上的哪一个阶段。如果是对数期接种菌龄的“种子”接种，则子代培养物的延滞期就短；反之，如以延滞期或衰亡期的“种子”接种，则子代培养物的延滞期就长；以稳定期的“种子”接种，则延滞期居中。

② 接种量　接种量的大小明显影响延滞期的长短。一般而言，接种量大，则延滞期短；反之接种量小，则延滞期长（图 3-3）。在发酵工业中，为缩短不利于提高发酵效率的延滞期，一般采用 1/10 的接种量。

③ 培养基成分　接种到营养丰富的天然培养基中的微生物，要比接种到营养单调的合成培养基中的延滞期短。当接种后培养基成分有较大变化时，会使延滞期加长，在发酵生产中，常使发酵培养基的成分与种子培养基的成分尽量接近。

延滞期的出现，可能因为在接种到新鲜培养液的细胞中，一时还缺乏分解或催化有关底物的酶，或是缺乏充足的中间代谢物。为产生诱导酶或合成有关的中间代谢物，就需要有一

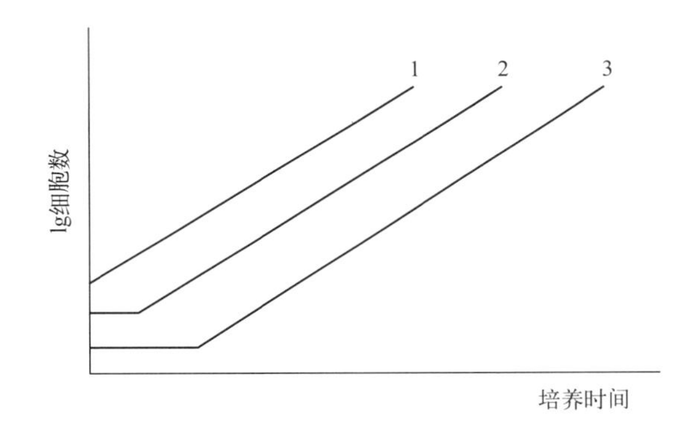

图 3-3 接种量对延滞期的影响

1—大接种量；2—中接种量；3—小接种量

段适应期，于是表现为生长的延滞。

(2) 对数生长期 又称指数生长期，是指在生长曲线中，紧接着延滞期的一个细胞以几何级数分裂的一段时期。

对数生长期的特点：①生长速率常数 R 最大，因而细胞每分裂一次所需的代时 G（倍增时间）或原生质增加一倍所需的时间最短。②细胞进行平衡生长，菌体大小、形态、菌体内各种成分最为均匀。③酶系活跃，代谢最为旺盛。④细胞对理化因素较敏感。

在对数生长期中，有三个参数最为重要，即：繁殖代数（n）、代时（G）、生长速率（R）。在一定条件下，每一种微生物的倍增时间是恒定的，这是微生物菌种的一个重要特征，以分裂增殖时间除以分裂增殖代数（n），即可求出每增殖一代所需的时间（G）。

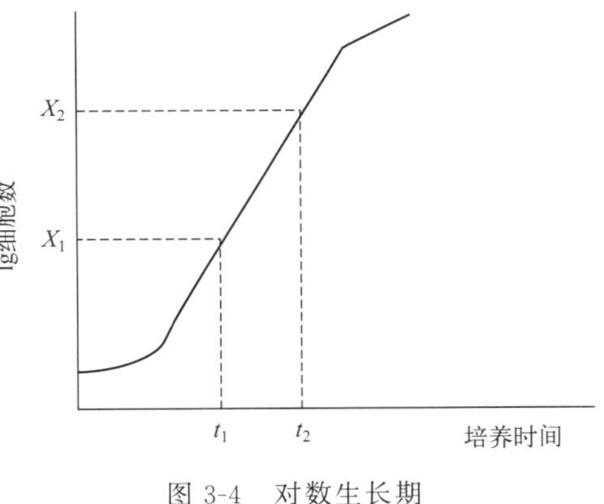

图 3-4 对数生长期

若对数期 t_1 时的菌数为 X_1，假设经过 n 次分裂后 t_2 时的菌数 X_2（图 3-4）。

则：$X_2 = X_1 \cdot 2^n$

即：$\lg X_2 = \lg X_1 + n\lg 2$

繁殖代数 $n = (\lg X_2 - \lg X_1)/\lg 2$

倍增时间 $G = (t_2 - t_1)/n$

所以：$G = (t_2 - t_1)\lg 2/(\lg X_2 - \lg X_1)$

例如，一培养液中微生物数目由开始的 12000，经 4h（t）后增加到 49000000，

则，$n = (\lg 4.9 \times 10^7 - \lg 1.2 \times 10^4) \div 0.301 = 12$

$G = t/n = 4 \times 60/12 = 20\text{min}$

所以，该种微生物的代时为 20min，在 4h 内共繁殖了 12 代。

代时能够反映细菌的生长速率，代时短，生长速率快；反之，代时长，生长速率慢。代时在不同种微生物中的变化很大，有些微生物的代时还不到 20min，有些微生物的代时却可长达几小时或几天，多数微生物的代时为 1～3h。同一种微生物，在不同的生长条件下其代时的长短也会不同。影响微生物代时的因素很多，主要有：

① 菌种：不同菌种的代时差别很大。见表 3-1。

② 营养成分：同一种细菌，在营养物丰富的培养基中生长，其代时较短，反之则长。见表3-1。

表3-1 一些细菌在不同培养条件下的代时

菌名	培养基	温度/℃	代时/min	菌名	培养基	温度/℃	代时/min
大肠埃希菌	肉汤	37	17	霍乱弧菌	肉汤	37	21～38
大肠埃希菌	牛奶	37	12.5	丁酸梭菌	玉米醪	30	51
产气肠杆菌	肉汤或牛奶	37	16～18	嗜酸乳杆菌	牛奶	37	66～87
产气肠杆菌	组合	37	29～44	褐球固氮菌	葡萄糖	25	240
乳酸链球菌	牛奶	37	26	大豆根瘤菌	葡萄糖	25	344～461
乳酸链球菌	乳糖肉汤	37	48	结核分枝杆菌	组合	37	792～932
蕈状芽孢杆菌	肉汤	37	28	活跃硝化杆菌	组合	27	1200
蜡状芽孢杆菌	肉汤	30	18	漂浮假单胞菌	肉汤	27	9.8
嗜热芽孢杆菌	肉汤	55	18.3	梅毒螺旋体	家兔	37	1980
枯草芽孢杆菌	肉汤	25	26～32	伤寒沙门菌	肉汤	37	23.5
巨大芽孢杆菌	肉汤	30	31	金黄色葡萄球菌	肉汤	37	27～30

③ 营养物浓度：营养物的浓度可影响微生物的生长速率和总生长量（图3-5）。

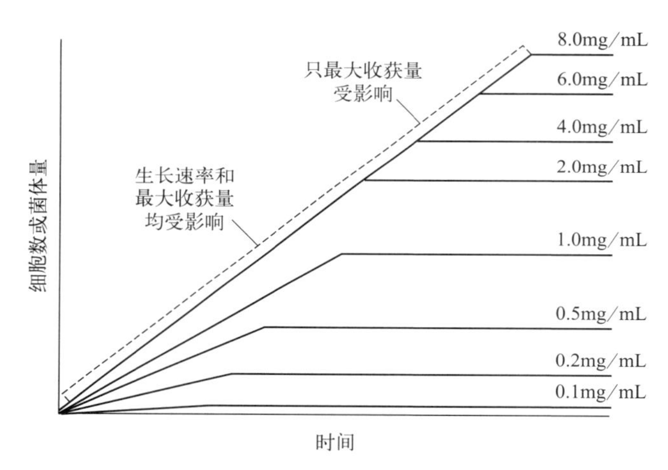

图3-5 营养物浓度对生长速度和菌体产量的影响

当营养物质浓度很低时，营养物浓度对生长速率有很大的影响，随着营养物浓度的逐步增高，对生长速率的影响越来越小，高浓度营养物则只影响菌体的最终产量。凡是处于较低浓度范围内，可影响生长速率和菌体产量的营养物，就称生长限制因子。

④培养温度：温度对微生物的生长速率有极其明显的影响（表3-2）。

表3-2 大肠埃希菌在不同温度下的代时

温度/℃	代时/min	温度/℃	代时/min
10	860	35	22
15	120	40	17.5
20	90	45	20
25	40	47.5	77
30	29		

指数期的微生物因其整个群体的生理特性较一致、细胞成分平衡发展和生长速率恒定，故可作为代谢、生理等研究的良好材料，是增殖噬菌体的最适宿主菌龄，也是发酵生产中用作“种子”的最佳种龄。

（3）稳定期　又称恒定期或最高生长期。其特点是：①新增殖的细胞数与老细胞的死亡数几乎相等，微生物的生长处于动态平衡，培养物中的细胞数目达到最高值。②细胞分裂速度下降，开始积累内含物，产芽孢的细菌开始产芽孢。③此时期的微生物开始合成次生代谢产物，对发酵生产而言，一般在稳定期的后期产物积累达到高峰，是最佳的收获时期。菌体产量与营养物质的消耗间呈现出一定的比例关系，这一关系就是生长产量常数 Y（或称生长得率）。

$$Y=\frac{X-X_0}{c_0-c}=\frac{X-X_0}{c_0}$$

式中，X 为稳定期时的细胞干重（g/mL 培养液），X_0 为刚接种时的细胞干重，c_0 为限制性营养物的最初浓度（g/mL），c 为稳定期时限制性营养物的浓度（计算 Y 时必须用限制性营养物，所以 c 等于 0）。如产黄青霉在合成培养基上生长时，其 Y 值为 1∶2.56，即每 2.56g 葡萄糖可合成 1g 菌丝体（干重）。

在稳定期，细胞开始储存糖原、异染颗粒和脂肪等储藏物；多数芽孢杆菌在这时开始形成芽孢；有的微生物开始合成抗生素等次生代谢产物。

稳定期到来的原因主要是：①营养物尤其是生长限制因子的耗尽；②营养物的比例失调，例如 C/N 不合适等；③酸、醇、毒素或 H_2O_2 等有害代谢产物的累积；④pH、氧化还原势等物化条件越来越不适宜；等等。

稳定期是以菌体或与菌体生长相平行的代谢产物（如单细胞蛋白、乳酸等）为目的的一些发酵生产的最佳收获期，也是某些生长因子例如维生素和氨基酸等进行生物测定的必要前提。此外，由于对稳定期到来的原因进行研究，还促进了连续培养技术的发展和研究。

（4）衰亡期　在衰亡期，个体死亡的速度超过新生的速度，因此，整个群体就呈现出负生长（R 为负值）。此时，细胞形态多样，如会产生膨大、不规则等的退化形态；有的微生物因蛋白水解酶活力的增强就发生自溶；有的微生物在这时产生或释放对人类有用的抗生素等次生代谢产物；在芽孢杆菌中，芽孢释放往往也发生在这一时期。

产生衰亡期的原因主要是外界环境进一步恶化，对继续生长越来越不利，引起细胞内的分解代谢大大超过合成代谢，导致菌体死亡。

延滞期、对数生长期、稳定期、衰亡期是单细胞微生物正常生长所经历的四个时期，细菌、酵母菌的生长情况基本相似。霉菌、放线菌等菌丝状微生物则没有明显的对数生长期，特别是在工业发酵过程中一般只经过三个阶段：生长停滞期（孢子萌发或菌丝长出芽体）、迅速生长期（菌丝长出分枝，形成菌丝体，菌丝质量迅速增加）、衰退期（菌丝质量下降，出现空泡及自溶现象）。霉菌、放线菌不是单细胞繁殖，因此没有对数生长期。

2. 微生物生长曲线在生产中的指导意义

微生物生长曲线既可作为生长状态的研究指数，又可作为控制发酵生产的理论依据，对发酵生产具有极其重要的指导意义。

（1）延滞期　在发酵工业上需尽量设法缩短延滞期，采取的缩短延滞期的措施有：①增加接种量；②采用对数生长期的健壮菌种；③调整培养基的成分，在种子基中加入发酵培养基的某些成分；④选用繁殖快的菌种。在食品工业上，尽量在此期进行消毒或灭菌。

（2）对数生长期

①由于此时期的菌种比较健壮，是增殖噬菌体的最适菌龄，生产上用作接种的最佳菌龄；②发酵工业上尽量延长该期，以达到较高的菌体密度；③食品工业上尽量使有害微生物不能进入此期；④是生理代谢及遗传研究或进行染色、形态观察等的良好材料。

（3）稳定期　微生物发酵形成产物的过程与细胞生长的过程并不总是一致的。对于需要初级代谢产物的发酵，如氨基酸、核苷酸、乙醇等，产物的形成往往与微生物的生长同步，故稳定期末期是最佳的收获期。可以通过连续流加碳源和氮源，同时以相关的速度移出积累起来的代谢产物，从而提高产量。对于需要次级代谢产物的发酵，如抗生素、维生素、色素、生长激素等，由于次级代谢产物与微生物的生存、生长和繁殖无关，其形成往往与微生物的生长不同步，这些次级代谢产物形成的高峰往往是在稳定期的后期或在衰亡期。可以通过连续流加营养物，同时把握收获时间，从而提高产量。在分批培养中，它们的形成高峰往往在微生物生长稳定期的后期或衰退期。

对实践的指导意义：①发酵生产形成的重要时期（抗生素、氨基酸等），生产上应尽量延长此期以提高产量，常常采取如补充营养物质（补料即流加）、调节 pH 和温度等措施；②稳定期细胞数目及产物积累达到最高。

（4）衰亡期　微生物细胞活力不断下降，同时由于积累的代谢毒物可能会与代谢产物起反应或影响提纯，或引起分解，因此，必须掌握好时间，在适当时间结束发酵。

三、微生物生长的测定方法

微生物特别是单细胞微生物，体积很小，个体生长很难测定，因此，测定微生物的生长不是依据个体的大小，而是测定群体的增加量，即群体的生长。

群体生长意味着细胞数量的增加，测定的方法也都直接或间接地以此为根据，而测定繁殖则要建立在计数这一基础上。微生物生长的测定，可以从重量、体积、密度、浓度等指标来进行测定。微生物生长量的测定方法很多，根据不同种类、不同生长状态的微生物生长，需选用不同的测定指标。可以根据菌体细胞数量、菌体体积或重量进行直接测定，也可用某种细胞物质的含量或某个代谢活性的强度作间接测定。因此，微生物生长情况可以通过测定单位时间里微生物数量或生物量的变化来评价。通过对微生物生长的测定可以客观地评价培养条件、营养物质等对微生物生长的影响，或评价不同的抗菌物质对微生物产生抑制（或杀死）作用的效果，或客观地反映微生物生长的规律。所以，微生物生长的测量在理论上和实践上有着重要的意义。

1. 生长量测定法

（1）体积测量法　又称菌丝浓度测定法。通过测定一定体积培养液中所含菌丝的量来反映微生物的生长状况。取一定量的待测培养液（如 10mL）置于有刻度的离心管中，设定一定的离心时间（如 5min）和转速（如 8000r/min），离心后，倒出上清液，测出上清液体积 V，则菌丝浓度为 $(10-V)/10$。菌丝浓度测定法是大规模工业发酵生产上微生物生长的一个重要监测指标。这种方法具有快速、便捷的优点，但比较粗放，因此需要设定一致的处理条件，否则偏差很大。

(2) 称干重法 可用离心法或过滤法测定。一般干重为湿重的 10%～20%。在离心法中，将一定体积待测培养液倒入离心管中，设定一定的离心时间和转速进行离心，并用清水洗涤 1～5 次，最后进行干燥处理。干燥可用烘箱在 105℃或 100℃下烘干，或采用红外线烘干，也可在 80℃或 40℃下真空干燥，干燥后称重。在过滤法中丝状真菌可用滤纸过滤，细菌可用醋酸纤维膜等滤膜过滤，过滤后用少量水洗涤，在 40℃下进行真空干燥。这种方法较适合于丝状微生物的生长量的测定，对于细菌来说，一般在实验室或生产实践中较少使用。

(3) 比浊法 细菌培养物在其生长过程中，由于原生质含量的增加，会引起培养物混浊度的增加。比浊法是采用比浊管。用不同浓度的 $BaCl_2$ 与稀 H_2SO_4 配制成的 10 支试管，其中形成的 $BaSO_4$ 有 10 个梯度，分别代表 10 个相对的细菌浓度（预先用相应的细菌测定）。某一未知浓度的菌液只要在透射光下用肉眼与某一比浊管进行比较，如果两者透光度相当，即可目测出该菌液的大致浓度。如果要做精确测定，则用分光光度计进行。在可见光的 450～650nm 波段内均可测定。为了对某一培养物内的菌体生长做定时跟踪，可采用不必取样的侧壁三角烧瓶来进行。测定时，只要把瓶内的培养液倒入侧臂管中．然后将此管插入特制的光电比色计比色座孔中，即可随时测出生长情况，而不必取用菌液。该法主要用于发酵工业菌体生长监测。

(4) 菌丝长度测量法 对于丝状真菌和一些放线菌，可以在固态培养基上测定一定时间内菌丝生长的长度，或是利用一只一端开口并带刻度的细玻璃管，倒入合适的培养基，卧放，在开口的一端接种微生物，一段时间后记录菌丝生长长度，借此衡量丝状微生物的生长。该方法缺点是不能反映菌丝的纵向生长，不能计算菌落的厚度和培养基中的菌丝。接种量也能影响结果，不能反映菌丝的总量。也可用 U 型管培养法，该法方便不易污染，但通气性不良。

2. 微生物计数法

(1) 血球计数板法 该方法简便、直观、快捷，但测定的对象有一定的局限性，只适合于个体较大的微生物种类，如酵母菌、霉菌的孢子等，不适用于细菌等个体较小的细胞，因为细菌细胞太小，不易沉降。此外，在油镜下超出工作距离，不易看网格线。测定结果是微生物个体的总数，不能区分死亡的个体和存活的个体。

(2) 染色计数法 为了弥补一些微生物在油镜下不易观察计数，而直接用血球计数板法又无法区分死细胞和活细胞的不足，可以用染色计数法。借助不同的染料对菌体进行适当的染色，可以更方便地在显微镜下进行活菌计数。如酵母活细胞计数可用亚甲蓝染色液，染色后在显微镜下观察，活细胞为无色，死细胞为蓝色。

(3) 液体稀释法 该方法是将待测菌样作一系列连续十倍梯度稀释，一直稀释到该稀释液少量（如 1mL）接种到新鲜培养基中没有或极少出现生长繁殖。根据没有生长的最低稀释度与出现生长的最高稀释度（即临界级数），再用“或然率”理论，可以计算出样品单位体积中细菌数的近似值，此法也叫最可能数（MPN）法。

活菌计数法有一定的局限性，但能提供其他方法不能获得的资料，所以在食品、医学及卫生微生物学中经常采用。为了消除上述方法的复杂性，现在不论是培养基、培养条件或是稀释方法、计算方法，以及结果分析和解释等方面，都制定了严格的标准。

（4）平板菌落计数法 这是一种最为常用的活菌计数法，将待测菌液进行一系列10倍梯度稀释，选择适宜稀释度的稀释液（一般接种量为1.0mL）加入无菌培养皿中，往皿中注入适量熔化并冷至46℃左右的琼脂培养基，混匀，待凝固后进行保温培养；或将菌液（一般接种量为0.1mL）涂布于已凝固的固体培养基平板上，进行保温培养。用平板上出现的菌落数乘以菌液稀释度，即可算出原菌液的含菌数。

平板菌落计数法是教学、生产、科研中最常见的一种活菌计数法，不仅适用于多种材料，而且即使样品中含菌数量极少也可以测出。常用于水、土壤、食品及其他材料中的活菌数的测定。

（5）试剂纸法 在平板计数法的基础上，发展了商品化产品以供快速计数用，形式有小型厚滤纸片、琼脂片等。在滤纸和琼脂片中吸有合适的培养基，其中加入活性指示剂2,3,5-氯化三苯基四氮唑（TTC，无色），蘸取测试菌液后置密封包装袋中培养。短期培养后在滤纸上出现一定密度的玫瑰色微小菌落，与标准纸色板上图谱比较即可估算出样品的含菌量。试剂纸法计数快捷准确，相比而言避免了平板计数法的人为操作误差。

（6）电子计数器法 在计数器中放有电解质及两个电极，将电极一端放入带微孔的小管，通电抽真空，使含有菌体的电解质从小孔进入管内。当细胞通过小孔时，电阻增大，引起脉冲变化，则每个细胞通过时均被记录下来。因样品的体积已知，故可以计算菌体的浓度，同时菌体的大小与电阻的大小成正比。该方法方便、快捷，但不能测定含有颗粒的菌液，对链状菌和丝状菌无效。

（7）薄膜过滤计数法 常用该法测定含菌量较少的空气和水中的微生物数目。将定量的样品通过薄膜（硝化纤维薄膜、醋酸纤维薄膜）过滤，菌体被阻留在滤膜上，取下滤膜进行培养，然后计算菌落数，可求出样品中所含菌数。

（8）涂片染色法 该方法可同时计数不同微生物的菌数，适于土壤、牛乳中细菌计数。其具体方法为用镜台测微尺计算出视野面积；取0.1mL菌液涂于$1cm^2$面积上，计数后代入公式：

每mL原菌液含菌数＝视野中平均菌数×涂布面积/视野面积×100×稀释倍数

3. 生理指标法

微生物的生长伴随着一系列生理指标变化，例如酸碱度、发酵液中的含氮量、含糖量、产气量等，与生长量相平行的生理指标很多，这些指标可作为生长测定的相对值。

（1）含氮量的测定 大多数细菌的含氮量为干重的12.5%，酵母菌为7.5%，霉菌为6.0%。根据含氮量×6.25，即可测定粗蛋白的含量。含氮量的测定方法有很多，如用硫酸、过氯酸、碘酸、磷酸等消化法和Dumas测N_2法。

（2）含碳量的测定 将少量（干重0.2～2.0mg）生物材料混入水或无机缓冲液中，用2mL 2%的$K_2Cr_2O_7$溶液在100℃下加热30min后冷却。加水稀释至5mL，在580nm的波长下读取吸光度值，即可推算出生长量。需用试剂做空白对照，用标准样品做标准曲线。

（3）还原糖的测定 还原糖通常是指单糖或寡糖，可以直接为微生物利用，通过还原糖的测定可间接反映微生物的生长状况。该法常用于大规模工业发酵生产上微生物生长的常规监测。离心发酵液，取上清液，有必要时应进行适量稀释，可使用斐林氏法、DNS法等方法测定样液中还原糖的浓度。

(4) 其他生理物质的测定　P、DNA、RNA、ATP、NAM（乙酰胞壁酸）等含量以及产酸、产气、产 CO_2（用标记葡萄糖做基质）、耗氧、黏度、产热等指标，都可用于生长量的测定；也可以根据反应前后的基质浓度变化、最终产气量、微生物活性三方面的测定反映微生物的生长。

4. 快速微生物检测法

微生物检测的发展方向是快速、简便、准确、自动化，利用传统微生物检测原理，结合不同的检测方法，形式各异的微生物检测仪器设备，正逐步应用于微生物检测和科学研究领域。

(1) 抗干扰培养基与微生物数量快速检测技术结合　解决了传统微生物检测手段不能解决的难题，为建立一套完整的抗干扰微生物检测系统奠定了坚实的基础。如利用抗干扰微生物培养基、新型生化鉴定管、微生物计数卡、环境质量检测试剂盒等，可方便地用于多项检测。

(2) 全自动各类总菌数及快速细菌检测系统　可以在数小时内获得监测结果，样本颜色及光学特征都不影响读数。对酵母菌和霉菌检测同样高度敏感，其原理是利用电阻抗法将待测样本与培养基置于反应试剂盒内，底部有一对不锈钢电极，测定因微生物生长而产生阻抗改变。如微生物生长时可将培养基中的大分子营养物经代谢转变为活跃小分子，电阻抗法可测试这种微弱变化，从而比传统平板法更快速监测微生物的存在及数量。测定项目包括总菌数、酵母菌、大肠菌群、霉菌、乳酸菌、嗜热菌、革兰氏阴性菌、金黄色葡萄球菌等。

上述各种方法都各有其优点和局限性。只有考虑了具体因素及所要解决的问题之间的关系以后，才能对具体的方法进行选择。测定微生物生长量，在理论研究和实际应用中都有十分重要的意义。

第二节　微生物生长的控制

一、影响微生物生长的因素

微生物与所处的环境之间相互作用、相互影响。一方面各种各样的环境因素对微生物的生长和繁殖有影响；另一方面，微生物的生长繁殖也反作用于环境。研究环境因素与微生物之间的关系，可以通过控制环境条件来利用微生物有益的一面，同时防止它对人和环境有害的一面。影响微生物生长的因素众多，除了营养因素之外，其它因素大致可分为物理因素和化学因素。

1. 影响微生物生长的物理因素

影响微生物生长繁殖的物理因素主要有：温度、水分、渗透压、辐射等。

(1) 温度　温度是影响微生物生长的最重要因素之一。温度对微生物影响的具体表现：一是影响酶的活性，温度变化影响酶促反应的速率，最终影响细胞代谢速率；二是影响细胞膜的流动性，直接影响营养物质吸收和代谢产物分泌的速率，温度高，流动性大，有利于物质的运输，温度低，流动性降低，不利于物质运输，从而影响微生物的生长；三是影响营养物质的溶解度，对细胞生长有影响。

微生物生长的温度范围一般在－10～100℃，极端下限为－30℃，极端上限为105～300℃。但具体的某一种微生物，只能在一定温度范围内生长，在这个范围内，每种微生物都有自己的生长温度三基点：最低、最适、最高生长温度。处于最适生长温度时，生长速度最快，代时最短。低于最低生长温度时，微生物不生长，温度过低，甚至会死亡。超过最高生长温度时，微生物不生长，温度过高，甚至会死亡。

根据微生物的最适生长温度的不同，将微生物划为三种类型：低温型微生物（嗜冷微生物）、中温型微生物（嗜温微生物）和高温型微生物（嗜热微生物）。

① 低温型微生物：最适生长温度在5～20℃，主要分布于地球的两极、冷泉、深海、冷冻场所及冷藏食品中。如假单胞菌中的某些嗜冷菌在低温下生长，常引起冷藏食品的腐败。

② 中温型微生物：最适生长温度为20～40℃，大多数微生物属于此类。这类微生物又可分为室温型微生物和体温型微生物。室温型主要为腐生或植物寄生，分布在植物或土壤中。体温型微生物主要寄生于人和动物体内。

③ 高温型微生物：最适生长温度为50～60℃，主要分布于温泉、堆肥和土壤中。高温下能生长的原因：a. 酶蛋白与核糖体有较强的抗热性；b. 核酸具有较高的热稳定性（核酸中G＋C含量高，可形成氢键，增加热稳定性）；c. 细胞膜中饱和脂肪酸含量高，较高温度下能维持正常的液晶状态。高温型微生物的特点：生长速度快，合成大分子迅速，可及时修复高温对其造成的分子损伤。耐高温菌具有的优势是能减少能源消耗，缩短发酵周期；有利于非气体物质在发酵液中的扩散和溶解，防止杂菌污染；由高温微生物产的酶制剂，酶反应温度和耐热性都比中温微生物高。

微生物的生理活动不同，要求的温度也不同，所以最适生长温度并不等于发酵速度最快、积累代谢产物最多的温度。这两者之间，因种及产物而异，有的可能一致，有的可能不一致，必须通过试验才能确定。

（2）水分 水分占微生物细胞组成的70％～85％，只有在水分充足的环境中微生物才能正常生长繁殖，环境缺水时（干燥的环境）会导致微生物细胞内含水量下降，细胞的正常生长受到抑制，严重时甚至死亡。低水分环境对微生物生长的影响主要有：①影响营养物质与代谢物质的运送；②影响细胞内的酶促反应；③影响细胞内蛋白质、核酸等大分子结构的稳定性；④导致细胞内渗透压升高，细胞形态发生变化。

（3）渗透压 环境的渗透压涉及水分含量和水活度，对微生物的生长有很大的影响。

渗透压的大小与溶液的浓度成正比。微生物在等渗溶液中，其生命活动保持正常，细胞外形不变；在高渗溶液中，细胞易失水，脱水后发生质壁分离，生长受抑制或死亡（盐渍和糖渍可保藏食品）；在低渗溶液中，细胞吸水膨胀，甚至导致细胞破裂死亡。

渗透压与溶质的种类及浓度有关。溶质浓度高，渗透压大；不同种类的溶质形成的渗透压大小不同，小分子溶液比大分子溶液渗透压大；离子溶液比分子溶液渗透压大；相同含量的盐、糖和蛋白质所形成的溶液渗透压大小顺序为：盐＞糖＞蛋白质。

对于一般微生物来说，在含盐5％～30％或含糖30％～80％的高渗条件下可抑制或杀死某些微生物。但各种微生物承受渗透压的能力各不相同，有些能在高渗条件下生长，故称其为耐高渗微生物。嗜盐菌能在15％～30％的盐溶液中生长，主要分布在盐湖、死海、海水和盐场及腌渍菜中，可分为3类：低嗜盐菌（能在2%～5%盐溶液中生长）、中嗜盐菌（能在5%～20%盐溶液中生长）和极端嗜盐菌（能在20%～30%盐溶液中生长）。高糖环境下生长的微生物，如花蜜酵母菌和某些霉菌能在60%～80%的糖溶液中生长，产甘油的耐高渗酵母菌能在20%～40%的糖溶液中生长。

（4）辐射 辐射是指能量通过空间传递的一种物理现象。与微生物有关的辐射有电磁辐射（可见光、紫外光）和电离辐射（X射线、γ射线、β射线）。

大部分微生物的生长不需要光照，少数微生物需要可见光作为能源。一般来讲，可见光对大多数化能微生物没有影响，但太强或连续长时间照射也会导致微生物死亡（光氧化作用）。紫外线会作用于DNA，引起DNA结构发生变化，造成微生物变异或死亡。X射线、γ射线、β射线等高能电磁波，波长短、能量高、杀伤力强，能使核酸、蛋白质或酶的结构发生变化，造成细胞损伤或死亡

2. 影响微生物生长的化学因素

影响微生物生长繁殖的化学因素主要有：pH、氧气、表面张力等。

（1）pH 环境的pH对微生物生长的影响主要表现在：影响膜表面电荷的性质及膜的通透性，从而影响对物质的运送；改变酶活、酶促反应的速率及代谢途径，如酵母菌在pH4.5～5产乙醇，在pH6.5以上产甘油、酸；影响培养基中营养物质的离子化程度，从而影响营养物质吸收或有毒物质的毒性。

不同微生物对pH要求不同，微生物的生长pH范围极广，从pH2～11都有微生物能生长。但是绝大多数种类都生活在pH5.0～9.0之间。微生物生长的pH值有三基点：最低、最适和最高pH值（见表3-3）。低于最低或超过最高生长pH值时，微生物生长受抑制或导致死亡。

表3-3 一些微生物生长的pH值范围

微生物种类	最低pH	最适pH	最高pH
黑曲霉	1.5	5.0～6.0	9.0
大肠埃希菌	4.3	6.0～8.0	9.5
一般放线菌	5.0	7.0～8.0	10
一般酵母菌	3.0	5.0～6.0	8.0
枯草芽孢杆菌	4.5	6.0～7.5	8.5
金黄色葡萄球菌	4.2	7.0～7.5	9.3

不同的微生物最适生长的pH值不同，根据微生物生长的最适pH值，微生物可分5类：嗜碱微生物（如硝化细菌、尿素分解菌、多数放线菌）；耐碱微生物（如许多链霉菌）；中性微生物（如绝大多数细菌、一部分真菌）；嗜酸微生物（如硫杆菌属）；耐酸微生物（如乳酸杆菌、醋酸杆菌）。

同一种微生物在其不同的生长阶段和不同的生理生化过程中，对pH值的要求也不同。在发酵工业中，控制pH值尤其重要，如黑曲霉在pH2～2.5时，有利于合成柠檬酸；当在pH2.5～6.5时，以菌体生长为主；而在pH7.0时，则以合成草酸为主。丙酮丁醇梭菌在pH5.5～7.0时，以菌体生长为主；而在pH4.3～5.3时才进行丙酮丁醇发酵。

虽然微生物生活的环境 pH 值范围较宽，但是细胞内的 pH 值却相当稳定，一般都接近中性。稳定的接近中性的 pH 值能够保持细胞内各种生物活性分子的结构稳定和细胞内酶所需要的最适 pH 值。微生物胞内酶的最适 pH 值一般为中性，胞外酶的最适 pH 值与所处环境 pH 值接近。微生物在生长过程中也会使外界环境的 pH 值发生改变，原因是糖类、脂肪等的分解，产生酸性物质，使培养液 pH 值下降；蛋白质、尿素等的分解，产生碱性物质，使培养液 pH 值上升；无机盐选择性吸收，如铵盐吸收导致 pH 值下降，硝酸盐吸收导致上升。为了避免 pH 值大幅度改变，在培养过程中需要采取措施调节 pH 值，过酸时，加入碱或适量氮源，或提高通气量；过碱时，加入酸或适量碳源，或降低通气量。

常见的酸类物质有无机酸和有机酸两大类。无机酸指与 H^+ 浓度成正比的高氢离子浓度，其电离程度高，可引起菌体表面蛋白的变性和核酸的水解，并破坏酶类的活性；有机酸与不电离的部分成正比，其电离程度低，易进入微生物细胞内，故有时有机酸的抑菌效果比无机酸好。作为食品防腐剂的有机酸如苯甲酸和水杨酸可与微生物细胞中的成分发生氧化作用，从而抑制微生物的生长。

强碱可引起蛋白质、核酸大分子变性、水解，以杀死或抑制微生物。食品工业中常用于机器、工具以及冷藏库的消毒剂有石灰水、NaOH、Na_2CO_3 等。

(2) 氧气 微生物对氧的需要和耐受力在不同类群中差异很大，根据微生物对氧的需求，可把它们分为专性好氧菌、微好氧菌、兼性厌氧菌、耐氧厌氧菌、专性厌氧菌 5 种类群（表 3-4）。

表 3-4 微生物与氧的关系

微生物类型	最适生长的 O_2 浓度(体积分数)
专性好氧菌	等于或大于 20%
微好氧菌	2%～10%
兼性厌氧菌	有氧或无氧
耐氧厌氧菌	2%以下
专性厌氧菌	不需要氧、有氧时死亡

① 专性好氧菌：必须在有分子氧的条件下才能生长，具有完整的呼吸链，以分子氧作为最终氢受体，细胞含有超氧化物歧化酶（SOD）和过氧化氢酶。

② 微好氧菌：只能在较低的氧分压下才能正常生长，通过呼吸链并以氧为最终氢受体而产能。

③ 兼性厌氧菌：在有氧或无氧条件下均能生长，有氧情况下生长得更好，在有氧时靠呼吸产能，无氧时按无氧呼吸产能；细胞含有 SOD 和过氧化氢酶。

④ 耐氧厌氧菌：可在分子氧存在下进行厌氧生活的厌氧菌。生活不需要氧，分子氧对它也无毒害。不具有呼吸链，依靠专性发酵获得能量。细胞内存在 SOD 和过氧化物酶，但缺乏过氧化氢酶。

⑤ 专性厌氧菌：分子氧对它有毒害，即使短期接触空气，也会抑制生长甚至致死；在空气存在的条件下，在固体培养基表面上不能生长，只有在固体培养基深层的无氧或低氧化还原电势的环境下才能生长；生命活动所需能量通过发酵、无氧呼吸、循环光合磷酸化或甲烷发酵提供；细胞内缺乏 SOD 和细胞色素氧化酶，大多数还缺乏过氧化氢酶。

在培养不同类型的微生物时，应采用相宜的措施保证不同微生物的生长，如培养好氧微生物需振荡或通气以保证充足的氧气供给；培养专性厌氧微生物需排除环境中的氧气，同时在培养基中添加还原剂，降低培养基中的氧化还原电势；培养兼性厌氧或耐氧微生物可采取深层静置培养。

（3）表面张力　液体表面尽可能缩小表面积的力称为表面张力。液体培养基的表面张力与微生物的形态、生长和繁殖密切相关。一些无机盐可增强溶液的表面张力，而有机酸、蛋白质、肥皂、多肽和醇等能降低溶液的表面张力。能改变液体表面张力的物质为表面活性剂，分为阳离子型、阴离子型和非离子型三类。表面活性剂添加到培养基中，可以改变细胞膜的通透性，影响物质的运送，从而影响微生物细胞的生长和分裂。阳离子型表面活性剂主要有季铵盐类化合物等，具有明显的杀菌和清洁作用，使用不受温度影响，气味低、无毒、无腐蚀性、穿透性好。其作用机制是降低表面张力，便于机械除菌；抑制酶，使蛋白质变性；破坏细胞膜，造成渗漏。阴离子表面活性剂有肥皂、十二烷基磺酸钠等，肥皂可以机械除菌，使微生物附着于泡沫中被水冲洗掉。非离子型表面活性剂为一些高分子化合物，如聚醚类表面活性剂，非离子型表面活性剂不电离，无抑菌活性。

二、控制微生物生长的方法

微生物广泛存在于自然界，有的对人类和动植物有益、对生产有利，但也有危害的一面，如食品、农产品的腐败变质，发酵工业中杂菌的污染，动植物受病原微生物感染而患病等。因此，如何控制微生物的生长或消灭有害微生物，在实际应用中具有重要的意义。控制微生物生长繁殖的方法有很多，可分为物理方法和化学方法两大类。

1. 基本概念

（1）消毒　利用较温和的理化因素，仅杀死物体表面或内部的一部分对人体有害的病原微生物，而对被处理物体基本无害的措施。它可以起到防止感染或传播的作用。具有消毒作用的化学物质称为消毒剂。

（2）灭菌　利用强烈的理化因素，使物体内部和外部所有的微生物（包括芽孢在内）永远丧失其生长、繁殖能力的措施，灭菌后的物体不再有可存活的微生物。

（3）防腐　利用理化因素能防止或抑制霉腐微生物的生长繁殖，从而达到防止物品发生霉腐的措施，它能防止食物腐败或防止其他物质霉变。例如，日常生活中以干燥、低温、盐腌或糖渍等防腐是保藏食品（物）的主要方式。具有防腐作用的化学物质称为防腐剂。

（4）无菌　物体内、外无活的微生物存在。采取防止或杜绝任何微生物进入机体的方法，称为无菌法。以无菌法进行的操作称为无菌技术或无菌操作，无菌操作是对微生物进行分离、转接、培养等操作的基础。

（5）抑菌作用　某些物质或因素所具有的抑制微生物生长和繁殖的作用。

（6）抗菌作用　某些药物所具有的抑制或杀灭微生物的作用。

2. 控制微生物生长的物理方法

（1）高温灭菌（消毒）法　高温灭菌是最常用的物理方法。高温可引起蛋白质、核酸等活性大分子氧化或变性失活而导致微生物死亡。各种微生物对高温的抵抗力不同，细菌的芽孢、真菌的孢子等休眠体比它们的营养细胞的抗热性强。

① 干热灭菌法　包括干燥热空气灭菌法和火焰灼烧法两种。

a. 干燥热空气灭菌法　将物品放入烘箱内，然后升温至150～170℃，维持1～2h。该法适用于玻璃、陶瓷和金属物品的灭菌，不适合液体样品、棉花、纸张、纤维和橡胶类物质的灭菌。由于空气传热穿透力差，菌体在脱水状态下不易杀死，所以要求温度高、时间长。

b. 火焰灼烧法　将被灭菌物品在火焰中灼烧，使所有的生物质碳化。简单、彻底，但对被灭菌物品的破坏极大。适用于无经济价值的物品灭菌及不怕烧的实验器具，如接种环、镊子、试管或三角瓶口的灭菌等。

② 湿热灭菌法　具有温度低、时间短、灭菌效果高的特点。原因：菌体内含水量越高，凝固温度越低；蒸汽冷凝会放出潜热；饱和水蒸气穿透力强；湿热易破坏细胞内蛋白质大分子的稳定性，主要破坏氢键结构。

a. 高压蒸汽灭菌法　利用水的沸点随水蒸气压力的增加而上升，以达到100℃以上高温灭菌的方法。高压蒸汽灭菌所使用的压力和时间与被灭菌物品有关，一般来说，可在121℃维持15～20min、115℃维持20～30min、112℃维持20～30min。应根据灭菌物品的性质或成分选择适合的灭菌条件，例如生理盐水、营养琼脂等培养基用121℃，含葡萄糖、乳糖、氨基酸等培养基用112℃。此方法适用于耐高温物品，玻璃仪器、含水或不含水物品的灭菌。

高温对培养基会产生不利影响，如产生混浊或形成不溶性沉淀；营养成分被破坏（PO_4^{3-} 存在，葡萄糖生成酮糖，微生物不能利用）；色泽加深（褐变，如产生氨基糖等）；改变培养基的pH值（通常下降0.2）；形成有害物质，抑制微生物生长。为了消除有害影响，也可采用特殊的加热灭菌法，如过滤除菌法、加入螯合剂、煮沸消毒法。煮沸消毒法是将水加热至100℃，将被灭菌物品煮沸15～30min，可杀死所有营养细胞和部分芽孢。

b. 巴斯德消毒法　用较低的温度杀死其中的病原微生物，这样既可保持食品的营养风味，又可进行消毒。该法具体又分为低温长时法（62.9℃ 30min）、高温短时法（71.6℃ 15s）和超高温瞬时法（140℃左右维持3～4s）。巴斯德消毒法在食品工业上常被采用，如牛乳、啤酒、果酒和酱油等的消毒。

c. 间歇灭菌法　将待灭菌物品在80～100℃蒸煮15～60min，冷却后搁置室温（28～37℃）下过夜，并重复以上过程三遍以上。其蒸煮过程可杀死微生物的营养体，但不能杀死芽孢，室温过夜促使残留的芽孢萌发成营养体，再经蒸煮过程可杀死新的营养体；循环三次以上可保证彻底灭菌。适用于不耐高温的物品灭菌，如不适于高压灭菌的特殊培养基、药品的灭菌。缺点是麻烦、费时。

(2) 低温抑菌法　低温的作用主要是抑菌，当环境温度低于微生物生长最低温度时，细胞内酶促反应速率下降，代谢速率降低，微生物进入休眠状态。在冰点以上的温度，原生质结构通常不被破坏，细胞能在一个较长的时间内保持生命活力，当提高温度后仍可恢复其正常生命活动；但在冰点以下的温度，冰晶的出现会破坏原生质结构，细胞会死亡。通常有冷藏法和冷冻法。

① 冷藏法　微生物斜面菌种放置4℃冰箱可保存数周至数月而不衰竭死亡。食品在冷藏箱中可保鲜不腐败。

② 冷冻法 食品工业中采用−20℃左右的冷冻温度较长时间地保藏食品。冷冻法也可用作菌种保藏，所需温度更低，如−80℃低温冰箱、液氮中冷冻保存，但需要添加保护剂以减少冰晶对细胞的破坏。

(3) 过滤除菌法 把孔径比细菌更小的多孔材料做成滤菌器，对空气或不耐热的液体培养基进行过滤处理以达到除菌的目的，此方法称为过滤除菌法。常用的滤菌器有滤膜滤器、蔡氏过滤器、玻璃过滤器、瓷土过滤器等。过滤介质有：醋酸纤维素膜、硝酸纤维素膜、聚丙烯膜，以及石棉板、烧结陶瓷、烧结玻璃等。滤器孔径常用 0.22μm 和 0.45μm 两种规格。主要应用于含酶、血清、维生素和氨基酸等热敏物质的除菌。

(4) 辐射 常用于辐射杀菌的电磁波主要有紫外线和电离辐射。

① 紫外线（UV） 波长在 100～400nm 的电磁辐射为紫外线。紫外线杀菌或诱变原理是紫外线作用于 DNA，产生胸腺嘧啶二聚体，从而引起 DNA 结构变形，阻碍正常的碱基配对，造成微生物变异或死亡。另外紫外线会使空气中的分子氧变成臭氧，臭氧释放的原子氧也有杀菌作用。

使用紫外灯照射时，根据 $1W/m^3$ 来计算剂量。若以面积计算，一般 30W 的紫外灯可用于 $15m^2$ 的空间消毒，照射时间为 20～30min，有效照射距离为 1m 左右。

紫外线的杀菌效果与微生物种类及其生长阶段有关。革兰氏阳性菌比阴性菌抗性强，多倍体比单倍体抗性强，孢子和芽孢比营养细胞抗性强，干燥细胞比湿润细胞抗性强。

② 电离辐射 高能电磁波，如 X 射线、γ 射线、β 射线等，相对紫外线，其波长更短，能量更高，杀伤力更强。照射微生物会引起细胞内外的水和其它物质电离产生自由基，并使蛋白质与核酸等大分子的结构发生变化，最终导致细胞死亡。电离辐射具有穿透力强、非专一性的特点，可作用于一切细胞成分，对所有生物均有杀伤作用。如放射源 Co^{60} 可发射高能的 γ 射线，在一定的剂量与作用时间下能杀死所有微生物，常用于不能进行高温处理的物品（如医药品、医疗设备、食品、塑料制品等）的灭菌处理。

(5) 干燥 水是微生物细胞的重要组成，占活细胞的 90%以上，参与细胞内的各种生理活动，因此没有水就没有生命。降低物质的含水量直至干燥，就可以抑制微生物生长，防止食品、衣物等物质的腐败与霉变。因此干燥是保存各类物质的重要手段之一。

(6) 高渗作用 细胞质膜是一种半透膜，将细胞内的原生质与环境中的溶液（培养基等）分开。如果溶液中水的浓度高于细胞原生质中水的浓度，那么水就会从溶液中通过细胞质膜进入原生质，使原生质和溶液中水的浓度达到平衡，这种现象为渗透作用，即水或其它溶剂经过半透膜而进行扩散的现象称为渗透。在渗透时溶剂通过半透膜时受到的阻力称为渗透压。渗透压的大小与溶液浓度成正比。如纯水的 A_w 值为 1，溶液中的溶质趋向于降低 A_w 值，溶液中含的溶质愈多，溶液中的 A_w 值愈低，即溶液的渗透压力愈高。

微生物接种到培养基里以后，细胞通过渗透作用使细胞质与培养基的渗透压力达到平衡。如果培养基的渗透压力高（即 A_w 值低），原生质中的水向培养基扩散，这样会导致细胞发生质壁分离使生长受到抑制。因此提高环境的渗透压力即降低 A_w 值，就可以达到控制微生物生长的目的。

微生物生长对环境的渗透压力有一定的要求，使微生物细胞质膜所承受的压力在允许的范围内。当微生物接种在渗透压力低的培养基里时，细胞吸水肿胀，细胞质膜受到一种向外的压力即肿胀力。正常条件下，G^+ 细菌的肿胀压力为 15～20 个大气压，G^- 细菌的肿胀压力为 0.8～5 个大气压，由于细胞壁的保护作用，这种肿胀压力不会影响细菌的正常生理活动。

当培养基的渗透压力高时，细胞质失水，发生质壁分离，导致生长停止。大多数微生物能通过胞内积累某些能调整胞内渗透压力的相容溶质来适应培养基的渗透压力变化，这类相容溶质可以是某些阳离子（如 K^+）、氨基酸（如谷氨酸、脯氨酸）、氨基酸衍生物（如甜菜碱）、糖（如海藻糖等），这类物质被称为渗透保护剂或渗透调节剂或渗透稳定剂。

3. 控制微生物生长的化学方法

（1）抗微生物剂 抗微生物剂是一类能够杀死微生物或抑制微生物生长的化学物质，可以人工合成，也可以是生物合成的天然产物。根据它们抗微生物的特性可分为抑菌剂、杀菌剂和溶菌剂 3 类。

① 抑菌剂 能抑制微生物生长，但不能杀死它们，作用机制是这类物质结合到核糖体上抑制蛋白质合成，导致生长停止。由于它们同核糖体结合不紧密，在浓度降低时又会游离出来，核糖体合成蛋白质的能力恢复，使生长恢复。

② 杀菌剂 能杀死细胞，但不能使细胞裂解，由于它们紧紧地结合到细胞的作用靶上，即使在浓度降低时也不能游离出来，因此生长不能恢复。

③ 溶菌剂 能通过诱导细胞裂解的方式杀死细胞，将这类物质添加到生长的细胞悬液中后会导致细胞数量或细胞悬液的混浊度降低。能抑制细胞壁合成或损伤细胞质膜的抗生素就属于溶菌剂。

通常又将抗微生物剂分为消毒剂和防腐剂。消毒剂是可以抑制或杀灭微生物，但对人体也可能产生有害作用的化学试剂，主要用于抑制或杀灭物体表面、器械、排泄物和环境中的微生物。防腐剂是可以抑制或阻止微生物生长，但对人体或动物体的毒性较低的化学药剂，常用于肌体表面，如皮肤、黏膜、伤口等处防止感染，也有的用于食品、饮料药品的防腐作用。

消毒剂和防腐剂的关系：用量少时，可以防腐，为防腐剂；用量多时可以消毒，为消毒剂；用量更多一些时，就可以起到灭菌作用，为灭菌剂。因此消毒剂、灭菌剂和防腐剂间的界限并不很严格，因用量而异。

杀菌剂广泛用于热敏感的其它物质或用具，如温度计、带有透镜的仪器设备、聚乙烯管或导管等的灭菌。在食品、发酵工业，自来水厂等部门常用杀菌剂杀死墙壁、楼板与仪器设备等表面和自来水中的微生物；对于空气中的微生物则用甲醛、石炭酸（苯酚）、高锰酸钾等化学试剂进行熏、蒸、喷雾等方式杀死它们。

（2）抗代谢物 微生物在生长过程中常常需要一些生长因子才能正常生长，因此可以利用生长因子的结构类似物来干扰机体的正常代谢，以达到抑制微生物生长的目的。有些化合物在结构上与生物体所必需的代谢物很相似，可以和特定的酶相结合，从而阻碍酶的功能，干扰代谢的正常进行。如磺胺类药物，其作用机制是作为微生物细胞基本生长因子的竞争性抑制剂（与相应酶竞争性结合）而阻止微生物对生长因子的利用，从而可以抑制微生物的生长。因此生长因子的结构类似物又称为抗代谢物，在治疗由微生物引起的疾病上起着重要作用。只有当正常代谢产物的量少或不存在时，抗代谢物才有用。

（3）抗生素　抗生素是微生物在其生命过程中所产生的一类次级代谢产物或其衍生物，在很低浓度下就能抑制其它微生物的生长或杀死其它微生物。抗生素的作用机制：抑制细胞壁的合成；破坏细胞质膜；作用于呼吸链干扰氧化磷酸化；抑制蛋白质和核酸的合成。抗生素的作用对象有一定范围，这种作用范围称为该抗生素的抗菌谱，有些抗生素对多种微生物有作用，称为广谱抗生素，如土霉素、四环素等；而有些抗生素仅对某一类微生物有作用，称为窄谱抗生素，如多黏菌素。

抗生素与其他一些抗代谢药物如磺胺类药物通常是临床上广泛使用的化学治疗剂，但多次重复使用，会使一些微生物变得对它们不敏感，作用效果也越来越差。因此，为了避免出现微生物的耐药性，在临床上使用抗生素时一定要注意：①第一次使用的药物剂量要足；②避免在一个时期或长期多次使用同种抗生素；③不同的抗生素（或与其他药物）混合使用；④对现有抗生素进行改造；⑤筛选新的更有效的抗生素，这样既可以提高治疗效果，又不会使细菌产生抗药性。

第三节　微生物的培养

微生物学中，由于微生物个体微小，在绝大多数情况下都是借助于微生物群体来研究其属性，微生物的物种（菌株）一般也是通过群体的形式来进行繁衍、保存。在人工条件下对微生物进行培养、繁殖从而得到的微生物群体称为培养物，只有单一一种微生物的培养物称为纯培养物。在通常情况下纯培养物能较好地进行研究、利用和重复结果，因此把特定的微生物从自然界混杂存在的状态中分离、纯化出来的纯培养技术是进行微生物学研究的基础。

一、无菌操作技术

由于微生物个体微小，通常肉眼无法观察，且无处不在。因此，在微生物的研究及应用中，不仅需要通过分离纯化技术从混杂的天然微生物群中分离出特定的微生物，而且还必须随时保持微生物纯培养物的“纯正”，防止其他微生物的侵入。将微生物接种到适合生长繁殖的人工培养基上或活的生物体内的过程称接种。培养基经灭菌后，用无菌工具（接种针或吸管等）在无菌条件下将含菌材料（样品、菌苔或菌悬液等）接种于培养基或活的生物体上，该过程叫作无菌接种操作。无菌操作技术是保证微生物培养得以正常进行的关键技术。

1. 微生物培养的常用器具及其灭菌

试管、玻璃烧瓶、玻璃烧杯、平皿、移液管等是最为常用的培养微生物的器具，在使用前必须进行灭菌，使这些容器中不含任何生物。培养微生物的培养基可以加到器皿中一起灭菌，也可在单独灭菌后再加到无菌的器具中。最常用的灭菌方法是高压蒸汽灭菌，它可以杀灭所有的生物，包括最耐热的某些微生物的芽孢，同时可以基本确保培养基的营养成分不被破坏。有些玻璃器皿及金属器具也可采用高温干热灭菌。为了防止杂菌，特别是空气中的杂菌污染，试管及玻璃烧瓶都需采用适当的塞子塞口，通常采用棉花塞，也可采用硅胶塞，其目的是只可让空气通过，而空气中的微生物不能通过。移液管在其顶端塞一小段棉花，以免使用时将杂菌吹入管中或将微生物吸出管外，包扎好再进行干热或湿热灭菌。而平皿是由正反两平板互扣而成进行包扎，这种器具是为防止空气中微生物的污染专门设计的。

2. 接种操作

无论是用接种环或接种针分离微生物，还是在无菌条件下把微生物由一个培养器皿转接到另一个培养容器进行培养，都是微生物学中最常见的基本操作。由于打开器皿可能会引起器皿内部被环境中的微生物所污染，因此就需要微生物实验的所有操作都在无菌条件下进行，其操作关键是在火焰附近进行熟练的无菌操作，或在无菌超净工作台、无菌箱或无菌室内无菌的环境下进行操作。超净工作台或无菌室内的空气可在使用前一段时间内用紫外线、臭氧、甲醛、75%乙醇等进行预处理。

用以挑取和转接微生物材料的接种环及接种针，一般采用易于迅速加热和冷却的镍铬合金等金属制备，使用时用火焰灼烧灭菌。而移植液体培养物则采用无菌移液管或移液枪进行操作。

3. 无菌的环境

① 在操作过程中的无菌要求：接种、分离过程应进行无菌操作（在火焰上部进行操作）。

② 超净工作台、无菌室、无菌箱的无菌效果。使用甲醛、紫外线、臭氧、甲醛、75%乙醇等进行预处理及其他的必要措施。

③ 进行好氧培养需对空气进行处理，实验室用多层纱布、棉塞和硅胶塞过滤空气，工业中使用各种空气过滤器过滤空气。

二、微生物的分离纯化

1. 用固体培养基分离纯培养

单个微生物细胞在适宜的固体培养基表面或内部生长、繁殖到一定程度可以形成肉眼可见的、有一定形态结构的子细胞生长群体，称为菌落。当固体培养基表面众多菌落连成片时，称为菌苔。不同微生物在特定培养基上生长形成的菌落或菌苔一般都具有稳定的特征，可以成为对该微生物进行分类、鉴定的重要依据。大多数细菌、酵母菌，以及许多真菌和单细胞藻类能在固体培养基上形成孤立的菌落，采用适宜的平板分离法很容易得到纯培养。平板是指将固体培养基倒入无菌培养平皿，冷却凝固后，装有固体培养基的平皿。最常用的分离、培养微生物的固体培养基是琼脂固体培养基平板。平板分离法包括将单个微生物分离和固定在固体培养基表面或里面。

(1) 平板划线法　在无菌操作的条件下，用接种环取少量待分离的样品，在无菌平板表面进行分区划线、平行划线、扇形划线或其他形式的连续划线，微生物细胞数量将随着划线次数的增加而减少，并逐步分散开来，从而使微生物能一一分散开来，经培养后，可在平板表面得到单一菌落。划线的方法有连续划线法、扇形划线法、方格划线法和平行划线法。划线法的特点是快速、方便。分区划线适用于菌浓度较大的样品；连续划线适用于菌浓度较小的样品。

(2) 平板涂布法　预先制成无菌平板，用无菌吸管吸取适量（一般为0.1mL）适合浓度的样液加至平板表面，用无菌涂布棒将样液涂布均匀，经培养后获得单一菌落，这种分离方法称为平板涂布法。其优点是氧气充足，适合好氧菌的生长；菌落长在培养基表面，易挑取；预制平板，可避免某些热敏感菌接触较高温度的培养基而导致死亡。

(3) 平板倾注法 用无菌吸管吸取适量（一般为1.0mL）适合浓度的样液加至无菌平皿中，再往其中倾注适量培养基（46±1)℃，小心混合均匀，待培养基凝固后进行培养，如果稀释得当，在平板表面或琼脂培养基内部会出现单个菌落，这种分离方法称为平板倾注法。其优点是较适合厌氧或兼性厌氧菌的分离；接种量准确，可用于样品菌落数的测定。

(4) 稀释摇管法 当目标菌为对氧气极为敏感的厌氧微生物时，纯培养的分离可采用稀释摇管法进行。

将一系列装有无菌琼脂培养基的试管加热使琼脂熔化后冷却并保持在46℃左右，将待分离的样品用这些试管进行梯度稀释，试管迅速摇动均匀，冷凝后在琼脂柱表面倾倒一层无菌液体石蜡和固体石蜡的混合物，将培养基与空气隔绝开来。培养后，菌落形成在琼脂柱的中间。进行单菌落的挑取和移植，先用一支灭菌针将液体石蜡-石蜡盖取出，再用一支毛细管插入琼脂和管壁之间，吹入无菌无氧气体，将琼脂柱吸出，置放在培养皿中，用无菌刀将琼脂柱切成薄片进行观察和菌落的移植。

2. 用液体培养基分离纯培养

对于大多数细菌和真菌，因为它们的大多数种类能够在固体培养基上长得很好，用平板分离法能够达到分离的效果。但并不是所有的微生物都能在固体培养基上生长，一些细胞大的细菌或许多原生动物及藻类等，这些微生物需要通过液体培养基分离来获得纯培养。

通常采用的液体培养基分离纯化法是稀释法。接种物在液体培养基中进行梯度稀释，达到高度稀释的效果，使一支试管中分配不到一个微生物。如果经稀释后的大多数试管中没有微生物生长，那么有微生物生长的试管得到的培养物可能就是纯培养物。如果经稀释后的试管中有微生物生长的比例提高，得到纯培养物的概率会急剧下降。因此，采用稀释法进行液体分离，必须确保在同一个稀释度的许多平行试管中，大多数（一般应超过95%）表现为不生长。这种方法适合于细胞较大的微生物。

3. 单细胞（孢子）分离

由于稀释法只能分离出混杂微生物群体中占数量优势的种类，但在自然界中，很多微生物在混杂微生物群体中是少数的种类。这时，可以采取显微分离法从混杂群体中直接分离单个细胞或单个个体进行培养以获得纯培养，这种方法称为单细胞（单孢子）分离法。单细胞分离法的难度与细胞或个体的大小密切相关，较大的微生物如藻类、原生动物较容易，个体很小的细菌则较难。

对于较大的微生物，可采用毛细管提取单一个体，并在大量的灭菌培养基中转移清洗几次，除去较小微生物的污染。这项操作可在低倍显微镜，如解剖显微镜下进行。对于个体相对较小的微生物，需采用显微操作仪，在显微镜下进行，用毛细管或显微针、钩、环等挑取单个微生物细胞（孢子）以获得纯培养。在没有显微操作仪时，可采用一些变通的方法在显微镜下进行单细胞分离，如将经过适当稀释后的样品制备成小液滴在显微镜下观察，选取只含一个细胞的液滴来进行纯培养物的分离。单细胞分离法对操作技巧有比较高的要求，多应用于高度专业化的科学研究中。

4. 选择培养分离

根据目标微生物的生长需求，设计一套特别适合这种微生物生长的特定环境，就能够从自然界混杂的微生物群体中把这种微生物选择培养出来，尽管目标微生物的占比少。这种通过选择培养进行微生物纯培养分离的技术称为选择培养分离。

在自然界中，大多数微生物群落是由多种微生物所组成，要从中分离出所需的特定微生物是十分困难的，尤其当目标微生物所存在的比例与其它微生物相比极低时，采用通用的平板稀释方法几乎不可能分离到该种微生物。如某处的土壤中的微生物数量在10^8时，必须稀释到10^{-6}才有可能在平板上分离到单菌落，而如果目标的微生物的数量仅为10^2～10^3，显然不可能在一般通用的平板上得到该微生物的单菌落。要分离获得这种微生物，必须根据该微生物的特点，包括营养、生理、生长条件等，采用选择培养分离的方法。通过抑制大多数微生物的生长繁殖，创造有利于该菌生长的环境，经过一定时间培养后使该菌在群落中的数量上升，再通过平板稀释等方法对它进行纯培养分离。

(1）利用选择平板进行直接分离　主要根据目标微生物的特点选择不同的培养条件，如要分离高温菌，可在高温条件进行培养；要分离某种抗生素抗性菌株，可在加有抗生素的平板上进行分离。

(2）富集培养　主要是指利用不同微生物间生命活动特点的差异，制定特定的环境条件，使仅适应于该条件的微生物能够旺盛生长，从而使该种微生物在群落中的数量大大增加，能够更容易地从自然界中分离到所需的特定微生物。富集条件可根据所需分离的微生物的特点从物理、化学、生物及综合多个方面进行，如温度、pH、紫外线、高压、光照、氧气、营养等许多方面。通过富集培养使原本在自然环境中占少数的微生物的数量大大提高后，再通过平板划线等方法得到纯培养物。如在环境中分离酵母菌时，可在培养基中添加适量的氯霉素以抑制细菌的生长繁殖，经富集培养后，使酵母菌成为优势菌。

富集培养是微生物学中最为有效的技术手段之一。营养和生理条件之间的各种组合形式都可应用于特定微生物的筛选，如按人们意愿从自然界分离出特定已知微生物种类，也可分离出在特定环境中能生长的未知微生物种类。

5. 二元培养法

二元培养是获得微生物纯培养的一种特殊形式。若培养物中只含有两种微生物，且两者是寄生物与宿主的关系，这样的培养物称为二元培养物。

二元培养物是保存病毒的最有效途径，病毒是严格的细胞内寄生物。如获得噬菌体的纯培养时，可先用平板制备宿主细菌的纯培养（细菌坪），再接种噬菌体于细菌坪上，经过培养，细菌坪中出现许多单个的噬菌斑，反复培养即获得纯的二元培养物，即只有一种寄主细菌和一种噬菌体的“纯培养”。

三、微生物的培养方法

根据培养过程中微生物对氧气的需求，微生物的培养可分为好氧培养与厌氧培养；根据培养基的物理特性，可分为固体培养和液体培养；根据培养方式可分为分批培养和连续培养。

1. 好氧培养

好氧培养是以空气为氧的来源。实验室的培养方法是用平皿培养、斜面培养、摇床振荡培养等；工业生产时是用自然对流和机械通风法来供氧；液体培养时是微生物利用培养液中的溶解氧，可通过振荡或通入无菌空气达到提高溶解氧的目的。

2. 厌氧培养

厌氧培养是通过隔绝空气或驱除氧气的方法来实现目的。在实验室中的液体厌氧培养和固体厌氧培养都需要特殊的装置，在培养基内需要加入还原剂（巯基乙酸、半胱氨酸、维生素C、疱肉、铁粉等）和氧化还原指示剂。也可将厌氧微生物放入真空干燥器，抽出空气后，充入氮气或氮气和二氧化碳的混合气体。早期采用厌氧培养皿，现在逐渐使用厌氧箱和厌氧罐等方法。工业上主要采用液体静置培养方法，将液体培养基装于发酵罐中，接种后不通空气静置保温培养，常用于酒精、啤酒、丙酮、丁醇和乳酸等的发酵生产。这种方法发酵速度快，发酵周期短，原料利用率高，适于大规模自动化、连续化生产。

3. 固体培养

实验室中，好氧微生物的固体培养主要有试管斜面、培养皿平板及较大型的克氏扁瓶、茄子瓶等培养方法。工业生产时则用麸皮或米糠等为主要原料，加水搅拌成含水量适度的半固体物料作为培养基，接种微生物后进行培养、发酵，在豆酱、醋、酱油等酿造食品中广泛应用。根据所用设备和通气方法的不同，分为浅盘法、转桶法和厚层通气法。

4. 液体培养

实验室中主要采用摇瓶培养法，将菌种接种到装有液体培养基的三角烧瓶中，用往复式或旋转式摇床振荡培养，达到提高溶氧的目的；此外，还有静置的试管液体培养法和三角瓶浅层培养法，因溶氧速度较慢，通气效果不理想，只适合于兼性厌氧菌的培养。现代工业生产上主要采用发酵罐深层液体培养法，向发酵罐内的培养液通入无菌空气，并适当搅拌，便于氧气很好地溶解。最常用的是通风搅拌发酵罐，此外，还有不搅拌的气升型等形式的发酵罐。

5. 分批培养

分批培养是将微生物置于恒定容积的培养基中培养，培养基一次性加入，不再补充和更换，最后一次性收获。分批培养的过程中菌体、各种代谢产物的数目与营养物的数目呈负相关性。当微生物生长及基质变化达到一定程度时，菌体生长则会停止。每一个分批发酵过程都经历接种、生长繁殖、菌体衰老进而结束发酵，即经历延滞期、对数生长期、稳定期和衰亡期四个阶段。在发酵工业生产中，使用的种子应处于对数生长期，把它们接种到发酵罐新鲜培养基时，几乎不出现延滞期，这样可在短时间内获得大量生长旺盛的菌体，有利于缩短生产周期。

分批培养的特点是微生物处于不断变化的环境中，可进行少量多品种的发酵生产，发生杂菌污染能够轻易终止操作，当条件发生变化或需要生产新产品时，便于改变发酵对策，对原料组成要求较粗放等。

6. 连续培养

连续培养是在微生物培养的过程中，不断地供给新鲜的营养物质，同时排除含菌体及代谢产物的发酵液，让培养的微生物长时间地处于对数生长期，以利于微生物的增殖速度和代谢活性处于某种较佳的稳定状态。连续培养理论基础是基于对典型生长曲线中稳定期到来原因的认识，采取有效措施推迟其来临，从而发展成现在的连续培养技术。当微生物在单批培养方式下生长达到对数期后期时，一方面以一定的速度流进新鲜培养基并搅拌，另一方面以溢流方式流出培养液，使培养物达到动态平衡，其中的微生物就能长期保持对数期的平衡生长状态和稳定的生长速率。

连续培养器的类型很多，按控制方式可分为内控制（控制菌体密度）的恒浊器和外控制（控制营养液流速，以控制生长速率）的恒化器；按培养器的级数可分为单级连续培养器和多级连续培养器；按细胞状态可分为一般连续培养器和固定化细胞连续培养器；按用途可分为实验室科研用连续培养器和发酵生产用连续培养器。

（1）恒浊连续培养 通过调节流速而使微生物培养液浊度保持恒定的连续培养方法。在这一系统中，当培养基的流速低于微生物生长速度时，菌体密度增高，这时通过控制系统的调节，促使培养液流速加快，使浊度降低；当培养基的流速高于微生物生长速度时，菌体密度降低，这时通过控制系统的调节，促使培养液流速减慢，使浊度提高，以此来达到恒密度的目的。因此，这类培养器的工作精度是由控制系统的灵敏度来决定的。在恒浊器中的微生物，始终能以最高生长速率进行生长，并可在允许范围内控制不同的菌体密度。如果所用培养基中有过量的必需营养物，就可以使菌体维持最高的生长速率。一般用于菌体以及与菌体生长平行的代谢产物（如乳酸、酒精等）生产的发酵工业。

（2）恒化连续培养 恒化连续培养与恒浊连续培养相反，是使培养液流速保持不变，并使微生物始终在低于其最高生长速率下进行生长繁殖。这是一种控制某一种营养物的浓度，使其始终成为生长限制因子的条件下达到的，也称为外控制式的连续培养。恒化连续培养中，必须将某种必需营养物质控制在较低的浓度，以作为限制性因子，而其他营养物均过量。细菌的生长速率取决于限制性因子的浓度，并低于最高生长速率。一方面菌体密度会随时间的增长而增高，另一方面，限制生长因子的浓度又会随时间的增长而降低，两者互相作用的结果，出现微生物的生长速率正好与恒速流入的新鲜培养基流速相平衡。这样，既可获得一定生长速率的均一菌体，又可获得虽低于最高菌体产量，却能保持稳定菌体密度的菌体。

限制性因子必须是机体生长所必需的营养物质，如氨基酸和氨等氮源，或是葡萄糖、麦芽糖等碳源，或者是无机盐，因而可在一定浓度范围内决定该机体生长速率。通过控制流速可以得到生长速率不同但密度基本恒定的培养物。该方法多用于遗传学的突变株分离、生理学的不同条件下的代谢变化、生态学的模拟自然营养条件建立实验模型。

恒化培养与恒浊培养的比较见表 3-5。

表 3-5 恒浊培养与恒化培养的比较

装置	控制对象	培养基	培养基流速	生长速率	产物	应用范围
恒浊器	菌体密度	无限制因子	不恒定	最高速率	菌体或与菌体相平行的代谢产物	生产为主
恒化器	培养液流速	有限制因子	恒定	低于最高速率	不同生长速率的菌体	实验室为主

（3）透析膜连续培养 透析膜连续发酵是一种新方法，是采用一种具有微孔的有机膜将

发酵设备分隔，这种膜只能通过发酵产物，而不能通过菌体细胞。这样，将培养液连续流加到发酵设备的具有菌体的间隔中，微生物的代谢产物就通过透析膜连续不断地从另一间隔流出。在一些发酵过程中，当发酵液中代谢产物积累到一定程度时就会抑制它的继续积累，而采用透析膜发酵的方法可使代谢产物不断透析出去，发酵液中代谢产物不至积累，因而可以提高产物得率。

(4) 固定化细胞连续培养 细胞固定化是通过包埋法、微胶囊法、吸附法等将细胞固定到载体的内部或表面，加入营养液及合适的培养条件，得到代谢产物。固定化细胞连续培养的优点：可提供高密度的细胞；减少细胞的流失，可以反复利用；简化细胞与代谢产物的分离工艺。缺点：成本高；易污染；物质传递阻力大；只能用于细胞分泌型产物的发酵。

相对于单批发酵而言，连续发酵具有的优点：高效，简化了装料、灭菌、出料、清洗发酵罐等单元操作；便于利用各种仪表进行自动控制；产品质量稳定；节约大量动力、人力、水和蒸汽，且使水、汽、电的负荷均衡合理。连续发酵的缺点：菌种易于退化；易于遭到杂菌污染；营养物利用率低于单批培养。连续发酵的生产时间受以上因素限制，一般只能维持数月至1年。

7. 混菌培养

又称混菌发酵，是指两种或两种以上微生物的混合培养，通常是这几种菌有互补性质或在培养的不同阶段各发挥不同作用。其优点是提高发酵效率。如白酒、酱油、食醋等，均属于混菌发酵。根据微生物间的结合方式，可分三种类型：①联合发酵：用两种或多种微生物同时接种和培养。②顺序发酵：先用甲菌进行常规发酵，再由乙菌等按顺序进行发酵，以共同完成数个生化反应。③固定化细胞混菌发酵：有两种形式，一是微生物细胞共同固定于同一载体上而进行的混菌发酵，二是微生物细胞分别固定于不同的载体上然后进行混菌发酵。

复习思考题

1. 简述微生物的生长。
2. 细菌的纯培养生长曲线分为几个时期，每个时期各有什么特点?
3. 试述影响延滞期长短的因素。
4. 微生物生长量测定的方法有哪些?
5. 微生物活菌计数的方法有哪些?
6. 试述温度对微生物的影响。
7. 试比较灭菌、消毒、防腐和无菌之间的区别。
8. 试述影响对数生长期微生物代时长短的因素。
9. 影响高压蒸气灭菌效果的因素有哪些?
10. 什么是无菌操作技术?
11. 简述微生物的常规培养方法。

第四章

微生物的代谢

微生物的代谢贯穿其生长繁殖的全过程，可分为物质代谢和能量代谢，在一般研究与应用中多指物质代谢。物质代谢可分合成代谢与分解代谢，也可分初级代谢与次级代谢。微生物的代谢是通过多条代谢途径发生，任何代谢途径均由一系列酶促反应构成，因此，代谢的调节是通过对酶的控制来实现，可在遗传和酶化学水平上进行。

知识与思政素养目标

1. 了解微生物的代谢和代谢方式。
2. 理解微生物代谢的调节。
3. 培养科技报国的家国情怀和使命担当。
4. 培养顽强拼搏精神，培育和践行社会主义核心价值观。

第一节　微生物代谢方式与途径

一、微生物代谢概述

微生物需要生存，就必须不断从外界环境中吸收合适的营养物质，通过新陈代谢将其转化为自身的细胞物质和储藏物质，并从中获得各种生理活动所需要的能量，此过程称为同化作用（合成代谢），是微生物生长繁殖的物质基础；同时将衰老的细胞物质和营养物质进行分解，并将产生的废物排出体外，部分能量以热量的形式散发，此过程称为异化作用（分解代谢）。

新陈代谢是指生物与周围环境进行物质交换和能量交换的过程，是细胞内发生的各种化学反应的总称，由分解代谢和合成代谢两个过程组成。

分解代谢是指细胞将复杂的有机物大分子在分解代谢酶系的催化下，产生简单分子、三磷酸腺苷（ATP）形式的能量和还原力的过程。一般将分解代谢分为三个阶段：第一阶段是将蛋白质、多糖及脂类等大分子营养物质降解成氨基酸、单糖及脂肪酸等小分子物质；第二阶段是将第一阶段产物进一步降解成更为简单的乙酰辅酶 A、丙酮酸及能进入三羧酸循环的某些中间产物，在这个阶段会产生一些 ATP、NADH 及 $FADH_2$；第三阶段是通过三羧酸循环将第二阶段产物完全降解生成 CO_2，并产生 ATP、NADH 及 $FADH_2$。第二和第三阶段产生的 ATP、NADH 及 $FADH_2$ 通过电子传递链被氧化，产生大量的 ATP（图 4-1）。

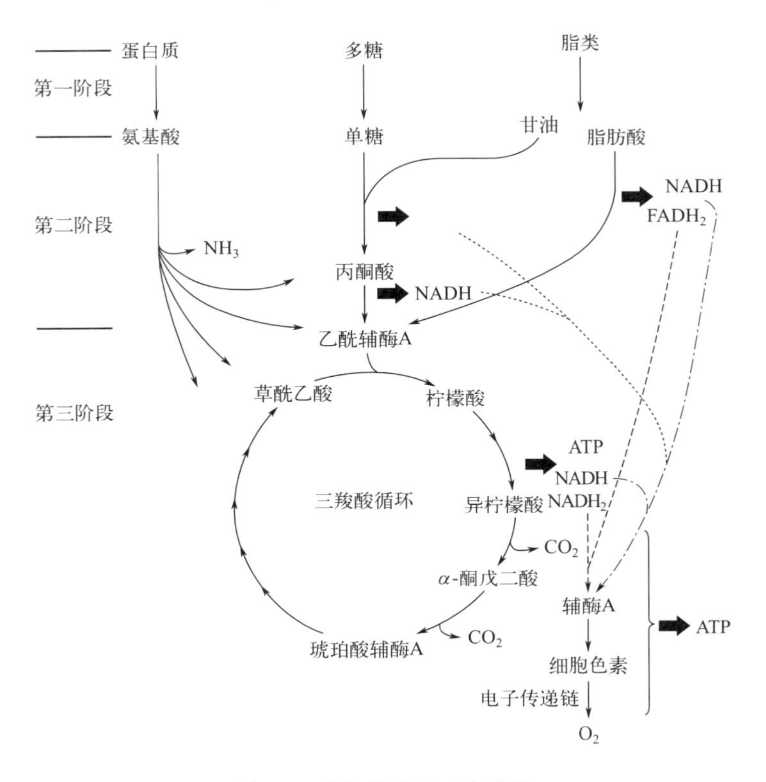

图 4-1　分解代谢的三个阶段

合成代谢是指在合成代谢酶系的催化下，由简单小分子、ATP 形式的能量和还原力一起合成复杂的大分子的过程。合成代谢所利用的小分子物质来源于分解代谢过程中产生的中间产物或环境中的小分子营养物质。

微生物的代谢作用是微生物中的各种具有高度专一性的酶和酶系，在常温、常压和pH中性的条件下，按一定的顺序进行连续的生物化学反应。在代谢过程中，微生物通过分解代谢产生化学能，光合微生物还可将光能转换成化学能，这些能量除用于合成代谢外，还可用于微生物的运动和运输，另一部分能量以热或光的形式释放到环境中去。无论是分解代谢还是合成代谢，代谢途径都是由一系列连续的酶促反应所构成，前一步反应的产物是后续反应的底物。细胞通过各种方式有效地调节相关的酶促反应，来保证整个代谢途径的协调性与完整性，从而使细胞的生命活动得以正常进行。分解代谢为合成代谢提供原料和能量，而合成代谢为分解代谢提供物质基础。

某些微生物在代谢过程中除了产生其生命活动所必需的初级代谢产物和能量外，还会产生一些次级代谢产物，这些次级代谢产物除了有利于这些微生物的生存外，还为人类生活提供各类产品。

二、微生物的产能代谢

所有生物进行生命活动都需要能量，能量代谢是新陈代谢的核心。能量代谢的中心任务就是生物体把外界环境中各种形式的最初能源转换成通用能源——ATP。

自然界中的能量以各种形式存在，就微生物而言，可利用的最初能源有三大类：有机物、日光和还原态无机物。

最初能源 {有机物（化能异养菌）；日光（光能自养菌）；还原态无机物（化能自养菌）} → 通用能源（ATP）

1. 异养型微生物的生物氧化与产能

分解代谢实际就是物质在生物体内经过一系列连续的氧化还原反应，逐步分解并释放能量的过程，这个过程也称为生物氧化，是一个产能代谢过程。在生物氧化过程中释放的能量可被微生物直接利用，也可通过能量转换储存在高能化合物（ATP）中，以便被逐步利用，还有部分能量以热的形式释放到环境中。不同类型微生物进行生物氧化所利用的物质是不同的，异养微生物利用有机物，自养微生物则利用无机物，通过生物氧化来进行产能代谢。生物氧化是发生在活的细胞内的一系列产能氧化反应的总称。

生物氧化的作用：细胞内代谢物以氧化方式释放（产生）大量的能量，分段释放，并以高能键形式储藏在ATP分子内，供需要时使用。

生物氧化的功能：产能（ATP）；产还原力［H］；小分子中间代谢物。

生物氧化的过程一般包括三个环节（图4-2）：

第一个环节：底物脱氢（或脱电子）作用（该底物称作电子供体或氢供体）；

第二个环节：氢（或电子）的传递（需中间传递体，如NAD、FAD等）；

第三个环节：最后氢受体接受氢（或电子）（最终电子受体或最终氢受体）。

（1）底物脱氢的途径 以葡萄糖为典型的生物氧化底物，底物脱氢的主要途径有四条：EMP（糖酵解）途径；HMP（磷酸戊糖）途径；ED（2-酮-3-脱氧-6-磷酸葡萄糖酸）途径；

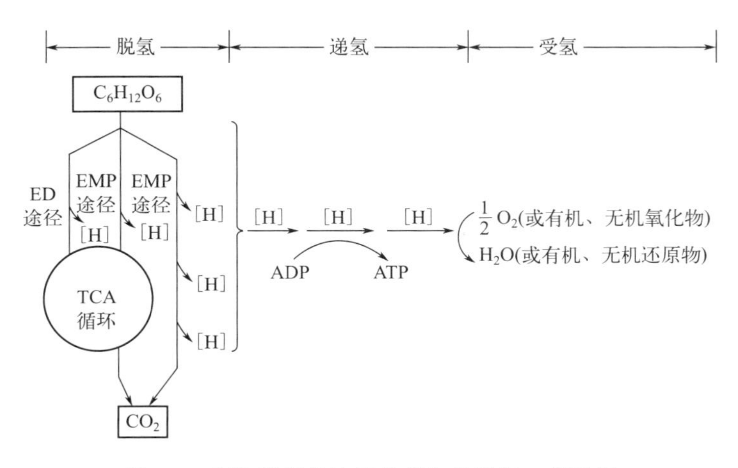

图 4-2　底物脱氢的途径及其与传递氢、接受氢

TCA（三羧酸循环）。

① EMP 途径　EMP 途径又称为糖酵解途径或已糖二磷酸途径，是以 1 分子葡萄糖为底物，经过 10 步反应而产生 2 分子丙酮酸和 2 分子 ATP 的过程。在其总反应中，可概括成两个阶段（耗能和产能）、三种产物（$NADH+H^+$、丙酮酸和 ATP）和 10 个反应步骤。EMP 途径的简图见图 4-3。

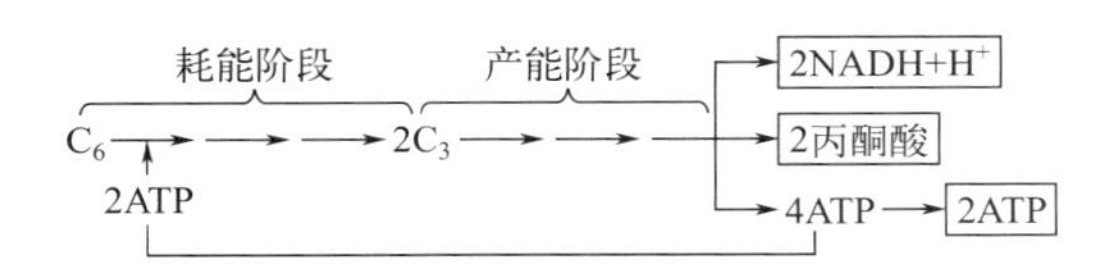

图 4-3　EMP 途径简图

在图 4-3 的产物中，$2NADH+2H^+$ 在有氧条件下经过呼吸链的氧化磷酸化反应产生 6ATP，在无氧条件下，还原丙酮酸产生乳酸或还原丙酮酸的脱羧产物（乙醛）而产生乙醇。

EMP 途径的总反应式：

$$C_6H_{12}O_6+2NAD^++2ADP+2Pi\rightarrow 2CH_3COCOOH+2NADH+2H^++2ATP+2H_2O$$

EMP 途径的反应见图 4-4。

EMP 途径是绝大多数生物所共有的基本代谢途径，也是酵母菌、真菌和多数细菌所具有的代谢途径。在有氧条件下，EMP 途径与 TCA 途径连接，并通过后者把丙酮酸彻底氧化成 CO_2 和 H_2O；在无氧条件下，丙酮酸或其进一步代谢后所产生的乙醛等产物被还原，从而形成乳酸或乙醇等发酵产物。

EMP 途径分两个阶段：第一阶段是无氧化还原反应和能量释放的准备阶段，生成两分子的中间代谢产物：3-磷酸甘油醛。第二阶段是氧化还原反应，合成 ATP 和形成两分子的丙酮酸。EMP 途径为微生物的生理活动提供 ATP 和 NADH，其中间产物为微生物的合成代谢提供碳骨架，在一定条件下可逆转合成多糖。

EMP 途径特点是葡萄糖分子经转化成 1,6-二磷酸果糖后，在醛缩酶的催化下，裂解成两个三碳化合物分子，即磷酸二羟丙酮和 3-磷酸甘油醛。3-磷酸甘油醛进一步氧化生成 2 分子丙酮酸，1 分子葡萄糖可降解成 2 分子 3-磷酸甘油醛，消耗 2 分子 ATP。2 分子 3-磷酸甘

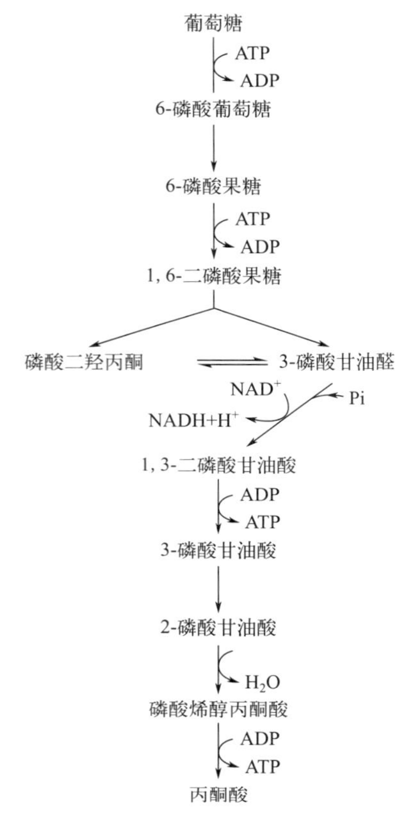

图 4-4　EMP 途径反应

油醛被氧化生成 2 分子丙酮酸、2 分子 $NADH_2$ 和 4 分子 ATP。

EMP 途径的反应过程分 10 步：

a. 6-磷酸葡萄糖的形成。不同菌种通过不同方式实现这步反应。在酵母菌、真菌和许多假单胞菌等好氧细菌中，需要通过 Mg^{2+} 和 ATP 的己糖激酶来实现（此反应在细胞内是不可逆反应）；在大肠埃希菌和链球菌等兼性厌氧菌中，可借磷酸烯醇式丙酮酸-磷酸转移酶系统在葡萄糖进入细胞之时即完成了磷酸化。

b. 6-磷酸葡萄糖经磷酸己糖异构酶异构成 6-磷酸果糖。

c. 6-磷酸果糖通过磷酸果糖激酶催化成 1,6-二磷酸果糖。磷酸果糖激酶是 EMP 途径中的关键酶，磷酸果糖激酶的存在就意味着该微生物具有 EMP 途径。与己糖激酶相似的是，磷酸果糖激酶也需要 ATP 和 Mg^{2+}，且在活细胞内催化的反应是不可逆的。

d. 1,6-二磷酸果糖在果糖二磷酸醛缩酶的催化下，分裂成二羟丙酮磷酸和 3-磷酸甘油醛两个丙糖磷酸分子。果糖二磷酸醛缩酶不但在葡萄糖降解中十分重要，而且对葡萄糖异生作用即对由非碳水化合物前体逆向合成己糖的反应也很重要。另外，二羟丙酮磷酸在糖代谢和脂类代谢中还是一个重要的连接点，因为它可被还原成甘油磷酸而用于脂类的合成中。

e. 二羟丙酮磷酸在丙糖磷酸异构酶的作用下转化成 3-磷酸甘油醛。虽然在反应 d 中产生等分子的丙糖磷酸，但二羟丙酮磷酸只有转化为 3-磷酸甘油醛后才能进一步代谢下去。因此，己糖分子此时实际上已经生成了 2 分子 3-磷酸甘油醛。此后的代谢反应在所有能代谢葡萄糖的微生物中都没有什么不同了。

f. 3-磷酸甘油醛在 3-磷酸甘油醛脱氢酶的催化下产生 1,3-二磷酸甘油酸。此反应中的酶是一种依赖 NAD^+ 的含硫醇酶，能把无机磷酸结合到反应产物上。这一氧化反应由于产生一个高能磷酸化合物和一个 $NADH+H^+$，所以从产能和产还原力的角度来看十分重要。

g. 1,3-二磷酸甘油酸在磷酸甘油酸激酶的催化下形成 3-磷酸甘油酸。此酶是一种依赖 Mg^{2+} 的酶，它催化 1,3-二磷酸甘油酸 C-1 位置上的高能磷酸基团转移到 ADP 分子上，产生了第一个 ATP。这是借底物水平磷酸化作用而产生 ATP 的一个实例。

h. 3-磷酸甘油酸在磷酸甘油酸变位酶的作用下转变为 2-磷酸甘油酸。

i. 2-磷酸甘油酸在烯醇酶作用下经脱水反应而产生含有一个高能磷酸键的磷酸烯醇式丙酮酸。烯醇酶需 Mg^{2+}、Mn^{2+} 或 Zn^{2+} 等二价金属离子作为激活剂。

j. 磷酸烯醇式丙酮酸在丙酮酸激酶的催化下产生了丙酮酸，这时，磷酸烯醇式丙酮酸分子上的磷酸基团转移到 ADP 上，产生了第二个 ATP，这是借底物水平磷酸化而产生 ATP 的又一个例子。

EMP 途径关键步骤：

a. 葡萄糖磷酸化→1,6 二磷酸果糖；

b. 1,6-二磷酸果糖→2 分子 3-磷酸甘油醛；

c. 3-磷酸甘油醛→丙酮酸。

在无氧条件下，整个 EMP 途径的产能效率低，即每一个葡萄糖分子仅净产 2 个 ATP，但其中产生的多种中间代谢物不仅可为合成反应提供原材料，而且起着连接许多有关代谢途径的作用。从微生物发酵生产的角度来看，EMP 途径与乙醇、乳酸、甘油、丙酮、丁醇和丁二醇等大量重要发酵产物的生产有着密切的关系。

② HMP 途径　HMP 途径即已糖-磷酸途径，也称磷酸戊糖途径或磷酸葡萄糖酸途径，是一条葡萄糖不经 EMP 途径和 TCA 途径而得到彻底氧化，并能产生大量 $NADPH+H^+$ 形式的还原力和多种重要中间代谢物的代谢途径。葡萄糖经转化成 6-磷酸葡萄糖酸后，在 6-磷酸葡萄糖酸脱氢酶的催化下，裂解成 5-磷酸戊糖和 CO_2。磷酸戊糖进一步代谢有两种结果：a. 磷酸戊糖经转酮-转醛酶系催化，又生成磷酸己糖和磷酸丙糖（3-磷酸甘油醛），磷酸丙糖借 EMP 途径的一些酶，进一步转化为丙酮酸，称为不完全 HMP 途径。b. 由六个葡萄糖分子参加反应，经一系列反应，最后回收五个葡萄糖分子，消耗了 1 分子葡萄糖（彻底氧化成 CO_2 和水），称完全 HMP 途径。HMP 途径的总反应可用简图表示（图 4-5）。

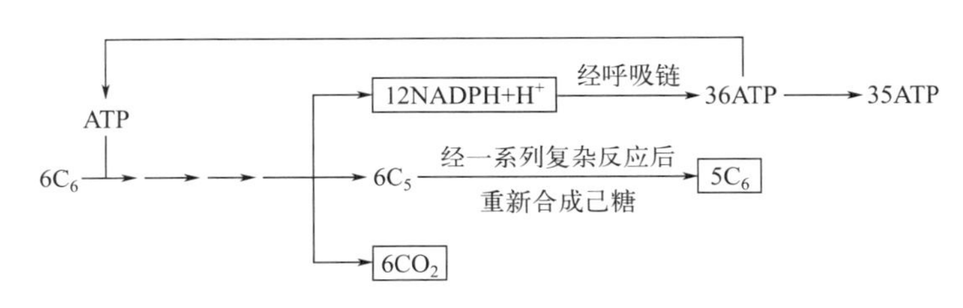

图 4-5　HMP 途径简图

HMP 途径可概括成三个阶段：a. 葡萄糖分子通过几步氧化反应产生 5-磷酸核酮糖和 CO_2；b. 5-磷酸核酮糖发生同分异构化或表异构化而分别产生 5-磷酸核糖和 5-磷酸木酮糖；c. 上述各种磷酸戊糖在没有氧参与的条件下发生碳架重排，产生了磷酸己糖和磷酸丙糖，然后磷酸丙糖可通过以下两种方式进一步代谢：其一为通过 EMP 途径转化成丙酮酸再进入 TCA 循环进行彻底氧化，其二为通过二磷酸果糖醛缩酶和二磷酸果糖酶的作用而转化为磷酸己糖（图 4-6）。

在一定条件下，上述反应中产生的 3-磷酸甘油醛也可通过生成葡萄糖的反应重新合成 6-磷酸葡萄糖，因此，HMP 途径进行一次周转就需要 6 个 6-磷酸葡萄糖分子同时参与，其总式为：

6 6-磷酸葡萄糖$+12NADP^+ +6H_2O \rightarrow$5 6-磷酸葡萄糖$+12NADPH+12H^+ +6CO_2+Pi$

HMP 途径具有十分重要的意义：

a. 为核苷酸与核酸的生物合成提供磷酸戊糖。

b. 产生大量的 $NADPH_2$，一是为脂肪酸、固醇等物质的合成提供还原力，二是通过呼吸链产生大量的能量。

c. 与 EMP 途径在 1,6-二磷酸果糖和 3-磷酸甘油醛处连接，可以调剂戊糖的供需关系。

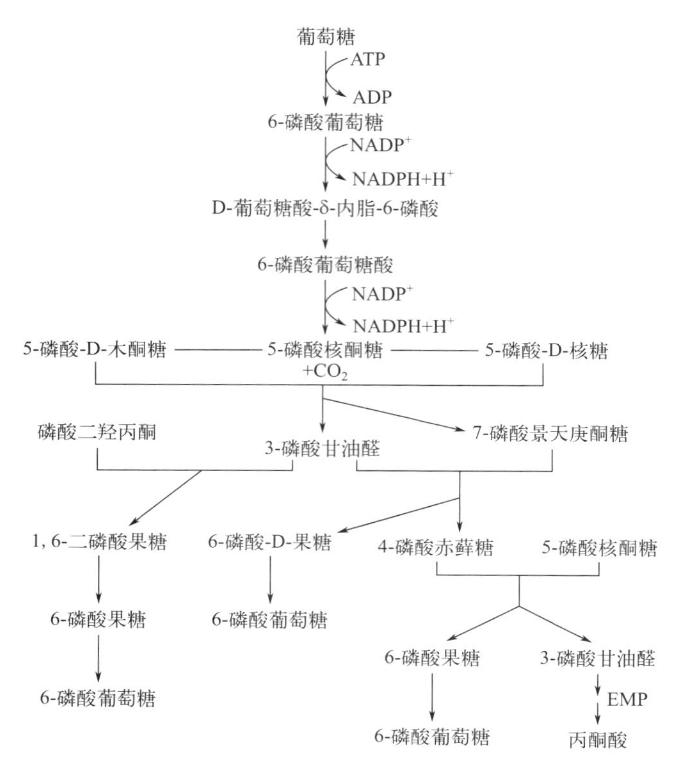

图 4-6　HMP 途径

d. 途径中的赤藓糖、景天庚酮糖等可用于芳香族氨基酸合成、碱基合成和多糖合成。

e. 途径中存在 3～7 碳的糖，使得具有该途径的微生物所能利用的碳源谱更为广泛。

f. 通过该途径可产生许多重要的发酵产物。如核苷酸、若干氨基酸、辅酶和乳酸（异型乳酸发酵）等。

g. HMP 途径在总的能量代谢中占一定比例，与细胞代谢活动对其中间产物的需要量相关。

HMP 途径不是产生 ATP 的有效机制。大多数好氧和兼性厌氧微生物中都具有 HMP 途径，而且在同一微生物中往往同时存在 EMP 和 HMP 途径，单独具有 EMP 或 HMP 途径的微生物比较少见。

③ ED 途径　ED 途径又称 2-酮-3-脱氧-6-磷酸葡萄糖酸（KDPG）裂解途径。ED 途径存在于多种细菌中（在革兰氏阴性菌中分布较广，特别是假单胞菌和固氮菌的某些菌株较多存在）。ED 途径可不依赖于 EMP 和 HMP 途径而单独存在，是少数缺乏完整 EMP 途径的微生物所具有的一种替代途径，尚未发现存在于其它生物中。

葡萄糖通过 ED 途径只需 4 步反应即可快速获得由 EMP 途径须经 10 步才能获得的丙酮酸。ED 途径的总反应简图和具体过程见图 4-7 和图 4-8。

ED 途径的特点：

a. 葡萄糖经转化为 2-酮-3-脱氧-6-磷酸葡萄糖酸后，经脱氧酮糖酸醛缩酶催化，裂解成丙酮酸和 3-磷酸甘油醛，3-磷酸甘油醛经 EMP 途径转化成为丙酮酸。结果是 1 分子葡萄糖产生 2 分子丙酮酸和 1 分子 ATP。

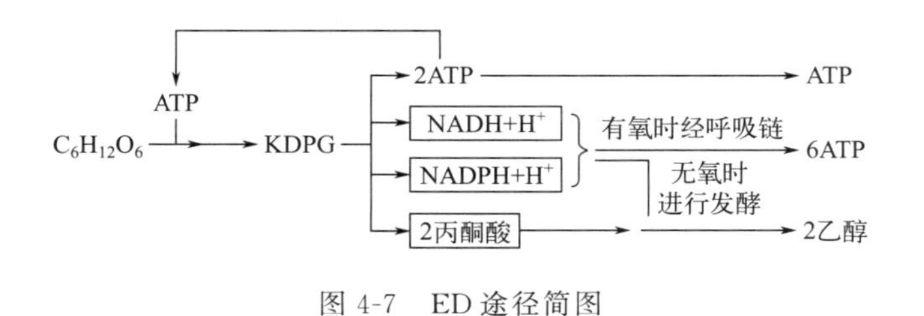

图 4-7　ED 途径简图

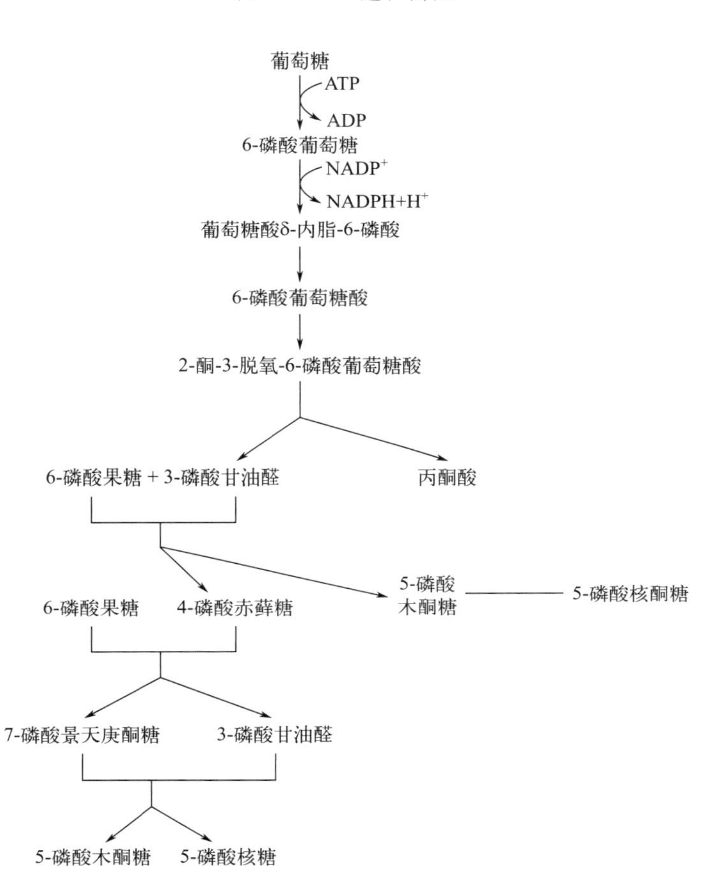

图 4-8　ED 途径

b. 特征反应是关键中间代谢物 2-酮-3-脱氧-6-磷酸葡萄糖酸（KDPG）裂解为丙酮酸和 3-磷酸甘油醛；特征酶是 KDPG 醛缩酶。

c. 反应步骤简单，产能效率低。

d. ED 途径与 EMP 途径、HMP 途径、TCA 循环相连接，互相协调以满足微生物对能量、还原力和中间代谢物的需要。好氧时相连 TCA 循环，厌氧时进行酒精发酵。ED 途径中的关键反应是 2-酮-3-脱氧-6-磷酸葡萄糖酸的裂解。

产生的丙酮酸对运动发酵单胞菌这类微好氧菌来说，可脱羧成乙醛，乙醛进一步被 $NADH_2$ 还原为乙醇。经 ED 途径发酵产生乙醇的过程与传统的由酵母菌通过 EMP 途径生产乙醇不同，故称作细菌酒精发酵。利用细菌生产酒精，具有很多优点：a. 代谢速率高；b. 产物转化率高；c. 菌体生成少；d. 代谢副产物少；e. 发酵温度较高；f. 不必定期供氧等。

在不同的微生物中，EMP、HMP 和 ED 三途径在己糖分解代谢中的重要性有明显差别，见表 4-1。

表 4-1 葡萄糖三条降解途径在不同微生物中的分布

菌名	EMP/%	HMP/%	ED/%
酿酒酵母	88	12	—
产朊假丝酵母	66～81	19～34	—
灰色链霉菌	97	3	—
产黄青霉	77	23	—
大肠埃希菌	72	28	—
铜绿假单胞菌	—	29	71
嗜糖假单胞菌	—	—	100
枯草杆菌	74	26	—
氧化葡萄糖杆菌	—	100	—
真养产碱菌	—	—	100
运动发酵单胞菌	—	—	100
藤黄八叠球菌	70	30	—

在微生物细胞中，可能同时存在多种降解葡萄糖的途径。在某一具体条件下，拥有多条代谢途径的微生物究竟经过何种途径代谢，对发酵产物的影响很大。

对于某些细菌如明串珠菌属和乳杆菌属中的一些细菌中，其缺少醛缩酶，不能够将磷酸己糖裂解为 2 个三碳糖，采用的是磷酸解酮酶途径。

磷酸解酮酶途径有磷酸戊糖解酮酶（PK）途径和磷酸己糖解酮酶（HK）途径两种。

磷酸戊糖解酮酶（PK）途径的特点：a. 分解 1 分子葡萄糖只产生 1 分子 ATP，相当于 EMP 途径的一半；b. 几乎产生等量的乳酸、乙醇和 CO_2。

磷酸己糖解酮酶（HK）途径的特点：a. 有两个磷酸酮解酶参加反应；b. 在没有氧化作用和脱氢作用的参与下，2 分子葡萄糖分解为 3 分子乙酸和 2 分子 3-磷酸甘油醛，3-磷酸甘油醛在脱氢酶的参与下转变为乳酸，乙酰磷酸生成乙酸的反应则与 ADP 生成 ATP 的反应相偶联；c. 每分子葡萄糖产生 2.5 分子 ATP；d. 许多微生物（如双歧杆菌）的异型乳酸发酵即采取此方式。

④ 三羧酸循环　三羧酸循环又称 TCA 循环，在绝大多数异养微生物的氧化性（呼吸）代谢中起着关键性的作用。在真核微生物中，TCA 循环在线粒体内进行，其中的大多数酶定位在线粒体的基质中；在原核生物如细菌中，大多数酶都存在于细胞质内。只有琥珀酸脱氢酶属于例外，在线粒体或细菌中都结合在膜上。三羧酸循环的简图和反应过程如图 4-9 和图 4-10 所示。

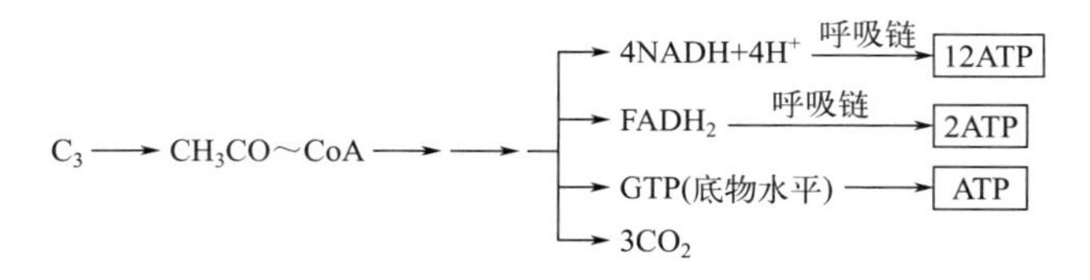

图 4-9　三羧酸循环简图

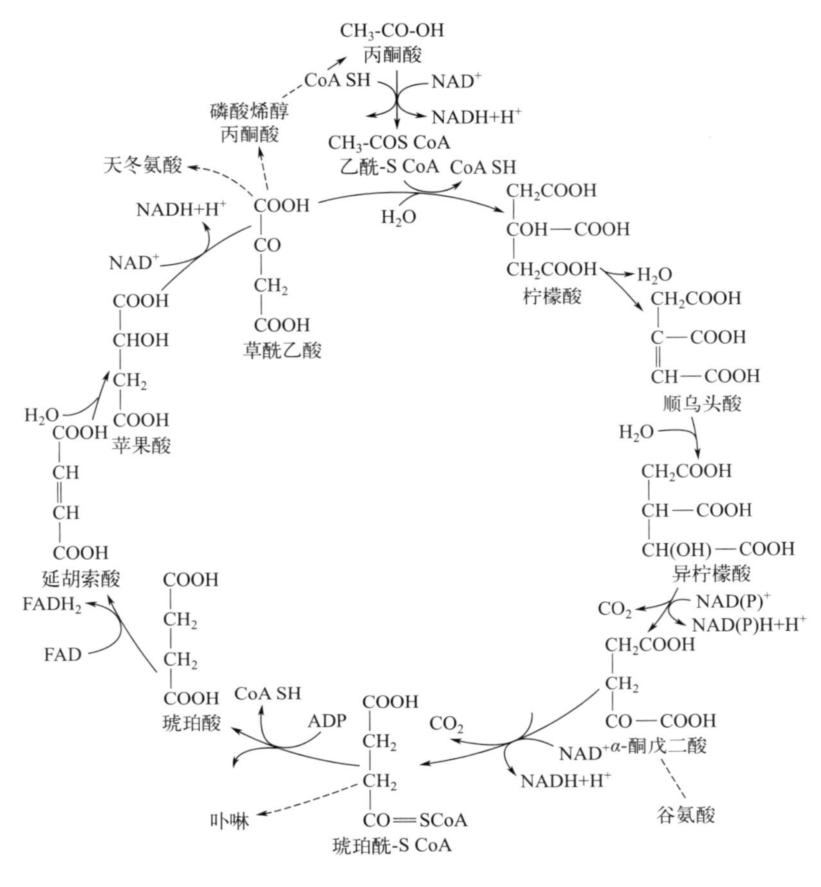

图 4-10　三羧酸循环

从 TCA 循环在微生物物质代谢中的地位来看，它在一切分解代谢和合成代谢中都占有枢纽的地位，因而也与微生物大量发酵产物例如柠檬酸、苹果酸、延胡索酸、琥珀酸和谷氨酸等的生产密切相关。

以葡萄糖为代表的生物氧化底物的四条主要脱氢途径，在产能、产还原力、分解或合成代谢以及生产发酵产物中具有重要作用。

(2) 传递氢、接受氢　在生物体中，贮存在葡萄糖等有机物中的化学能，经上述多种途径脱氢后，经过呼吸链（或称电子传递链）等方式进行氢的传递，最终与氢受体（氧、无机或有机氧化物）结合，以释放化学潜能。根据传递氢特别是受氢过程中氢受体性质的不同，可以把生物氧化区分成有氧呼吸、无氧呼吸和发酵三种类型（图 4-11）。

① 有氧呼吸　有氧呼吸是以分子氧作为最终电子受体，最终电子受体是 O_2；无氧呼吸是以氧化型化合物作为最终电子受体，最终电子受体是 O_2 以外的无机氧化物，如 NO_3^-、SO_4^{2-} 等。呼吸是一种最普遍和最重要的生物氧化方式，其特点是底物按常规方式脱氢后，经完整的呼吸链（又称电子传递链）传递氢，最终由分子氧接受氢并产生水和释放能量(ATP)。葡萄糖分子在没有外源电子受体时的代谢过程中，底物所具有的能量只有一小部分被释放出来，并合成少量 ATP；如果氧或其它外源电子受体存在时，底物分子可完全氧化为 CO_2，在此过程中合成的 ATP 量大大多于发酵过程。

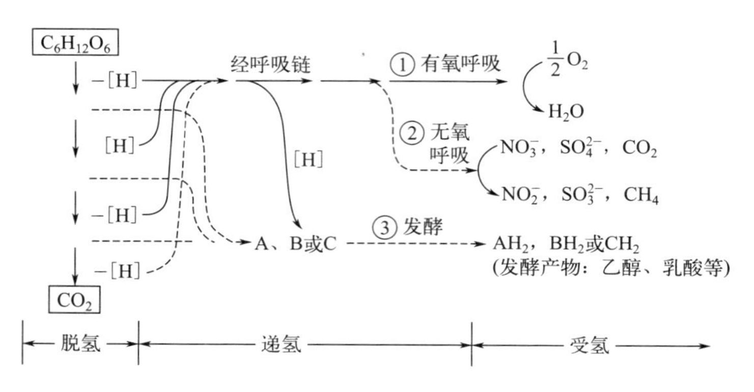

图 4-11 有氧呼吸、无氧呼吸和发酵示意图

微生物在降解底物的过程中，将释放出的电子交给 $NAD(P)^+$、FAD 或 FMN 等电子载体，再经电子传递系统传递给外源电子受体，从而生成水或其它还原型产物并释放出能量的过程，称为呼吸作用。呼吸作用与发酵作用的根本区别在于，电子载体不是将电子直接传递给底物降解的中间产物，而是交给电子传递系统，逐步释放出能量后再交给最终电子受体。

组成呼吸链的氢或电子的载体，除醌类外，都是一些含有辅酶或辅基的酶，在微生物中最重要的呼吸链的组分，有以下几种：

a. 烟酰胺腺嘌呤二核苷酸（NAD）和烟酰胺腺嘌呤二核苷酸磷酸（NADP） 某些脱氢酶含有 NAD^+ 或 $NADP^+$ 形式的辅酶，能从还原性底物上移出 1 个氢离子（质子）和 2 个电子，而变成还原态的 $NAD(P)H+H^+$。

b. 黄素腺嘌呤二核苷酸（FAD）和黄素单核苷酸（FMN） FAD 和 FMN 是一类称为黄素蛋白的脱氢酶的辅基，其活性基团是异咯嗪结构。

c. 铁硫蛋白（Fe-S） 是传递电子的氧化还原载体，该类小分子蛋白的辅基是其分子中含铁硫（一些为“2Fe+2S”，另一些为“4Fe+4S”）的中心部分。铁硫蛋白存在于呼吸链的几种酶复合体中，参与膜上的电子传递。此外，在固氮、亚硫酸还原、亚硝酸还原、光合作用、分子氢的激活和释放以及链烷的氧化中起作用。在呼吸链中的“2Fe+2S”中心每次仅能传递一个电子。

d. 泛醌（辅酶 Q） 是一类脂溶性的氢载体。泛醌广泛存在于真核生物线粒体内膜和革兰氏阴性菌的细胞膜上；革兰氏阳性菌和某些革兰氏阴性菌则含甲基萘醌（MK 或维生素 K_2）。醌类在呼吸链中的功能是传递氢，传递过程分两步进行，中间体是半醌。在呼吸链中，醌类的含量比其他组分多 10～15 倍，作用是收集来自呼吸链各种辅酶和辅基所输出的氢（还原力 [H]），然后再将它们传递给细胞色素系统。

e. 细胞色素系统 细胞色素系统位于呼吸链的后端，功能是传递电子而不是传递氢。它们只从泛醌中接受电子，同时将同等数目的质子推到线粒体膜（真核生物）或细胞膜（原核生物）外的溶液中。细胞色素按其吸收光谱和氧还电位的差别可分成多种类型，都有血红素作为辅基，而血红素则通过分子中心铁原子的价电荷的变化而传递电子。细胞色素 a_3 即细胞色素氧化酶，是许多微生物的末端氧化酶，能催化 4 个电子还原氧的反应，从而把氧分子激活。

真核生物和原核生物的呼吸链主要组分是相似的，但也有差别，主要差别见表 4-2。

表 4-2　真核生物和原核生物呼吸链的比较

比较项目	真核细胞	原核细胞
所在部位	线粒体膜	细胞膜
组分可取代性	弱	强
组分的类型	少且稳定	多且变化
受环境影响	小	大
有无分支链	一般无	较普遍
P/O	较高(3)	较低(≤3)

② 无氧呼吸　无氧呼吸又称为厌氧呼吸，是一类呼吸链末端的氢受体为外源无机氧化物（个别为有机氧化物）的生物氧化，是一种在无氧条件下进行的产能效率较低的特殊呼吸。特点是底物按常规途径脱氢后，经部分呼吸链传递氢，最终由氧化态的无机物（个别是有机物延胡索酸）接受氢。

根据呼吸链末端的最终氢受体的不同，可把无氧呼吸分成以下多种类型。

a. 硝酸盐呼吸　又称反硝化作用。硝酸盐在微生物生命活动中具有两种功能，一是在有氧或无氧条件下所进行的同化硝酸盐还原作用，即微生物利用硝酸盐作为氮源；二是在无氧条件下，微生物利用硝酸盐作为呼吸链的最终氢受体，是一种异化硝酸盐还原作用，也称硝酸盐呼吸或反硝化作用。

进行硝酸盐呼吸的都是一些兼性厌氧微生物即反硝化细菌，如地衣芽孢杆菌、铜绿假单胞菌、斯氏假单胞菌等。

b. 硫酸盐呼吸　是一种由硫酸盐还原细菌（或称反硫化细菌）把氢交给硫酸盐的一种厌氧呼吸。通过此过程，微生物可在无氧条件下借助呼吸链的电子传递磷酸化而获得能量。

硫酸盐还原的最终产物是 H_2S，自然界中的大多数 H_2S 是由这一反应产生的。硫酸盐还原细菌都是一些严格专性厌氧细菌，如脱硫弧菌、巨大脱硫弧菌、致黑脱硫肠状菌等。

c. 硫呼吸　无机硫作为无氧呼吸链的最终氢受体，硫被还原成 H_2S。如氧化乙酸脱硫单胞菌的硫呼吸。

d. 碳酸盐呼吸　是一类以 CO_2 或重碳酸盐作为无氧呼吸链的末端氢受体的无氧呼吸。根据其还原产物的不同，可分为两种类型，一类是产甲烷菌产生甲烷的碳酸盐呼吸，另一类为产乙酸细菌产生乙酸的碳酸盐呼吸。

e. 延胡索酸呼吸　延胡索酸作为无氧呼吸链的末端氢受体。许多兼性厌氧细菌，如埃希菌属、沙门菌属和克氏杆菌属等肠杆菌，厌氧细菌如拟杆菌属、丙酸杆菌属和产琥珀酸弧菌等，都能进行延胡索酸呼吸。在无氧条件下培养时，如在培养基中加入延胡索酸，会促使其快速生长并有较高的细胞得率，原因是可利用延胡索酸作为末端氢受体，从而可利用电子传递磷酸化产生大量的 ATP。

③ 发酵　“发酵”是指任何利用好氧或厌氧微生物来生产有用代谢产物的一类生产方式；而在生物氧化或能量代谢中，发酵仅仅是指在无氧条件下，底物脱氢后所产生的还原力[H]不经过呼吸链传递而直接交给内源氧化性中间代谢产物的一类低效产能反应。在发酵条件下有机化合物只是部分地被氧化，只能释放出一小部分的能量。发酵过程的氧化是与有机物的还原偶联在一起的，被还原的有机物来自初始发酵的分解代谢，即不需要外界提供电

子受体。

发酵的种类有很多，可发酵的底物有碳水化合物、有机酸、氨基酸等，以微生物发酵葡萄糖最为重要。发酵主要分为四种途径：EMP 途径、HMP 途径、ED 途径、磷酸解酮酶途径。

微生物能在不同条件下对不同物质或基本相同的物质进行不同的发酵，不同微生物对不同物质发酵可以得到不同的产物；不同微生物对同一物质进行发酵，或同一微生物在不同条件下进行发酵都可以得到不同的产物，所有这些都取决于微生物自身的代谢特点和发酵条件。

丙酮酸开始的发酵产物见图 4-12。

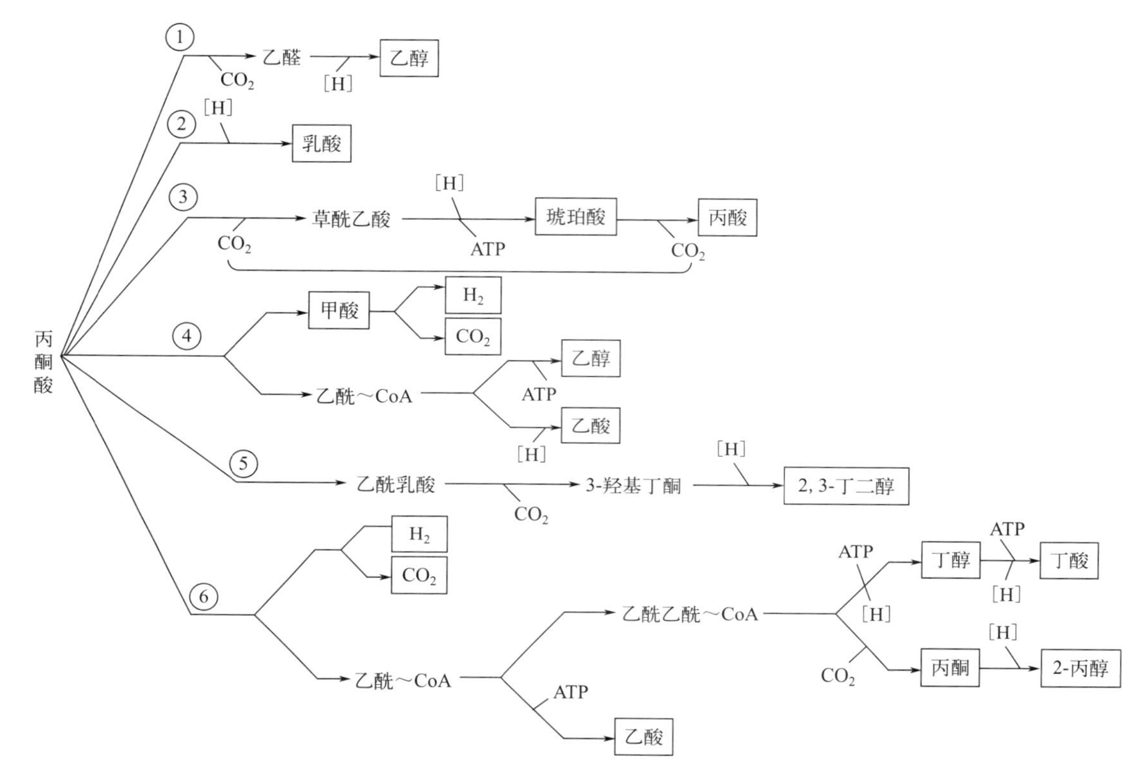

图 4-12　丙酮酸开始的发酵产物

①酵母型酒精发酵；②同型乳酸发酵；③丙酸发酵；

④混合酸发酵；⑤2，3-丁二醇发酵；⑥丁酸发酵

a. 从 EMP 途径中丙酮酸开始进行的发酵　丙酮酸是 EMP 途径的关键产物，在不同的微生物中可进行多种发酵，如由酿酒酵母进行的酵母型酒精发酵；由德氏乳杆菌等进行的同型乳酸发酵；由谢氏丙酸杆菌进行的丙酸发酵；由产气肠杆菌等进行的 2,3-丁二醇发酵；由大肠埃希菌等进行的混合酸发酵；由各种厌氧梭菌例如丁酸梭菌、丁醇梭菌和丙酮丁醇梭菌等进行的丁酸型发酵等。通过这些发酵，微生物可获得生命活动所需的能量。

b. 通过 HMP 途径的发酵——异型乳酸发酵　凡葡萄糖发酵后产生乳酸、乙醇（或乙酸）和 CO_2 等多种产物的发酵称异型乳酸发酵；相对的发酵是同型乳酸发酵，只产生 2 分子乳酸。一些异型发酵乳酸杆菌如肠膜明串珠菌、乳脂明串珠菌、短乳杆菌、发酵乳杆菌和

双歧杆菌等，因缺乏 EMP 途径中的重要酶如醛缩酶和异构酶，因此其葡萄糖的降解完全依赖于 HMP 途径。不同的微生物虽然都进行异型乳酸发酵，但其发酵途径和产物仍然稍有不同。

c. 通过 ED 途径进行的发酵 是指细菌的酒精发酵。酒精发酵有三个类型，即通过 EMP 途径的酵母菌酒精发酵、通过 HMP 途径（异型乳酸发酵）的细菌酒精发酵和通过 ED 途径的细菌酒精发酵。

与乳酸发酵类似，葡萄糖通过 EMP 与 ED 途径都可产生 2 个乙醇分子，可称其为“同型酒精发酵”，而通过 HMP 途径的酒精发酵因 1 个葡萄糖分子会产生 1 分子乙醇和 1 分子乳酸，故也可称其为“异型酒精发酵”。它们的反应式分别如下。

（a）酵母菌的“同型酒精发酵”：由酿酒酵母等通过 EMP 途径进行。

$$葡萄糖+2ADP+2Pi \rightarrow 2\ 乙醇+2CO_2+2ATP$$

（b）细菌的“同型酒精发酵”：由运动发酵单胞菌等通过 ED 途径进行。

$$葡萄糖+ADP+Pi \rightarrow 2\ 乙醇+2CO_2+ATP$$

（c）细菌的“异型酒精发酵”：通过 HMP 途径进行。

$$葡萄糖+ADP+Pi \rightarrow 乳酸+乙醇+CO_2+ATP$$

d. 氨基酸发酵产能 少数厌氧梭菌如生孢梭菌能利用一些氨基酸同时当作碳源、氮源和能源，其产能机制是通过部分氨基酸（如丙氨酸等）的氧化与另一些氨基酸（如甘氨酸等）的还原相偶联的发酵方式。这种以一种氨基酸作氢供体和以另一种氨基酸作氢受体而产能的独特发酵类型，称为 Stickland 反应。该反应的产能效率极低，每分子氨基酸仅产 1 个 ATP。

e. 发酵中的产能反应 发酵仅是专性厌氧菌或兼性厌氧菌在无氧条件下的一种生物氧化形式，其产能方式只是通过底物水平的磷酸化，产能效率很低。底物水平磷酸化可形成多种含高能磷酸的产物，如 EMP 途径中的 1,3-二磷酸甘油酸和磷酸烯醇丙酮酸及异型乳酸发酵途径中的乙酰磷酸等。这是厌氧微生物产能的主要方式。

2. 自养型微生物的生物氧化与产能

异养微生物和自养微生物的生物氧化本质是相同的，都包括脱氢、递氢和受氢三个阶段，其间经过与磷酸化反应相偶联，就可产生生命活动所需的通用能源——ATP。从具体类型来看，自养微生物中的生物氧化与产能的途径很多，有些化能自养菌的生物氧化与产能过程了解甚少。不论是化能无机营养型还是光能无机营养型的微生物，在生命活动中最重要的反应就是把 CO_2 先还原成［CH_2O］水平的简单有机物，然后再进一步合成复杂的细胞成分。这是一个大量耗能和消耗还原力［H］的过程。在化能无机营养型微生物中，所需能量 ATP 通过还原态无机物经过生物氧化产生，还原力［H］则是通过消耗 ATP 的无机氢（H^++e）以逆呼吸链传递而产生；在光能自养型的微生物中，ATP 和［H］都是通过循环光合磷酸化、非循环光合磷酸化或通过紫膜的光合磷酸化而获得。

（1）化能自养型 化能自养型微生物为还原 CO_2 需要的 ATP 和还原力［H］是通过氧化无机底物（NH_4^+、NO_2^-、H_2S、H_2 和 Fe^{2+} 等）来实现的。产能的途径主要是借助于经过呼吸链的氧化磷酸化反应，绝大多数化能自养菌是好氧菌。即使少数可进行厌氧生活的化能自养菌，也是利用硝酸盐或碳酸盐代替氧的无氧呼吸。除呼吸链产能途径外，少数硫杆菌如脱氮硫杆菌和氧化亚铁硫杆菌当生长在含无机硫化物环境下，还能部分地进行底物水平磷酸化产能。化能自养微生物不仅在还原 CO_2 时需要消耗 ATP，而且生产还原力［H］时，也消耗许多 ATP。这是只有借输入 ATP 才能通过逆呼吸链的方式把无机氢（$H^+ + e$）变成可用于还原 CO_2 的还原力［H］。

与异养微生物相比，化能自养细菌的能量代谢主要有三个特点：①无机底物的氧化直接与呼吸链发生联系，由脱氢酶或氧化还原酶催化的无机底物脱氢或脱电子后，直接进入呼吸链传递。这与异养微生物葡萄糖氧化要经过 EMP 和 TCA 等途径的复杂代谢过程不同。②呼吸链的组分更为多样，氢或电子可从任一组分进入呼吸链。③产能效率即 P/O 一般要比异养微生物低。

（2）光能自养型　在自然界中具有光合作用的各类生物的特点如下：

光能营养型生物
- 产氧
  - 真核生物：藻类及其他绿色植物
  - 原核生物：蓝细菌
- 不产氧（仅原核生物有）：光合细菌

各种光合细菌都是原核生物，不能利用 H_2O 作为还原 CO_2 的氢供体，只能利用还原态的 H_2S、H_2 或有机物作为氢供体，光合作用中不产生 O_2，进行的是一种不产氧光合作用。在其细胞内因所含的菌绿素和类胡萝卜素的量和比例不同，使菌体呈现红、橙、绿、蓝绿、紫红、紫或褐等颜色。这是典型的水生菌，广泛地分布于深层（缺氧的）淡水或海水中。

（3）自养微生物的生物氧化

① 氨的氧化　NH_3 和亚硝酸（NO_2^-）是可以作能源的最普通的无机氮化合物，能被硝化细菌氧化，硝化细菌可分为亚硝化细菌和硝酸化细菌 2 个亚群。氨氧化为硝酸的过程分为 2 个阶段，先由亚硝化细菌将氨氧化为亚硝酸，再由硝化细菌将亚硝酸氧化为硝酸。硝化细菌都是一些专性好氧的革兰氏阳性菌，以分子氧为最终电子受体，绝大多数是专性无机营养型。

② 硫的氧化　硫杆菌能利用一种或多种还原态或部分还原态的硫化物作能源。H_2S 先氧化成元素硫，再被硫氧化酶和细胞色素系统氧化成亚硫酸盐，放出的电子在传递过程中偶联产生 4 个 ATP。亚硫酸盐的氧化分为两条途径：一是直接氧化成 SO_4^{2-} 的途径，由亚硫酸盐-细胞色素 C 还原酶和末端细胞色素系统催化，产生 1 个 ATP；二是经磷酸腺苷硫酸的氧化途径，每氧化 1 分子 SO_3^{2-} 产生 2.5 个 ATP。

③ 铁的氧化　从亚铁到高铁的氧化，对少数细菌而言是一种产能反应，但只有少数的能量可被利用。在低 pH 值的环境中利用亚铁氧化时释放出的能量生长，在电子传递到氧的过程中细胞质内有质子消耗，驱动 ATP 的合成。

④ 氢的氧化　氢细菌是一些革兰氏阴性的兼性化能自养菌，能利用分子氢氧化产生的能量同化 CO_2，也能利用其他有机物生长。氢细菌中，电子直接从氢传递给电子传递系统，电子在呼吸链传递过程中产生 ATP。多数氢细菌中有两种与氢的氧化有关的酶，一种是颗粒状氧化酶，驱动质子的跨膜运输，形成跨膜质子梯度，为 ATP 的合成提供动力；一种是可溶性氢化酶，可催化氢的氧化，使 NAD^+ 还原，所生成的 NADH 主要用于 CO_2 的还原。

（4）自养微生物的能量转移　在产能代谢过程中，微生物通过底物水平磷酸化和氧化磷酸化将某种物质氧化释放的能量存于 ATP 等高能分子中，光合微生物可通过光合磷酸化将光能转变为化学能储存于 ATP 中。

① 底物水平磷酸化　在某种化合物氧化过程中可生成一种含高能磷酸键的化合物，化合物通过相应的酶作用把高能键磷酸根转移给 ADP，使其生成 ATP。这种类型的氧化磷酸化方式在生物代谢过程中较为普遍。催化底物水平磷酸化的酶存在于细胞质内。

② 氧化磷酸化　将化合物氧化过程中释放的能量生成 ATP 的反应。生成 ATP 的方式有不需氧的底物水平磷酸化和需氧的电子传递磷酸化两种。

底物水平磷酸化由于脱掉一个水分子，2-磷酸甘油酸的低能酯键转变为 2-磷酸烯醇丙酮酸中的高能烯醇键。这种高能连接的磷酸可以转给 ADP，产生 ATP 分子。在微生物代谢活动中，重要的高能磷酸化合物除上述一些物质外，还有 1,3-二磷酸甘油酸和乙酰磷酸等。

在电子传递磷酸化中，通过呼吸链传递电子，将氧化过程中释放的能量和 ADP 的磷酸化偶联起来，形成 ATP。呼吸链中的电子传递体主要由各种辅基和辅酶组成，最重要的电子传递体是泛琨（即辅酶 Q）和细胞色素系统。微生物种类不同，细胞色素的成员也不同。

③ 光合磷酸化　利用光能合成 ATP 的反应。光合磷酸化作用将光能转变成化学能，用于从 CO_2 合成细胞物质，主要存在于光合微生物中。光合微生物有藻类、蓝细菌、光合细菌（包括紫色细菌、绿色细菌和嗜盐菌等）。细菌的光合作用与高等植物不同的是，除蓝细菌具有叶绿素、能裂解水进行产氧的光合作用外，其他细菌没有叶绿素，只有菌绿素或其他光合色素，只能裂解无机物（如 H_2、H_2S 等）或简单有机物，进行不产氧的光合作用。

三、微生物的耗能代谢

耗能代谢是指微生物利用能量合成细胞物质及其他耗能代谢的过程（如运输、运动、生物发光等生理过程）。

1. 细胞物质的合成

微生物利用能量代谢所产生的能量、中间产物以及从外界吸收的小分子，合成复杂的细胞物质的过程称为合成代谢。合成代谢所需要的能量由 ATP 和质子动力提供。糖类、氨基酸、脂肪酸、嘌呤、嘧啶等主要的细胞成分的合成反应的生化途径中，合成代谢和分解代谢需有共同的中间代谢物参加（图 4-13）。如由分解代谢而产生的丙酮酸、乙酰辅酶 A、草酰乙酸和三磷酸甘油醛等化合物可作为生物合成反应的起始物。但在生物合成途径中，一个分子的生物合成途径与其分解代谢途径通常是不同的。其中可能有相同的步骤，但导向一个分子合成的途径与从该分子开始的降解途径间至少有一个酶促反应步骤是不同的。另外，耗能的生物合成途径与产能的 ATP 分解反应相偶联，因而生物合成方向是不可逆的。其次，调节生物合成的反应，与相应的分解代谢途径的调节机制无关，因为控制分解代谢途径速率的调节酶，并不参与生物合成途径。生物合成途径主要是被它们的末端产物的浓度所调节。

(1) 糖类的生物合成　微生物生长中既有分解糖类的能量代谢，又有从简单化合物合成糖类，构成细胞生长所需的单糖、多糖等。单糖很少以游离形式存在，一般以多糖或聚糖及少量糖磷酸酯和糖核苷酸形式存在。

① 单糖的生物合成　合成单糖的途径是通过 EMP 途径逆行合成 6-磷酸葡萄糖，再转化为其他糖。葡萄糖的合成是单糖合成的中心环节。

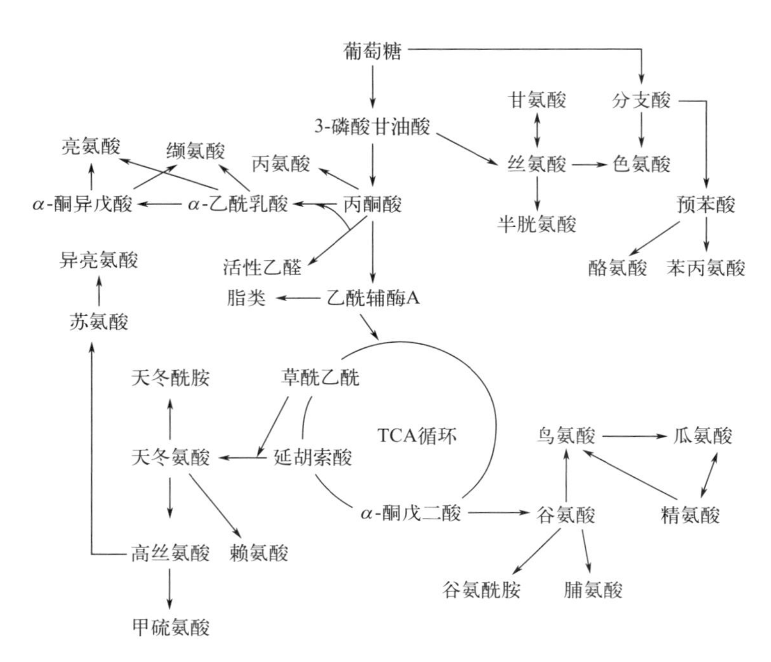

图 4-13　合成代谢示意图

自养微生物合成葡萄糖的前体来源：通过卡尔文循环可产生 3-磷酸甘油醛，通过还原的核酸环可得到草酸乙酸或乙酰辅酶 A。

异养微生物合成葡萄糖的前体来源：利用乙酸为碳源经乙醛酸循环产生草酰乙酸；利用乙醇酸、草酸、甘氨酸为碳源时通过甘油酸途径生成 3-磷酸甘油醛；利用乳酸为碳源时，可直接氧化成丙酮酸；可将糖氨基酸脱去氨基后作为合成葡萄糖的前体。

② 多糖的生物合成　微生物细胞内所含的多糖包括同多糖（由相同的单糖分子聚合而成，如糖原、纤维素等）和杂多糖（由不同的单糖分子聚合而成，如肽聚糖）。多糖的合成不仅是分解的逆转，而且是以一种核苷糖为起始物，接着糖单位逐个添加在多糖链的末端。促进合成的能量是由核苷糖中高能磷酸键水解中得到。

（2）脂肪酸的生物合成　微生物利用乙酰 CoA 与二氧化碳等物质合成脂肪酸。合成必须借助对热、对酸稳定的酰基载体蛋白 ACP，乙酰 CoA 先与二氧化碳羧化反应生成丙二酰 CoA，再经过转移酶作用转到 ACP 上，生成丙二酰-ACP。脂肪酸链周期性延长，每一周期增加 2 个由丙二酰 CoA 提供的碳原子，并释放一个二氧化碳。

（3）氨基酸的生物合成　对于不能从环境中获得的氨基酸需要通过其他途径合成。氨基酸的合成包括各氨基酸碳骨架的合成和氨基的合成。碳骨架来自糖代谢的中间产物；氨来自外界环境、体内含氮化合物的分解、固氮作用合成、硝酸还原作用合成；同时微生物从环境中吸收硫酸盐经过一系列的还原反应作为硫的供体。

氨基酸合成的主要方式：a. 氨基化作用；b. 转氨基作用；c. 由糖代谢的中间产物为前体合成氨基酸。

（4）核苷酸的生物合成　核苷酸作为核酸的基本结构单位，由碱基、戊糖、磷酸组成。根据碱基不同分成嘌呤核苷酸和嘧啶核苷酸。

① 嘌呤核苷酸的生物合成：微生物合成嘌呤核苷酸的方式有两种，一种是由各种小分

子化合物，全新合成次黄嘌呤核苷酸，再转化为其他嘌呤核苷酸；另一种是由自由碱基或核苷组成相应的嘌呤核苷酸。

② 嘧啶核苷酸的生物合成：微生物合成嘧啶核苷酸的方式有两种，一种是由小分子化合物全新合成尿嘧啶核苷酸，再转化为其他嘧啶核苷酸；另一种是以完整的嘧啶或嘧啶核苷分子，组成嘧啶核苷酸。

③ 脱氧核苷酸的生物合成：脱氧核苷酸是由核苷酸糖基第二碳上的—OH 还原为 H 而成，是一个耗能的过程，不同的微生物脱氧过程在不同的水平上进行。

2. 其他耗能反应

由细菌细胞产能反应形成的 ATP 和质子动力被消耗于各种途径中。许多能量用于新的细胞组分的生物合成，另外细菌的运动、性细胞器的活动、跨膜运输及生物发光也是生物耗能的过程。

(1) 运动　很多细菌是运动的，这种独立运动的能力一般是由于其具有特殊的运动细胞器，如鞭毛等。还有某些细菌以滑动的方式在固体表面运动，某些水生细菌还通过一种称为气囊的细胞结构调节其在水中的位置。当然，大多数可运动的原核生物是利用鞭毛来运动的。在真核微生物中，鞭毛和纤毛均具有 ATP 酶，水解 ATP 产生自由能，成为运动所需的动力。

(2) 运输　微生物细胞具有很大的表面积，可以快速地、大量地从外界吸收营养物质，满足自身代谢所需。营养物质跨膜运输有四种机制：单纯扩散、促进扩散、主动运输和膜泡运输。其中主动运输和膜泡运输需要消耗能量。

(3) 生物发光　许多微生物，包括某些细菌、真菌和藻类都能够发光。尽管发光的机制不同，但所有的发光都包含着能量的转移。先形成一种分子的激活态，当这种激活态返回到基态时即发出光来。

细菌发光涉及两种特殊成分：荧光色素酶和一种长链脂肪族醛。另外还有黄素单核苷酸和氧的参与。NADPH 是主要的电子供体。虽然酶的还原不需要这种长链脂肪族醛，但是当活化的酶返回到基态时，若无醛存在，光量就低。由于生物发光与普通的电子传递争夺 NADPH 的电子，因此当电子体系被抑制剂阻断时，发光的强度就会增大。

四、微生物的次级代谢

1. 初级代谢与次级代谢

微生物的初级代谢是指微生物从外界吸收各种营养物质，通过分解代谢和合成代谢，生成维持生命活动所需要的物质和能量的过程。这一过程的产物，如糖、氨基酸、脂肪酸、核苷酸以及由这些化合物聚合而成的高分子化合物（如多糖、蛋白质、酯类和核酸等），即为初级代谢产物。

由于初级代谢产物都是微生物营养性生长所必需，因此，除了遗传上有缺陷的菌株外，活细胞中初级代谢途径是普遍存在的。初级代谢途径中酶的特异性比次级代谢的酶要强。因为初级代谢产物合成的差错会导致细胞死亡。

次级代谢是相对于初级代谢而提出的一个概念，主要是指次级代谢产物的合成。次级代谢具有许多特点，根据特点可以认为次级代谢是指微生物在一定的生长时期（一般是稳定生长期），以初级代谢产物为前体，合成一些对微生物的生命活动没有明确功能的物质的过程，这一过程的产物即为次级代谢产物。另外，也可以把超出生理需求的过量初级代谢产物看作是次级代谢产物，如微生物发酵产生的维生素、柠檬酸、谷氨酸等。次级代谢产物大多是一类分子结构比较复杂的化合物，各类因菌株不同而不同。

次级代谢产物在微生物生命活动过程中的产生极其微量，对微生物本身的生命活动没有明显作用，当次级代谢途径被阻断时，菌体生长繁殖不会受到影响，因此，次级代谢产物没有一般性的生理功能。其不是生物体生长繁殖的必需物质，但往往对其他生物体具有不同的生理活性作用，因此，可利用这些具有各种生理活性的次级代谢产物来生产具有应用价值的药物。

次级代谢与初级代谢关系密切，初级代谢的关键性中间产物往往是次级代谢的前体，如糖降解过程中的乙酰-CoA是合成四环素、红霉素的前体。它们的区别主要表现为：

① 次级代谢只存在于某些生物当中，而且代谢途径和代谢产物会因生物不同而异，就是同种生物也会因营养和环境条件不同，产生不同的次级代谢产物。而初级代谢是一类普遍存在于各类生物中的基本代谢类型，代谢途径与产物的类同性强。

② 次级代谢产物不是菌体本身生存所必需的物质，即使在次级代谢过程的某个环节上发生障碍，也不会导致机体生长的停止和死亡，一般只是影响机体合成某种次级代谢产物的能力。而初级代谢产物如单糖或单糖衍生物、核苷酸、脂肪酸等单体以及由它们组成的各种聚合物如核酸、蛋白质、多糖、脂类等，通常都是机体生存必不可少的物质，只要这些物质合成过程的某个环节发生障碍，轻则表现为生长缓慢，重则导致生长停止、机体发生突变甚至死亡等。

③ 次级代谢通常是在微生物的对数生长期末期或稳定期才出现，产生与机体的生长不呈平行关系，而是明显地分为机体的生长期和次级代谢产物形成期两个不同时期。初级代谢则自始至终存在于一切生活的机体之中，它同机体的生长过程基本呈平行关系。

④ 次级代谢产物虽然也是从少数几种初级代谢过程中产生的中间体或代谢产物衍生而来，但它的骨架碳原子的数量与排列上的微小变化，或氧、氮、氯、硫等元素的加入，或在产物氧化水平上的微小变化都可以导致产生的次级代谢产物多种多样，并且每种类型的次级代谢产物往往是一群化学结构非常相似而成分不同的混合物。这些次级代谢产物通常被机体分泌到胞外，虽然不是机体生长与繁殖所必需的物质，但与机体的分化有一定的关系，并在同其他生物的生存竞争中起着重要作用，而且次级代谢产物中有许多对人类健康具有重大影响。而初级代谢产物的性质与类型在各类生物里相同或基本相同。

⑤ 机体内两种代谢类型对环境条件变化的敏感性或遗传稳定性明显不同。次级代谢对环境条件变化敏感性强，其产物的合成往往会因环境条件变化而受到明显影响。而初级代谢对环境条件变化的相对敏感性弱，相对较为稳定。

⑥ 催化次级代谢产物合成的某些酶专一性较弱。在某种次级代谢产物合成的培养基里加进不同的前体物质时，往往可以导致机体合成不同种类的次级代谢产物。如在青霉素发酵中通过加入不同前体物质的方式合成不同类型的青霉素。另外，催化次级代谢产物合成的酶往往都是一些诱导酶，它们是在产生菌的对数生长期末期或稳定期中，由于某种中间产物积累而诱导机体合成一种能催化次级代谢产物合成的酶，这些酶通常因环境条件变化而不能合

成。相对而言催化初级代谢产物合成的酶专一性和稳定性较强。

次级代谢与初级代谢之间的联系非常密切，具体表现为次级代谢以初级代谢为基础。因为初级代谢可以为次级代谢产物合成提供前体物和所需要的能量，而次级代谢则是初级代谢在特定条件下的继续和发展，避免初级代谢过程中某种（或某些）中间体或产物过量积累对机体产生毒害作用。另外，初级代谢产物合成中的关键性中间体也是次级代谢产物合成中的重要中间体物质，如乙酰 CoA、丙二酸等都是许多初级代谢产物和次级代谢产物合成的中间体物质。初级代谢产物如半胱氨酸、缬氨酸、色氨酸、戊糖等通常是一些次级代谢产物合成的前体物质。

2. 次级代谢产物的种类

次级代谢产物种类繁多，按照不同的标准可以分成不同的类型。有的按照次级代谢产物的产生菌来区分；有的根据次级代谢产物的结构或作用来区分；有的则根据次级代谢产物合成途径来区分。

(1) 根据产物合成途径　可以分为五种类型。

① 与糖代谢有关的类型　以糖或糖代谢产物为前体合成次级代谢产物有三种情况：

a. 直接由葡萄糖合成次级代谢产物；

b. 由预苯酸合成芳香族次级代谢产物；

c. 由磷酸戊糖合成的次级代谢物质较多。

② 与脂肪酸代谢有关的类型　此类型有两种情况：

a. 以脂肪酸为前体，经过几次脱氢、β-氧化之后，生成比原来脂肪酸碳数少的聚乙炔脂肪酸；

b. 次级代谢产物不经过脂肪酸，而是从丙酮酸开始生成乙酰 CoA，再在羧化酶催化下生成丙二酰 CoA。在初级代谢中由此进一步合成脂肪酸，而在次级代谢中所生成的丙二酰 CoA 等链中的羰基不被还原，而生成聚酮或 β-多酮次甲基链。由此进一步生成不同的次级代谢产物。

③ 与萜烯和甾体化合物有关的类型　与萜烯和甾体化合物有关的次级代谢产物，主要是由霉菌产生的。

④ 与 TCA 循环有关的类型　与 TCA 循环相连的次级代谢产物可分为两类：

a. 从 TCA 循环得到的中间产物进一步合成次级产物；

b. 由乙酸得到的有机酸与 TCA 循环上的中间产物缩合生成次级产物。

⑤ 与氨基酸代谢有关的类型　可分为三类：

a. 由一个氨基酸形成的次级代谢产物；

b. 由两个氨基酸形成的曲霉酸、支霉黏毒（由两个氨基酸先以肽键结合，闭环生成二酮吡嗪进一步形成）。半胱氨酸和缬氨酸以另外的缩合方式形成 6-氨基青霉素烷酸；

c. 由三个以上氨基酸缩合而成的次级产物，氨基酸之间多以肽键结合成直链状。此外，还有两个以上氨基酸经过复杂的缩合后形成含氮芳香环，如麦角生物碱。

(2) 根据次级代谢产物的作用　可以分为抗生素、激素、生物碱、毒素及维生素等类型。

① 抗生素　是由某些微生物合成或半合成的一类次级代谢产物或衍生物，能抑制其他微生物生长或杀死它们的化合物。抗生素主要是通过抑制细菌细胞壁合成、破坏细胞质膜、

作用于呼吸链以干扰氧化磷酸化、抑制蛋白质和核酸合成等方式来抑制微生物的生长或杀死它们。因此，抗生素是临床上广泛使用的化学治疗剂。

② 毒素　有些微生物在代谢过程中，能产生某些对人或动物有毒害的物质，称为毒素。微生物产生的毒素有细菌毒素和真菌毒素。

③ 激素　某些微生物能产生刺激动植物生长或性器官发育的激素类物质，称为激素。目前已发现微生物能产生 15 种激素，如赤霉素、细胞分裂素、生长素等。

④ 色素　许多微生物在生长过程中能合成不同颜色的色素。有的在细胞内，有的分泌到细胞外。色素是微生物分类的一个依据。微生物所产生的色素，根据它们的性状区分为水溶性和脂溶性色素。水溶性色素，如绿脓菌色素、蓝乳菌色素、荧光菌的荧光色素等。脂溶性色素，如八叠球菌属的黄色素、灵杆菌的红色素等。有的色素可用于食品，如红曲霉属的红曲色素。

⑤ 生物碱　大部分生物碱是由植物产生的。麦角菌可以产生麦角生物碱。

第二节　微生物代谢的调节

微生物细胞内各种代谢反应错综复杂，各个反应过程之间彼此协调，可随环境条件的变化而迅速改变代谢反应的速度。微生物正是依靠其精确、可塑性强的代谢调节系统，才得以进行如此高效、协调的代谢。由于微生物体内任何代谢途径都是一系列酶促反应构成的，所以微生物细胞的代谢是通过控制酶的作用来实现的。代谢的调节可分为两种：酶合成的调节，即调节酶分子的合成量；酶活性的调节，即调节酶分子的活性。分别是在遗传和酶化学水平上进行的。

一、酶合成的调节

通过调节酶的合成量进而调节代谢速率的调节机制，这是基因水平上的调节，属于粗放的调节，间接而缓慢。酶合成的调节是诱导酶的合成或阻止酶的过量合成，有利于合理利用生物合成的原料和能量。

1. 酶合成调节的类型

（1）诱导　是酶促分解底物或产物诱使微生物细胞合成分解代谢途径中有关酶的过程。微生物通过诱导作用而产生的酶（为适应外来底物或其结构类似物而临时合成的酶类），称为诱导酶。如大肠埃希菌含乳糖的培养基中合成 β-半乳糖苷酶和半乳糖苷渗透酶等。诱导降解酶合成的物质称为诱导物。诱导物一般是底物或结构类似物，如异丙基-β-D-硫代半乳糖苷。

诱导作用的类型有两种：

① 同时诱导　诱导物加入后，微生物能同时诱导几种酶的合成，主要存在于短的代谢途径中。例如，将乳糖加入大肠埃希菌培养基中后，即可同时诱导 β-半乳糖苷透性酶、β-半乳糖苷酶和半乳糖苷转乙酰酶的合成。

② 顺序诱导　先合成能分解底物的酶，再依次合成分解各中间代谢物的酶，以达到对较复杂代谢途径的分段调节。

（2）阻遏　在微生物的代谢过程中，当代谢途径中某末端产物过量时，通过阻遏作用来阻碍代谢途径中包括关键酶在内的一系列酶的生物合成的现象，从而更彻底地控制和减少末端产物的合成。

阻遏作用的类型有两种：

① 末端产物阻遏　由于终产物的过量积累而导致生物合成途径中酶合成阻遏的现象。常常发生在氨基酸、嘌呤和嘧啶等这些重要结构元件生物合成的时候，指由某代谢途径末端产物的过量累积而引起的阻遏。

对直线式反应途径来说，末端产物阻遏的情况较为简单，即产物作用于代谢途径中的各种酶，使之合成受阻遏，例如过量的精氨酸阻遏了参与合成精氨酸的许多酶的合成。

对分支代谢途径来说，情况就较复杂。每种末端产物仅专一地阻遏合成它的那条分支途径的酶。代谢途径分支点以前的“公共酶”仅受所有分支途径末端产物的阻遏，此称多价阻遏作用。也就是说，任何单独一种末端产物的存在，都没有影响，只有当所有末端产物都同时存在时，才能发挥出阻遏功能。

末端产物阻遏在代谢调节中有着重要的作用，它可保证细胞内各种物质维持适当的浓度。例如，在嘌呤、嘧啶和氨基酸的生物合成中，它们的有关酶类就受到末端产物阻遏的调节。

② 分解代谢物阻遏　当微生物在含有两种能够分解底物（碳源或氮源）的培养基中生长时，利用快的那种分解底物会阻遏利用慢的底物的有关酶合成的现象。最早发现于大肠埃希菌生长在含葡萄糖和乳糖的培养基时，故又称葡萄糖效应。分解代谢物阻遏导致出现“二次生长”。

分解代谢物的阻遏作用，并非由于快速利用的碳源本身直接作用的结果，而是通过碳源（或氮源等）在其分解过程中所产生的中间代谢物所引起的阻遏作用。因此，分解代谢物的阻遏作用，就是指代谢反应链中，某些中间代谢物或末端代谢物的过量累积而阻遏代谢途径中一些酶合成的现象。

2. 酶合成调节的机制

(1) 一些主要术语

① 操纵子　是基因表达和控制的一个完整单元，其中包括结构基因、调节基因、操作子和启动子。

结构基因是决定某一多肽的 DNA 模板，可根据其上的碱基顺序转录出相应的 mRNA，然后再通过核糖体转译出相应的酶。调节基因是用于编码组成型调节蛋白的基因，一般远离操纵子，但在原核生物中，可以位于操纵子旁边，编码调节蛋白。启动子是 RNA 聚合酶的结合部位和转录起点，是能被依赖于 DNA 的 RNA 聚合酶所识别的碱基顺序。操作子是位于启动基因和结构基因之间的一段碱基顺序，是阻遏蛋白的结合位点，能通过与阻遏物相结合来决定结构基因的转录是否能进行。

操纵子分两类，一类是诱导型操纵子，只有当存在诱导物（一种效应物）时，其转录频率才最高，并随之转译出大量诱导酶，出现诱导现象；另一类是阻遏型操纵子，只有当缺乏辅阻遏物（一种效应物）时，其转录频率才最高。由阻遏型操纵子所编码的酶的合成，只有通过去阻遏作用才能启动。

② 效应物　是一类低分子量的信号物质（如糖类及其衍生物、氨基酸和核苷酸等），它

们可与调节蛋白相结合以使后者发生变构作用，并进一步提高或降低与操作子的结合能力。包括诱导物和辅阻遏物两种。

③ 调节蛋白　是一类变构蛋白，它有两个特殊位点，其一可与操作子结合，其二可与效应物相结合。当调节蛋白与效应物结合后，会发生变构作用。有的调节蛋白在其变构后可提高与操作子的结合能力，有的则会降低结合能力。

调节蛋白可分两种，其一称阻遏物，它能在没有诱导物（效应物的一种）时与操作子相结合；其二则称阻遏物蛋白，它只能在辅阻遏物（效应物的另一种）存在时才能与操作子相结合。

④ 正调节与负调节　正调节指转录过程依赖于调节蛋白的存在。负调节指转录过程不依赖于调节蛋白的存在。

（2）诱导、阻遏机制　目前认为，操纵子假说可较好地解释酶合成的诱导和阻遏现象。

① 乳糖操纵子的诱导机制　大肠埃希菌乳糖操纵子（lac）是由 *lac* 启动基因、*lac* 操纵基因和三个结构基因所组成。三个结构基因分别编码 β-半乳糖苷酶、渗透酶和转乙酰基酶。乳糖操纵子是负调节的代表，因在缺乏乳糖等诱导物时，其调节蛋白（即 lac 阻遏物）一直结合在操纵基因上，抑制着结构基因上转录的进行。当有诱导物即乳糖存在时，乳糖与 lac 阻遏物相结合，后者发生构象变化，结果降低了 lac 阻遏物与操纵基因间的亲和力，使它不能继续结合在操纵子上，转录、转译就得以顺利进行了。当诱导物耗尽后，lac 阻遏物可再次与操纵基因相结合，酶就无法合成，同时，细胞内已转录好的 mRNA 也迅速地被核酸内切酶所水解，所以细胞内酶的合成速度急剧下降。如果通过诱变方法使之发生 lac 阻遏物缺陷突变，就可获得解除调节，即在无诱导物时也能合成 β-半乳糖苷诱导酶的突变株。

② 色氨酸操纵子的末端产物阻遏机制　色氨酸操纵子的阻遏是对合成代谢酶类进行正调节的。在合成代谢中，催化氨基酸等小分子末端产物合成的酶应随时存在于细胞内，因此，在细胞内这些酶的合成应经常处于消阻遏状态，相反，在分解代谢中的 β-半乳糖苷酶等则须经常处于阻遏状态。

E. coli 色氨酸操纵子也是由启动基因、操纵基因和结构基因三部分组成的。启动基因位于操纵子的开始处；结构基因上有 5 个基因。其调节基因（*trpR*）远离操纵基因，编码一种称作阻遏物蛋白的效应物蛋白。当存在色氨酸时，它起着辅阻遏物的作用，因与阻遏物蛋白有极高的亲和力，故两者间形成了一个完全阻遏物，由这种完全阻遏物来阻止结构基因的转录。反之，当降低色氨酸浓度时，就会导致这一完全阻遏物的解离，并脱离操纵基因，因此结构基因的 mRNA 又可正常合成。

二、酶活性的调节

酶活性的调节是在分子水平上的一种代谢调节，通过改变已有酶的催化活性来调节代谢的速率，包括酶活性的激活和抑制两个方面。

酶活性的激活是指在代谢途径中，催化后面反应的酶活性被前面的中间代谢产物（分解代谢时）或前体（合成代谢时）所促进，酶活性发生主要原因是代谢过程中产生的物质与酶结合，致使酶的结构产生变化。如在大肠埃希菌、节杆菌和深红红螺菌等合成糖原时，1-磷酸葡萄糖对焦磷酸酶促反应有激活作用。这种调节现象在核苷酸、维生素的合成代谢中十分普遍。

酶活性的抑制主要为产物抑制，它发生在酶促反应的产物没有被后面反应用去的时候。一个酶与其底物结合在一起便发生酶促反应，同时有反应产物释放出来。因为酶促反应通常都是平衡反应，所以如果有反应产物积累，催化该步反应的酶活性就受到抑制。酶活性的抑制主要是反馈抑制，它主要表现在某代谢途径的末端产物（即终产物）过量时，这个产物可反过来直接抑制该途径中第一个酶的活性，促使整个反应过程减慢或停止，从而避免了末端产物的过多累积（图 4-14）。例如，当细胞内氨基酸或核苷酸等终产物过量而积累的时候，积累的终产物反过来直接抑制该途径中第一个酶的活性，使整个合成过程减慢或停止，从而避免了不必要的能量和养料浪费。反馈抑制具有作用直接、调节精细、效果快速以及当末端产物浓度降低时又可重新解除等优点。

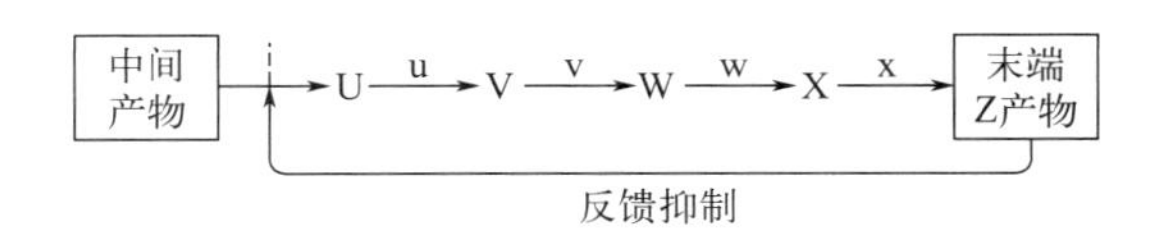

图 4-14　末端产物的反馈抑制

1. 反馈抑制的类型

(1) 直线式代谢途径中的反馈抑制　这是一种最简单的反馈抑制类型。因合成产物过多可抑制途径中第一个酶的活性，从而使其后一系列中间代谢物都无法合成，最终导致合成的停止。如 *E. coli* 在合成异亮氨酸时，因合成产物过多可抑制途径中第一个酶——苏氨酸脱氨酶的活性，从而使 α-酮丁酸及其后一系列中间代谢物都无法合成，最终导致异亮氨酸合成的停止（图 4-15）。

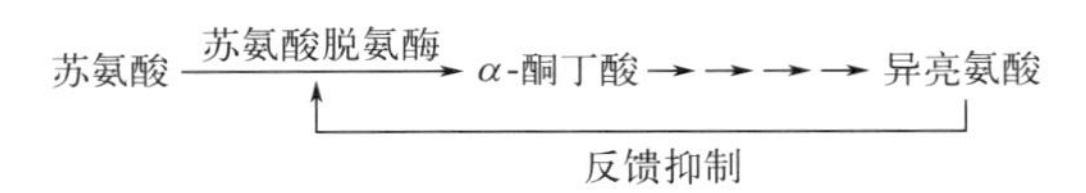

图 4-15　异亮氨酸合成途径中的直线式反馈抑制

(2) 分支代谢途径中的反馈抑制　在分支代谢途径中，反馈抑制的情况较为复杂，为了避免在一个分支上的产物过多时不致同时影响另一分支上产物的供应，微生物发展出多种调节方式，主要有同工酶的调节、顺序反馈、协同反馈、积累反馈调节等。

① 同工酶调节　同工酶又称同功酶，是指催化相同的生化反应，而酶分子结构有差别的一组酶。它们虽同存于一个个体或同一组织中，但在生理、免疫和理化特性上却存在着差别。同工酶的主要功能在于其代谢调节。在一个分支代谢途径中，如果在分支点以前的一个较早的反应是由几个同工酶催化时，则分支代谢的几个最终产物往往分别对这几个同工酶发生抑制作用。某一产物过量仅抑制相应酶活，对其他产物没影响。如图 4-16 中 A→B 的反应由三个同工酶 a、b、c 所催化，它们分别受最终产物 E、G、H 所抑制，如果只有一种最终产物过多时就只能抑制相应酶的活性，而不致影响其他几种最终产物的形成。

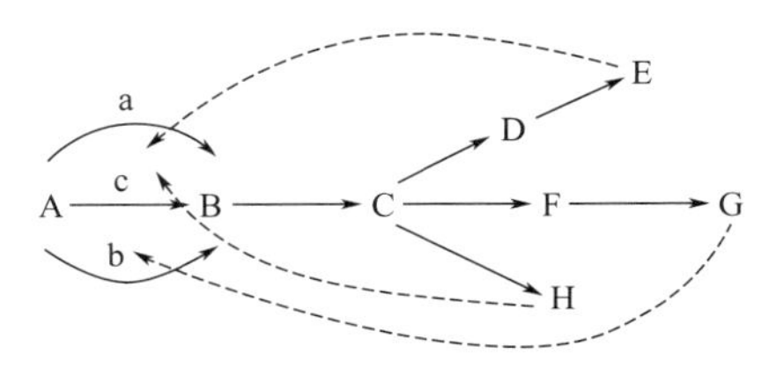

图 4-16　同工酶调节示意图

② 协同反馈抑制　是指分支代谢途径中几个末端产物同时过量时才能抑制共同途径中

的第一个酶的一种反馈调节方式（图 4-17）。如谷氨酸棒杆菌或多黏芽孢杆菌在合成天冬氨酸族氨基酸时，天冬氨酸激酶受赖氨酸和苏氨酸的协同反馈抑制，如果仅苏氨酸或赖氨酸过量，并不能引起抑制作用。

③ 合作反馈抑制　两种末端产物同时存在时，共同的反馈抑制作用大于二者单独作用之和。如在嘌呤核苷酸合成中，磷酸核糖焦磷酸酶受 AMP 和 GMP（和 IMP）的合作反馈抑制，二者共同存在时，可以完全抑制该酶的活性。而二者单独过量时，分别抑制其活性的 70％和 10％（图 4-18）。

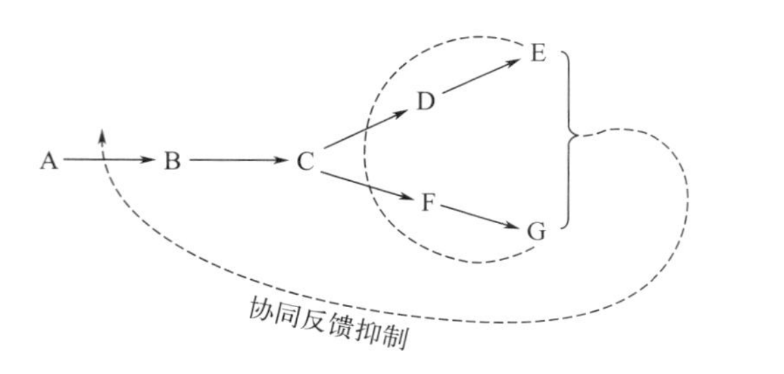

图 4-17　协同反馈抑制示意图

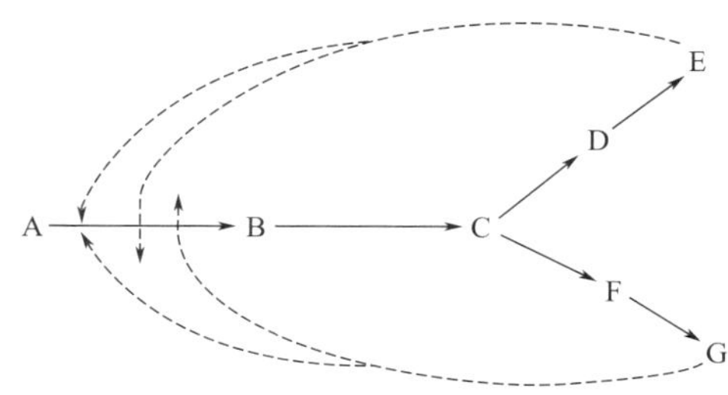

图 4-18　合作反馈抑制示意图

④ 积累反馈抑制　每一分支途径末端产物按一定百分比单独抑制共同途径中前面的酶，所以当几种末端产物共同存在时它们的抑制作用是积累的，各末端产物之间既无协同效应，亦无拮抗作用（图 4-19）。

E 可单独抑制 20％，G 可单独抑制 50％，E 和 G 同时抑制时 20％＋(100％－20％)×50％＝60％。

⑤ 顺序反馈抑制　一种终产物的积累，导致前一中间产物的积累，通过后者反馈抑制合成途径关键酶的活性，使合成终止。这种通过逐步有顺序的方式达到的调节，称为顺序反馈抑制。如图 4-20 所示，当 E 过多时，可抑制 C→D，这时由于 C 的浓度过大而促使反应向 F、G 方向进行，结果又造成了另一末端产物 G 浓度的增高。由于 G 过多就抑制了 C→F，结果造成 C 的浓度进一步增高。C 过多又对 A→B 间的酶发生抑制，从而达到了反馈抑制的效果。

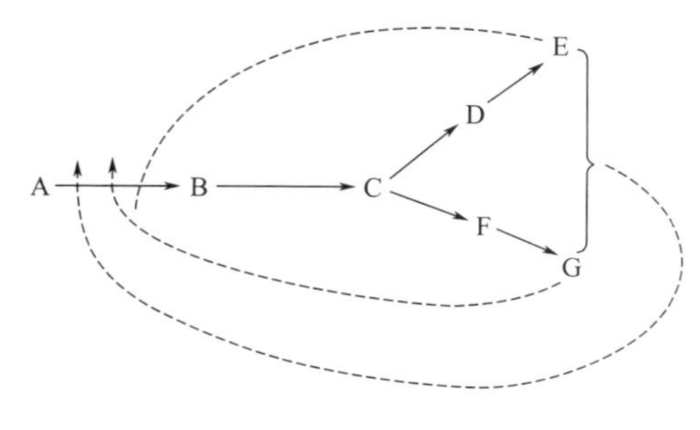

图 4-19　积累反馈抑制示意图

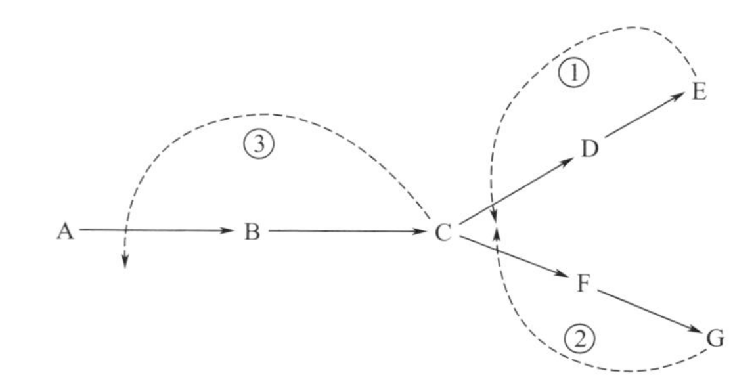

图 4-20　顺序反馈抑制图

2. 酶活性调节的机制

酶活性调节的主要方式是反馈抑制。由于受反馈抑制的酶是变构酶，所以目前一般都用变构酶理论来解释。

变构酶在生物合成途径中普遍存在。它有两个重要的结合部位，一个是与底物结合的活力部位或催化中心；另一个是与氨基酸或核苷酸等小分子效应物结合并变构的变构部位或调节中心，当变构部位上有效应物结合时，酶分子构象便发生改变，致使底物不再能结合在活力部位上而失活。只有当氨基酸或核苷酸等的浓度下降，平衡有利于效应物从变构部位上解离而使酶的活力部位又回复到它催化的构象时，反馈抑制被解除，酶活性恢复，终产物重新合成。

复习思考题

1. 什么是新陈代谢?
2. 微生物产能代谢的主要方式有哪些?
3. 简述糖酵解途径(EMP)的过程。
4. 简述三羧酸循环(TCA)的过程。
5. 什么是有氧呼吸? 什么是无氧呼吸?
6. 简述微生物初级代谢与次级代谢的区别和联系。
7. 举例说明酶合成的调节机制。
8. 什么是阻遏? 阻遏作用的类型有哪些，它们是如何起作用的?
9. 操纵子的构成单元有哪些? 它是如何起作用的?
10. 什么是酶活性调节? 有哪些特点?
11. 酶活性调节与酶合成调节有何区别与联系?

第五章

微生物的生态

微生物生态系统是指微生物间、微生物与其他生物间以及微生物与自然环境间的各种相互关系。微生物种类繁多、性能各异，且增殖快、适应力强，故而在地球上分布极广，数目庞大。20 世纪，人们才逐渐认识到微生物在生物圈中的重大作用：分解生物尸体的有机物质，将其还原为无机物质，完成自然界的物质循环，故它们又被称为分解者或还原者。不同类型的微生物与不同环境能组成各种生态系统，如土壤微生物生态系统、空气微生物生态系统及水体微生物生态系统。在同一生态系统中，微生物之间，微生物和动物、植物，微生物与环境因子均处于相互联系、相互依存、相互制约的对立统一之中。研究微生物的生态规律有着重要的理论意义和实践价值，它将有助于进一步认识微生物在自然界的分布和生态系统的作用，有助于促进菌种资源的开发，控制有害微生物的活动，推动微生物在工业、农业、医药卫生和生态环境保护方面的应用。

知识与思政素养目标

1. 了解自然界中微生物的分布和种质资源。
2. 理解微生物之间的相互作用、微生物与环境之间的相互作用。
3. 了解世情国情党情民情，深刻认识新时代党的建设新的伟大工程、中华民族伟大复兴。
4. 坚定中国特色社会主义道路自信、理论自信、制度自信、文化自信。

第一节　自然界中的微生物

一、微生物在自然界中的分布

微生物广泛分布于自然界，从严寒的极地到炙热的赤道，从高达2万米的高空，到深至1万米的深海都曾发现微生物，地球上的江、河、湖、海、冻土、高原、平原、森林、草地及大气等环境均有其存在。人体除了器官内部以及血管和淋巴系统，其余部位如皮肤、呼吸道、胃肠道和生殖泌尿道等对外“开放系统”，都有微生物存在。土壤中微生物最多，水和土壤都具备微生物生活所需的各种条件，是自然界中微生物生活的基本环境。空气中存在微生物，但它不是微生物的增殖环境。动植物体和它们的排泄物中也含有很多微生物。

1. 土壤微生物

土壤微生物，生活在土壤中的细菌、真菌、放线菌、藻类、原生动物的总称。土壤具备了绝大多数微生物生长发育所需要的营养素、水分、空气、酸碱度、渗透压和温度等条件，富含矿物质和有机物，酸碱度接近中性，是一般微生物最适合的范围，所以土壤成了微生物生活的最适宜的环境。可以说，土壤是微生物的“天然培养基”，也是它们的“大本营”，对人类来说，则是最丰富的“菌种资源库”。

(1) 营养素　土壤中有大量死亡的动、植物残体，植物根系的分泌物，人和动物的排泄物；有丰富的无机元素，磷、硫、钾、铁、镁、钙等，且含量相当高，在1.1～2.5g/L之间，微量元素硼、铝、锌、锰、铜等，能满足微生物生长发育的需要。

(2) pH值　土壤pH值范围在3.5～10.5之间，多数在5.5～8.5之间，甚至不少土壤pH值接近中性，适合大多数微生物生长需要。

(3) 渗透压　土壤的渗透压通常在303～606kPa之间，革兰氏阴性菌体内的渗透压为505～606kPa，革兰氏阳性菌体内的渗透压为2.02～2.53MPa，所以，土壤中的渗透压对微生物是等渗或低渗环境，有利于微生物摄取营养。

(4) 氧气　土壤具有团粒结构，有孔隙为土壤创造通气条件。土壤中氧的含量比大气少，平均为土壤空气容积的7%～8%。通气良好的土壤氧的含量高些，有利于好氧微生物生长。

(5) 水和温度　土壤的团粒结构有无数小孔隙，起了毛细管的作用，具有持水性，为微生物提供了水分。同时，土壤的保温性也强，一年四季温度变化不大，即使冬季地面冻结，土壤中仍保持着一定的微生物生长温度。

(6) 保护层　几毫米厚的表层土是保护层，使生长着的微生物免遭太阳光中的紫外线直接照射致死。

土壤微生物个体微小、数量多，一般以微米或纳米来计算，1克土壤中有10^6～10^9个微生物细胞，其种类和数量随土壤环境及其土层深度的不同而变化。它们在土壤中进行氧化、硝化、氨化、固氮、硫化等过程，促进土壤有机质的分解和养分的转化。土壤微生物一般以细菌数量最多，占土壤微生物总量的70%～90%，放线菌、真菌次之，藻类和原生动物较少。有益的细菌有固氮菌、硝化细菌和腐生细菌；有害的细菌有反硝化细菌等。微生物旺盛的代谢活动，可改变土壤的理化性质，促进物质转化，可明显改善土壤的物理结构和提高它的肥力。

2. 水体微生物

水体按含盐量的不同可分为海水和淡水，海水包括海洋和海洋与陆地交界的海湾，淡水包括湖泊、河流、溪流、池塘、地下水和泉水等。按水体的形成方式可分为天然水体和人工水体两种。天然水体包括海洋、江河、湖泊等，人工水体有水库、运河、下水道、各种污水处理系统。由于雨水冲刷，将土壤中各种有机物及无机物，动、植物残体带至水体，工业废水和生活污水源源不断排入，水生动、植物死亡等为水体中微生物提供丰富的有机营养。水体中微生物的来源有以下 4 方面：

① 水体中固有的微生物，它们是荧光杆菌、产红色和产紫色的灵杆菌、不产色的好氧芽孢杆菌、产色和不产色的球菌、丝状硫细菌、球衣菌及铁细菌等。

② 来自土壤的微生物，它们主要是由雨水冲刷到水体中，有枯草杆菌、巨大芽孢杆菌、氨化细菌、硝化细菌、硫酸还原菌、蕈状芽孢杆菌、霉菌等。

③ 来自生产和生活的微生物，各种工业废水、生活污水和牲畜的排泄物夹带各种微生物进入水体。它们是大肠菌群、肠球菌、产气荚膜杆菌、各种腐生性细菌、厌氧梭状芽孢杆菌及致病微生物，如霍乱弧菌、伤寒杆菌、痢疾杆菌、立克次氏体、病毒、赤痢阿米巴等。

④ 来自空气的微生物，它们是被降水带入水体的。初雨尘埃多，微生物也多，雨后微生物少。雪的表面积大，与尘埃接触面大，故含的微生物比雨水多。

下面着重论述淡水微生物和海水微生物的种类和特点。

(1) 淡水微生物 淡水中的微生物多来自土壤、污水、空气及动植物尸体等，特别是土壤中的微生物，常常随着土壤被雨水冲刷进入河流、湖泊中。来自土壤中的微生物，一部分生活在营养稀薄的水中，一部分附着在悬浮于水中的有机物上，一部分随着泥沙或较大的有机残体沉淀到水底淤泥中，成为水体中的栖息者，另外，也有很多微生物因为不能适应水体环境而死亡。因此，水体中微生物的种类和数量往往要比土壤中的少很多。

微生物在淡水中的分布受许多环境因子的影响，最重要的一个因子是营养物质，其次是温度、溶解氧、pH 值等。水体中有机物含量高，则微生物数量大；中温水体的微生物数量较低温水体的多。

在较深的湖泊或水库中，由于上下水温不一样而出现分层现象，因此有上层和下层之分，中间层称为温跃层。温带地区夏季和冬季湖泊温度分层，春秋季湖泊分层破坏致使湖水完全混合。另外，由于光线透入的状况、温度和溶解氧等理化因素的差异，造成湖泊中微生物具有明显的垂直分布特征。湖水表层由于光照充足、溶解氧含量高，适宜蓝细菌、光合藻类和好氧微生物生长；在湖泊的一定深度以下，溶解氧含量降低，硫化氢含量增高，但仍有一定强度的光照，有利于绿螺菌科的光能自养菌、红螺菌科的细菌（但它们依赖还原性有机物，而不以硫化物作为电子供体）、兼性厌氧细菌的生长；湖泊底层，由严重缺氧的污泥组成，只有厌氧微生物才能生长。

在远离人们居住地区的湖泊、池塘和水库中，有机物含量少，微生物的数量也少，一般为 $10 \sim 10^3$ 个/mL。微生物的种类主要有自养型的硫细菌、铁细菌和球衣细菌，含光合色素的蓝细菌、绿硫细菌和紫细菌，以及能在低含量营养物的清水中生长的有色杆菌属、无色杆菌属和微球菌属。有少量的水生性霉菌可生长于腐烂的有机体上，藻类及一些原生动物常在水面生长。这些微生物通常被认为是清洁水体中的微生物。

处于城镇等人口密集区的湖泊、河流以及排水管道的污水，由于流入了大量的人畜排泄物、生活污水和工业废水，有机物的含量增大，微生物的数量可高达 10^7～10^8 个/mL，这些微生物大多数是腐生型细菌和原生动物，其中数量较多的是无芽孢革兰氏阴性菌，有时甚至还含有伤寒、痢疾、传染性肝炎等病原体。这种水体如不经过净化处理是不能饮用的，也不宜作养殖用水。

（2）海水微生物 一般海水的含盐量为3%左右，因此海洋中的微生物必须生活在含盐量为2%～4%的环境中，尤以3.3%～3.5%为最适盐度。海洋中的土著微生物种类主要是一些藻类以及细菌中的芽孢杆菌属、假单胞菌属、弧菌属和一些发光细菌等。由于发光细菌在有氧存在时发光，而且对一些化学药剂和毒物较敏感，故可用于监测环境污染物。

海洋微生物的垂直分布比较明显，因为海洋的平均深度达4km，最深处达到11km以上。从海平面到海底浅层光线充足，水温高，适宜多种海洋微生物生长；200m以下的深海区黑暗、寒冷和高压，只有少量耐压微生物才能生长。

海水中有机物含量越丰富，则含微生物的数量越高。接近海岸微生物的数量较多，离海岸越远，微生物的数量越少。一般在河口和海湾处，海水中细菌数量很多，而远洋处、深海中数量很少，可低至1～100个/mL。

3. 空气微生物

空气中没有微生物生长繁殖所必需的营养物质、充足的水分和其他条件，而且日光中的紫外线还有强烈的杀菌作用，因此空气不是微生物生活的良好场所，但空气中却漂浮着许多微生物。土壤、水体、各种腐烂的有机物以及人和动植物体上的微生物，都可随着气流的运动被携带到空气中去。微生物身小体轻，能随空气流动到处传播，因而微生物的分布是世界性的。空气中微生物的种类和数量，随地区、海拔高度、季节、气候等环境条件各有不同。一般在畜舍、公共场所、医院、宿舍、城市街道的空气中，微生物的含量最高，而在大洋、高山、高空、森林、草地、田野、终年积雪的山脉或极地上空的空气中，微生物的含量就极少；由于尘埃的自然沉降，接近地面的空气中，微生物的含量较高；冬季地面被冰雪覆盖时，空气中的微生物很少；多风干燥季节，空气中微生物较多，雨后空气中的微生物很少。空气微生物是主要的空气浮游生物，是对较干燥环境和紫外线具有抗性的种类，主要有附着于尘埃上从地面飞起的球菌属（包括八叠球菌属在内的好氧菌），形成孢子的好氧性杆菌（如枯草芽孢杆菌），色串孢属等野生酵母，青霉等霉菌的孢子等。

空气中的微生物主要有各种球菌、芽孢杆菌、产色素细菌，以及对干燥和射线有抵抗力的真菌孢子等，也可能有病原菌，如结核分枝杆菌、白喉杆菌等，尤其在医院附近。测定空气中微生物的数目可用培养皿沉降方法进行。凡须进行空气消毒的场所，如手术室、病房、微生物接种室或培养室等处可用紫外线消毒、甲醛等药物熏蒸，在发酵工厂，在空气进入空气压缩机前，要先进行过滤。

4. 人及动植物体上的微生物

正常人体及动植物体上都存在着许多微生物，生活在健康动物各部位，数量大、种类较稳定，一般是有益无害的微生物，称为正常菌群。例如，在动物的皮毛上经常有葡萄球菌、链球菌和球菌等，在肠道中存在着大量的拟杆菌、大肠埃希菌、双歧杆菌、乳杆菌、粪链球菌、产气荚膜菌等，都属于动物体上的正常菌群。

人体在健康的情况下与外界隔绝的组织和血流是不含菌的，而身体的皮肤、黏膜以及一切外界相通的腔道中存在许多正常的菌群。皮肤上最常见的细菌是某些革兰氏阴性球菌，其中以表皮葡萄球菌多见，有时也有金黄色葡萄球菌；鼻腔中常见的有葡萄球菌、类白喉分枝杆菌；口腔中经常存在着大量的球菌、乳杆菌属和拟杆菌属的成员。胃中含有盐酸，不适于微生物生活，除少数耐酸菌外，进入胃中的微生物很快被杀死。人体肠道呈中性（或弱碱性），且含有被消化的食物，适于微生物的生长繁殖，所以肠道特别是大肠中含有很多微生物。过去曾认为肠道菌群中主要种类是大肠埃希菌和肠球菌，近年来研究表明，肠道菌群中占优势的是拟杆菌、双歧杆菌等厌氧菌，它们比大肠埃希菌和肠球菌多1000倍以上，几乎占所有被分离活菌的99%，而好氧菌（包括兼性厌氧菌在内）所占比例不超过1%。

5. 食品中的微生物

食品是用营养丰富的动植物原料经过人工加工后的制成品，其种类繁多，如面包、糕点、罐头、蜜饯等。由于在食品的加工、包装、运输和储藏等过程中，都不可能进行严格的无菌操作，经常遭到细菌、霉菌、酵母菌等的污染，在适宜的温、湿度条件下，它们会迅速繁殖。其中有的是病原微生物，有的能产生细菌毒素或真菌毒素，从而引起食物中毒或其他严重疾病的发生，所以食品的卫生工作就显得格外重要。

6. 引起工业产品霉腐的微生物

许多工业产品部分或全部由有机物组成，因此易受环境中微生物的侵蚀，引起生霉、腐烂、腐蚀、老化、变形与破坏，即使是无机物如金属、玻璃也可因微生物活动而产生腐蚀与变质，使产品的品质、性能、精确度、可靠性下降，给国民经济带来巨大的损失，因此工业产品的防腐问题，日益受到人们的重视。

7. 极端环境中的微生物

在自然界中，有些环境是普通生物不能生存的，如高温、低温、高酸、高碱、高盐、高压、高辐射等。然而，即便是在这些通常被认为是生命禁区的极端环境中，仍然有些微生物在顽强地生活着，我们将这些微生物叫作极端环境微生物或简称极端微生物。

（1）嗜冷菌　在地球的南北极地区、冰窖、终年积雪的高山、深海和冻土地区，生活着一些嗜冷微生物。专性嗜冷菌适应在低于20℃以下的环境中生活，高于20℃即死亡。有一些专性嗜冷菌，在温度超过22℃时，其蛋白质的合成就会停止。专性嗜冷菌的细胞膜内含有大量的不饱和脂肪酸，而且会随温度的降低而增加，从而保证了膜在低温下的流动性，这样，细胞就能在低温下不断从外界环境中吸收营养物质。兼性嗜冷菌生长的温度范围较宽，最高温度达到30℃时还能生活。嗜冷微生物是导致低温保藏食品腐败的根源。

（2）嗜热菌　俗称高温菌，广泛分布在温泉、堆肥、地热区土壤、火山地区以及海底火山地等。兼性嗜热菌最适宜生长温度在50～65℃之间，专性嗜热菌最适宜生长温度则在65～70℃之间。在冰岛，有一种嗜热菌可在98℃的温泉中生长。近年来，嗜热菌已受到了广泛重视，可用于细菌浸矿、石油及煤炭的脱硫。在一些污泥、温泉和深海地热海水中，生活着能产甲烷的嗜热细菌，生活的环境温度高，盐浓度大，压力也非常高，在实验室很难分离和培养。嗜热真菌通常存在于堆肥、干草堆和碎木堆等高温环境中，有助于一些有机物的降解。在发酵工业中，嗜热菌可用于生产多种酶制剂，例如纤维素酶、蛋白酶、淀粉酶、脂肪酶、菊糖酶等。由这些微生物生产的酶制剂热稳定性好、催化反应速率高，易于在室温下保存。嗜热菌研究中最引人注目的成果之一就是将水生栖热菌中耐热的 *Taq* DNA 聚合酶用于基因的研究和遗传工程的研究以及生物技术的广泛应用中。

(3) 嗜酸菌　嗜酸菌分布在酸性矿水、酸性热泉等地区，如氧化硫杆菌在 pH 值低于 0.5 的环境中仍能存活，专性自养嗜酸的氧化亚铁硫杆菌能氧化硫和铁，并产生硫酸，这两种细菌都是极端嗜酸菌。在酸性环境中，还存在能够氧化铁的钩端螺旋体。嗜酸硫杆菌是一种能进行化能自养和化能异养生长的细菌，最适生长 pH 值在 3.0～3.5 之间的环境中。在酸性环境中，还生活着一些嗜酸嗜热的芽孢杆菌，在 60～65℃、pH3～4 的条件下，生长速率达到最大。这种细菌能利用碳水化合物或氨基酸作为营养源。在酸热环境中生长繁殖的一种最异常的微生物是嗜酸热原体，它的最适生长温度为 59℃，最适 pH 为 2 左右，无细胞壁，对营养要求相当复杂，必须利用酵母膏作为营养基质，而且必须有天然的有机营养才能生长。此外，在酸性环境中，还生活着许多嗜酸的真核微生物，如椭圆酵母、红酵母等。有一种头孢霉，能在浓度为 10%以上的硫酸中生长，并要求培养基中含有 4%的硫酸铜，它是迄今发现的抗酸能力最强的微生物。多年来，一些嗜酸细菌被广泛用于铜等金属的细菌浸出。另外，人们也在尝试利用硫杆菌分解磷矿粉，通过提高其溶解度来增加磷矿粉的肥效。

(4) 嗜碱菌　在碱湖及一些碱性环境中，甚至在一些中性环境中，可分离出嗜碱微生物。专性嗜碱微生物可在 pH11～12 的条件下生长，但在中性 pH 条件下却不能生长。例如，巴氏芽孢杆菌、嗜碱芽孢杆菌等细菌即是如此。在高 pH 的碱水泉中，曾分离出一种黄杆菌，它在 pH11.4 的条件下生长良好。嗜碱菌在发酵工业中，可作为许多种酶制剂的生产菌。例如，嗜碱芽孢杆菌产生的弹性蛋白酶适宜作用弹性蛋白，而且在高 pH 条件下裂解该种蛋白质的活性可以大大提高。由嗜碱细菌产生的蛋白酶具有碱性条件下催化活力高、热稳定性强之优点，常作为洗涤剂的添加剂。由嗜碱芽孢杆菌产生的木聚糖酶能够水解木聚糖产生木糖和寡聚糖，因此可用来处理人造纤维废物，而碱性 β-甘露聚糖酶降解甘露聚糖产生的寡糖可作为保健品的添加剂。

(5) 嗜盐菌　嗜盐菌通常分布在晒盐场、盐湖、腌制品中以及世界上著名的死海中。嗜盐菌能够在盐浓度为 15%～20%的环境中生长，有的甚至能在 32%的盐水中生长。极端嗜盐菌有盐杆菌和盐球菌，属于古生菌。盐杆菌细胞含有红色素，所以在盐湖和死海中大量生长时，会使这些环境出现红色。一些嗜盐细菌的细胞中存在紫膜，膜中含有一种蛋白质，叫作细菌视紫红质，能吸收太阳光的能量。嗜盐菌能引起食品腐败和食物中毒，副溶血弧菌是分布极广的海洋细菌，也是引起食物中毒的主要细菌之一，通过污染海产品、咸菜、烤鹅等致病。嗜盐菌可用于生产胞外多糖、聚羟基丁酸（PHB）、食用蛋白、调味剂、保健食品强化剂、酶保护剂等，还可用于海水淡化、盐碱地改造利用以及能源开发等。

(6) 抗辐射微生物　抗辐射微生物对辐射仅有抗性和耐受性，而不是“嗜好”。与微生物有关的辐射有可见光、紫外线、X 射线和 γ 射线等，其中生物接触最多、最频繁的是太阳光中的紫外线。生物具有多种防御机制，或能使它免受放射线的损伤，或能在损伤后加以修复。抗辐射的微生物就是这类防御机制很发达的生物，因此可作为生物抗辐射机制研究的极好材料。1956年，Anderson(安德森）从射线照射的牛肉上分离到了耐放射异常球菌，此菌在一定的照射剂量范围内，虽已发生相当数量DNA链的切断损伤，但都可准确无误地被修复，使细胞几乎不发生突变，其存活率可达100%。

二、微生物种质资源的开发

微生物与人类生产生活的关系非常密切，其应用方式主要有3种：①菌体的直接应用，如食用菌、乳酸菌的食用等；②微生物代谢产物的应用，如酒类、食醋、氨基酸、有机酸等都是微生物发酵作用的代谢产物；③微生物酶分解产物的应用，如豆腐乳和酱油的制作。微生物种质，顾名思义，就是在人类生产活动中使用的微生物的纯培养物保存体。按微生物对人类生产生活的作用可以将其分为两类：一类是有益微生物，如微生物发酵剂（如酵母菌、乳酸菌和黑曲霉等)；另一类是益生菌，即可给予宿主健康益处的微生物菌种。微生物菌种资源广泛，有真菌、细菌、放线菌和微型藻类。随着对微生物与人类生产生活关系认识的不断深入，人们不仅对微生物种质资源有了新的认识，而且新的微生物菌种也不断被发现，微生物菌种的应用范围也逐渐扩大。

下面列举酵母菌、霉菌、细菌三类微生物的菌种特性及其代表性菌在食品行业中的应用情况。

1. 酵母菌

酵母菌属于高等微生物的真菌类，是兼性厌氧菌，在有氧和无氧环境下都能生长，在自然界如空气、土壤、水中和动物中广泛存在。酵母菌主要生长在酸性环境中，最适pH范围为4.5～5.0，最适生长温度一般在20～30℃。多数酵母分布在富含糖类的环境中，比如一些水果、蜜饯的表面或者植物分泌物（如仙人掌的汁）中，小部分在昆虫体内生活。个体形态有球状、卵圆、椭圆、柱状和香肠状等。和高等植物的细胞一样，酵母菌也有细胞核、细胞膜、细胞壁、相同的酶和代谢途径。其菌落一般湿润、较透明，质地均匀，颜色多以乳白色为主，少数为红色或黑色。酵母菌必须在有水的条件下才能生长，但某些酵母菌在水分极少的环境如蜂蜜中也能生存，这也表明有些酵母菌对渗透压有很高的耐受性。酵母菌在食品工业中的作用主要体现在酒类的生产、面包的制作、药用等。最典型和最重要的酵母菌是酿酒酵母。1883年，Hansen开始分离培养酵母菌并将它应用于啤酒酿造，由于酿酒酵母发酵过程中不仅能产生酒精还能产生二氧化碳，也作为膨松剂被用于膨化食品或面包的制作，因此该酵母菌又被称为面包酵母。

2. 霉菌

霉菌是丝状真菌的俗称，在潮湿的条件下，霉菌会在有机物上大量生长繁殖，长出一些肉眼可见的绒毛状、絮状的菌落。其菌落形态较大、质地松软、外观干燥不透明。一般来说，霉菌的生长条件之一是必须有充足的水分。根据食品的种类不同和菌种的不同，霉菌对水分的要求也不同，水分低于10%时，微生物是较难生长的，当水分活度（A_w）接近于1时，微生物最容易生长繁殖，当A_w低于0.7时，可以阻止产毒素的霉菌繁殖。不同种类的霉菌最适生长温度也不同，但大多数霉菌的生长温度在25～30℃。目前，霉菌在食品加工工业中用途十分广泛，绝大多数霉菌能把加工所用原料中的淀粉等碳水化合物以及蛋白质等含氮化合物及其他种类的化合物进行转化，制造出多种多样的食品、调味品以及食品添加剂。例如以粮食和油料作物作为主要原料，利用以米曲霉为主的微生物进行发酵酿造可以制作酱类食品，包括大豆酱、豆豉、豆瓣酱及其加工制品；利用黑曲霉发酵能分泌多种胞外蛋白酶，如鼠李糖苷酶、葡萄糖苷酶、葡糖淀粉酶、纤维素酶、半乳糖苷酶、阿拉伯糖苷酶等。这些酶在食品工业中起着举足轻重的作用，如鼠李糖苷酶能水解含有苦味的柚皮苷，被用于柑橘类果汁脱苦，能够增加酒的香味，还能用于生产鼠李糖。

3. 细菌

广义的细菌是指所有的原核生物，而人们通常所说的为狭义的细菌，指一类形状细短，结构简单，多以二分裂方式进行繁殖的原核生物，是在自然界分布最广、个体数量最多的有机体，是大自然物质循环的主要参与者。细菌的菌落与酵母菌较为相似，在固体食品表面呈现水珠状、鼻涕状等色彩多样的小突起，用手抚摸有黏滑的感觉，在液体中出现混浊、沉淀或液面漂浮白色的棉状物。细菌在食品中的应用主要有果汁、醋、酸乳等产品的制作，常用的食品细菌按革兰氏特性分为以下种类：①革兰氏阴性菌醋酸杆菌属，幼龄菌 G^-，老龄菌常为 G^+，无芽孢，需氧，周生鞭毛，能运动或不运动，有较强的氧化能力，能将酒精氧化为醋酸，可用于制醋；但能引起果蔬和酒类的败坏。如纹膜醋酸菌，一般粮食发酵、果蔬腐败、酒类及果汁变酸等都有此菌参与。胶醋酸杆菌，能产生大量黏液而妨碍醋的生产。棒状杆菌属存在于环境、植物和动物中，其中谷氨酸棒杆菌用于生产谷氨酸；芽孢短杆菌属中的亚麻短杆菌和干酪短杆菌产生含硫化合物，用于几个干酪品种香味的形成，它们还能导致其他富含蛋白质的食品腐败变质。丙酸杆菌属中的牛乳丙酸杆菌用于食品发酵；双歧杆菌属中的婴儿双歧杆菌、青春双歧杆菌均为益生菌。②革兰氏阳性菌乳酸杆菌属，不运动，菌体为杆状，常呈链状排列，常发现于牛乳和植物性食品的产品之中，如干酪乳杆菌、保加利亚乳杆菌、嗜酸乳杆菌，这些菌常用来作为乳酸、干酪、酸乳等乳制品的发酵剂。链球菌属球菌呈短链或长链状排列，部分菌种如乳链球菌、乳酪链球菌等，用于制造发酵食品，是用于乳制品发酵的菌种。明串珠菌属，球状，成对或链状排列，如蚀橙明串珠菌和戊糖明串珠菌可作为乳制品的发酵剂，戊糖明串珠菌及肠膜明串珠菌可用于制造血浆代用品。能在高浓度盐和糖的食品中生长，会引起糖浆、冰淇淋配料等的酸败，常存在于水果、蔬菜之中。芽孢杆菌属，需氧菌，产生芽孢，广泛分布于自然界中，土壤及空气中更为常见，是蛋白酶、淀粉酶和脂肪酶的主要生产菌种，如枯草芽孢杆菌等；同时还具有降解饲料中复杂碳水化合物的酶，如果胶酶、纤维素酶和葡萄聚糖酶等，如地衣芽孢杆菌；具有破坏植物性饲料细胞的细胞壁，促使细胞内营养物质释放，还能消除饲料中的抗营养因子等。芽孢杆菌属也是食品中常见的腐败菌。

第二节　微生物之间的相互作用

不同微生物种群之间的相互作用可以造成间接或直接的相互影响，这种影响可能是有害的，也可能是有利的。上述相互作用类型可以简单地分为三大类：①中性作用，即种群之间没有相互作用。事实上，生物与生物之间是普遍联系的，没有相互作用是相对的。②正相互作用，正相互作用按其作用程度分为偏利共生、原始协作和互利共生三类。③负相互作用，包括竞争、捕食、寄生和偏害等。

一、互生

两种可以单独生活的微生物，当它们一起时，通过各自的代谢活动而有利于对方，或偏利于一方的生活方式，即代谢共栖，称为互生。这是一种“可分可合，合比分好”的相互关系。例如，在土壤中，当分解纤维素的细菌与好氧的自生固氮菌生活在一起时，后者可将固定的有机氮化合物供给前者需要，而纤维素分解菌也可将产生的有机酸作为后者的碳源和能源物质，从而促进各自的增殖和扩展。在植物根部生长的根际微生物与高等植物之间也存在着互生关系。在人体肠道中，正常菌群可以完成多种代谢反应，对人体生长发育有重要意义，而人体的肠道则为微生物提供了良好的生态环境。

二、共生

共生是指两种生物共居在一起相互分工协作，彼此分离就不能很好地生活。地衣就是微生物间共生的典型例子，它是真菌和蓝细菌或藻类的共生体。在地衣中，藻类和蓝细菌进行光合作用合成有机物，作为真菌生长繁殖所需的碳源，而真菌则起保护光合微生物的作用，在某些情况下，真菌还能向光合微生物提供生长因子和运输无机营养。

根瘤菌与豆科植物共生形成根瘤共生体，是微生物与植物共生的又一典型。由于彼此双赢，所以称为互惠共生。菌固定大气中的氮气，为植物提供氮素养料，而豆科植物根的分泌物能刺激根瘤菌的生长，同时，还为根瘤菌提供保护和稳定的生长条件。许多真菌能在一些植物根上发育，菌丝体包围在根面或侵入根内，形成了两者的共生体，称为菌根。一些植物，例如兰科植物的种子若无菌根菌的共生就无法发育，杜鹃科植物的幼苗若无菌根菌的共生就不能存活。微生物与动物互惠共生的例子也很多，例如，牛、羊、鹿、骆驼等反刍动物，吃的草料为它们胃中的微生物提供了丰富的营养物质，但这些动物本身却不能分解纤维素，食草动物瘤胃中的纤维素分解菌能够将其分解成糖，并被其它菌转化成有机酸，最后经氧化，成为动物的主要能量来源。

三、寄生

寄生指的是小型生物生活在较大型的生物体内或体表，从后者获得营养，进行生长、繁殖，并使后者蒙受损害甚至被杀死的现象。有些寄生物一旦离开寄主就不能生长繁殖称为专性寄生物，它必须以宿主为营养来源，有些寄生物脱离寄主以后营腐生生活，称为兼性寄生物。例如，动、植物体表或体内的病毒，以及一些寄生性细菌、真菌等即是如此。寄生于人和有益动物或者经济作物体表或体内，危害寄主的生长及繁殖，固然是有害的，但如果寄生于有害生物体内，对人类有利，则可加以利用，例如利用昆虫病原微生物防治农业害虫等。

四、拮抗

拮抗，是指一种微生物在其生命活动中，产生某种代谢产物或改变环境条件，从而抑制其它微生物的生长繁殖，甚至杀死其它微生物的现象。微生物之间并非都是友好相处，也有矛盾和争斗，甚至生死相拼。在制造泡菜、青储饲料时，乳酸杆菌产生大量乳酸，导致环境变酸，即 pH 值的下降，抑制了其它微生物的生长，这属于非特异性的拮抗作用。而可产生抗生素的微生物，则能够抑制甚至杀死其它微生物，例如青霉菌产生的青霉素能抑制一些革兰氏阳性菌，链霉菌产生的制霉菌素能够抑制酵母菌和霉菌等，这些属于特异性的拮抗关系。

五、捕食

捕食又称猎食，一般是指一种大型的生物直接捕捉、吞食另一种小型生物以满足其营养需要的相互关系。微生物间的捕食关系主要是原生动物捕食细菌和藻类，它是水体生态系统中食物链的基本环节，在污水净化中也有重要作用。另有一类是捕食性真菌，例如少孢节丛孢菌等巧妙地捕食土壤线虫的例子，对生物防治具有一定的意义。

六、竞争

竞争关系是指生活在同一环境中的微生物在生长中为争夺共同需要的营养物质而相互影响。由于在竞争中可能争夺同一营养物，结果其生长都要受到限制，以适应最强的微生物占优势，或完全排除其它种微生物。如果将两种微生物分别用液体培养基在恒化器内进行纯培养和混合培养，最后进行计数，结果较弱竞争者在两种培养情况中的最后菌数相差很大。混合培养比纯培养的菌数少得多，最后终因得不到养料而死亡。这种为生存进行竞争的关系在自然界普遍存在，是推动微生物发展和进化的动力。

七、协同

协同是指生物之间相互选择、相互协调的现象或过程，是一种生物的生命活动需要另一种生物的协助才能完成或两种生物相互协同生存的生物关系。根系微生物与凤眼莲等生物有明显的协同净化作用。一些水生植物还可以通过通气组织把氧气自叶输送到根部，然后扩散到周围水中，供水中微生物尤其是根际微生物呼吸和分解污染物之用。在凤眼莲、水浮莲等植物根部，吸附有大量的微生物和浮游生物，大大增加了生物的多样性，使不同种类污染物逐次得以净化。利用固定化氮循环细菌技术（INCB），可使氮循环细菌从载体中不断向水体释放，并在水域中扩散，影响水生高等植物根部的菌数，从而通过硝化-反硝化作用，进一步加强自然水体除氮能力和强化整个水生生态系统自净能力。这对进一步研究健康水生生态系统退化的机制及其修复均具有重要意义。

第三节 微生物与环境的相互作用

一、能量流动

在生态系统的能量流动过程中，动植物身上的寄生微生物消耗及利用活寄主的一小部分化学能，而腐生微生物则利用动植物残体中的能量，将有机物质分解为无机物质，还原于自然界。绿色植物所固定的太阳能，通过食物链及微生物分解消耗后，最终可能只有很小一部分被储存起来。

此外，一些光合成微生物如光合细菌和蓝绿藻可作为初级生产者直接摄取太阳能并将其转化为化学能。它们参与形成这样的食物链：初级生产者（光合细菌与蓝绿藻类）→浮游生物→较大的无脊椎动物→小鱼→大鱼等。而20世纪70年代，在东太平洋科隆群岛（又称加拉帕戈斯群岛）附近的海底热泉周围发现了特殊的深海生物群落。这些化能自养型细菌能利用热泉喷出的硫化物（如 H_2S）所得到的能量去还原 CO_2 而制造有机物，然后其它动物以这些细菌为食物而维持生活。

二、物质循环

自然界的物质循环主要包括两个方面：一是无机物的有机质化，即生物合成作用；二是有机物的无机质化，即矿化作用或分解作用。这两个过程相辅相成，构成了自然界的物质循环。微生物是生物圈的三大成员之一，它们种类繁多，代谢途径多样，酶活性高，繁殖迅速，适应环境能力强，广泛分布于自然界中，无论是陆地、水域、空气、动植物以及人体的外表和内部的某些器官，甚至在一些极端环境中都有微生物存在。总而言之，微生物是生物圈的重要成员，在自然界的物质循环过程中具有重要的作用。概括起来有以下两个方面的作用：第一，微生物是生物食物链中的生产者之一；第二，是有机物质的主要分解者。以光能自养的藻类、蓝细菌和光合细菌为代表的微生物可以直接利用空气中的 CO_2 通过光合作用合成有机物，在无机物的有机质化过程中起着重要的作用；以异养型微生物为主的分解者，在有机质的矿化过程中起着主要作用。具体而言微生物在自然界物质循环中的作用体现在以下四个方面。

1. 微生物在碳素循环中的作用

碳是构成各种生物体最基本的元素，是有机物和生物细胞的结构骨架，没有碳就没有生命。碳素循环包括 CO_2 的固定和 CO_2 的再生。

一些光能自养微生物，如藻类、光合细菌和蓝细菌等可通过光合作用直接利用自然界中的 CO_2 合成有机碳化物，进而转化为各种有机物；化能自养菌能利用化学能同化 CO_2。微生物合成的有机物在数量和规模虽远不及绿色植物，但在一些特殊环境（如植物难以生存的水域）中具有相当重要的作用。

异养微生物可以利用动植物尸体和微生物死细胞中的有机物。微生物可分泌活性很高的酶分解其它生物难分解的木质纤维素和甲壳素。细菌可将颗粒态的有机物（POM）分解成可被生物利用的可溶性有机物（DOM）。细菌是 DOM 最主要的利用者，它们在利用这些有机物的同时，不断地将其分解以获取生长所需的能量，同时产生大量 CO_2。自然界中的有机物的分解则以微生物为主，水生细菌利用 DOM 进行的次级生产可消耗初级生产量的 30%～60%。

2. 微生物在氮素循环中的作用

氮是核酸和蛋白质的主要成分，是构成生物体的必需元素。虽然占大气体积 78% 的气体是 N_2，但所有动植物和大多数微生物都不能直接利用 N_2。作为自然界最重要的初级生产者的植物所需要的氮——铵盐、硝酸盐等无机氮化物，在自然界为数不多，只有将大气中的 N_2 进行转化和循环，才能满足植物体对氮素的需要。氮素循环包括微生物的固氮作用、氨化作用、硝化作用、反硝化作用以及同化作用，其中的每一种作用都离不开微生物的参与。

分子态氮被还原成氨或其它氮化物的过程称为固氮作用。自然界氮的固定有两种方式，一是非生物固氮，即通过雷电、火山爆发和电离辐射等固氮以及人工合成氨，非生物固氮形成的氮化物在数量上远不能满足自然界生物生长的需要；二是生物固氮，即通过微生物的作用固氮，自然界生物生长所需要的氮大部分通过这种作用提供。生物固氮不仅经济，而且不破坏环境，在 N_2 的转化中占有重要地位。湖水沉积物中含有大量的固氮菌，能够固氮的微生物均为原核生物，主要有细菌、放线菌和蓝细菌。

微生物分解含氮有机物产生氨的过程称为氨化作用。氨化作用在农业生产中十分重要，施入土壤中的各种动植物残体和有机肥，包括绿肥、堆肥和厩肥都含有丰富的含氮有机物。这些有机物须通过各类微生物的作用，将其氨化后才能被植物吸收和利用。水中的氨化细菌有助于水体中氮的循环和水的清洁，湖的底泥中氨化细菌相当活跃。

微生物将氨氧化成硝酸盐的过程称为硝化作用。硝化作用是自然界氮素循环中不可缺少的一环。硝化作用分两个阶段进行，每个阶段都离不开微生物的作用。第一阶段是氨在亚硝化细菌的作用下被氧化为亚硝酸盐。第二阶段是亚硝酸盐在硝化细菌的作用下被氧化为硝酸盐。土壤中固氮细菌的数量多于硝化细菌。

铵盐和硝酸盐是植物和微生物良好的无机氮类营养物质，它们可被植物和微生物吸收利用，合成氨基酸、蛋白质、核酸和其它含氮有机物。湖泊中具有同化作用的细菌有助于淡水鱼对蛋白质的利用。

微生物还原硝酸盐，释放出分子态氮或 NO_2 的过程称为反硝化作用或脱氮作用。反硝化作用是造成土壤氮素损失的重要原因之一。反硝化作用一般只在厌氧条件下进行，在农业生产上常采用中耕松土的办法抑制反硝化作用。从整个氮素循环来说，反硝化作用是有利的。水体中的反硝化细菌有助于氮的循环。湖水沉积物中含有大量的反硝化细菌，如果没有反硝化作用，自然界的氮素循环就会被中断，硝酸盐将会在水体中大量蓄积，对人类的健康和水生生物的生存就会造成极大的威胁。

3. 微生物在硫素循环中的作用

硫是生命物质所必需的元素之一，是一些必需氨基酸和某些维生素、辅酶等的成分。自然界中的硫和 H_2S 经微生物氧化生成硫酸根离子，再经植物和微生物同化还原成细胞成分之一的有机硫化物。生命体死亡后，尸体中的有机硫化物，通过微生物的分解，以 H_2S 和 S 的形式返回自然界。另外，硫酸根离子在缺氧环境中可被微生物还原成 H_2S。总之，自然界中硫素循环的形式主要有脱硫作用、同化作用、硫化作用和反硫化作用。

脱硫作用是指动植物和微生物尸体中的含硫有机物被降解成 H_2S 的过程。含硫有机物大都含有氮素，在微生物分解中，既产生 H_2S，也产生 NH_3，因此生成 H_2S 的脱巯基过程和生成 NH_3 的脱氨基过程常同时进行。一般的氨化微生物都有此作用。

同化作用是指微生物可将硫酸盐转变成还原态的硫化物，再以巯基等形式固定到蛋白质等成分中的过程。

硫化作用是指 H_2S、S 或 FeS 等在微生物的作用下被氧化生成 H_2SO_4 的过程。在农业生产上，微生物硫化作用形成的 H_2SO_4，不仅可作为植物的硫素营养源，而且有助于土壤中矿质元素的溶解，对农业生产有促进作用。自然界能氧化无机硫化物的微生物主要有硫黄细菌和硫化细菌。硫黄细菌能将 H_2S 氧化为 S，贮积在细菌体内，当环境中缺少 H_2S 时，细胞内贮积的硫粒能继续被氧化生成 H_2SO_4。硫化细菌能将 S 或还原性硫化物氧化为 H_2SO_4，细胞内无硫粒，专性或兼性化能自养型细胞，主要是硫杆菌属的一些种。

反硫化作用是指硫酸盐在厌氧条件下被微生物还原成 H_2S 的过程。在通气不良的土壤中所进行的反硫化作用，会使土壤中的 H_2S 含量升高，对植物的根部产生毒害。海底沉积物中生长着大量的反硫化细菌。参与此过程的微生物是硫酸盐还原菌。

4. 微生物在磷素循环中的作用

磷是生物体的重要组成元素之一，自然界中存在许多难溶性无机磷化物，它们一般不能被植物所利用。微生物的活动能促进磷在生物圈中的有效利用。磷素循环主要表现为磷酸根的有效化和无效化过程的转变。岩石和土壤中含有的难溶性磷酸盐矿物能在许多微生物产生的有机酸和无机酸作用下转变为可溶性的磷酸盐。

微生物在降解有机物的过程中同时也降解了其中所含的有机磷化物，许多微生物具有很强的分解核酸、卵磷脂和植酸等有机磷化物的能力，它们转化、释放的磷酸可供其它生物吸收利用。

复习思考题

1. 什么是微生物的生态系统?
2. 为什么说土壤是微生物生长的“天然培养基”?
3. 水体微生物的主要来源有哪些?
4. 极端微生物有哪些?
5. 微生物种质资源的开发有哪些方式?
6. 试述生物体中微生物的存在情况及其对生物体的影响。
7. 微生物之间的相互作用有哪些?
8. 微生物与自然环境的相互作用有哪些?
9. 简述微生物在碳素循环中的作用。
10. 简述微生物在氮素循环中的作用。

第六章

微生物菌种的选育与保藏

生物的亲代与子代之间，存在相似和不完全相似的现象，其本质是遗传与变异。微生物与其它生物一样，存在遗传与变异的特性。遗传性又称继承性，是指生物的亲代能把其遗传信息传递给子代的特性，实质是亲代把载有遗传信息的物质——基因传递给子代，相同的基因表现为生物体生长发育相同的性状，表现为遗传，体现生物界物种的稳定性。而这种稳定性是相对的，基因在世代绵延的长期发展过程中，难免会发生结构上的改变。发生结构改变的基因会导致子代表现出与亲代不一样的性状，当新的性状能稳定地遗传给后代，这就出现了变异。变异使遗传有了新的内容，也使生物生命连续系统得以持续发展与演化。总的来说，遗传保持了物种的相对稳定性，保持了性状的相对稳定性；变异促使新性状的出现，促进物种的演化。

菌种是从事微生物学及生命科学研究的基本材料，工业微生物菌种是决定发酵产品的工业价值以及发酵工程成败的关键，只有具备良好的菌种基础，才能通过改进发酵工艺和设备以获得理想的发酵产品。由于微生物细胞生命周期较短，其变异速度较高等动植物快，因此，微生物菌种的选育与保藏工作，是微生物工作中一项重要的工作。

微生物菌种工作主要包括四个方面：一是菌种的分离筛选，挑选符合生产要求的菌种是选种的工作任务。二是菌种培育，改良已有菌种的生产性能，使产品的质量不断提高或者用于改良生产工艺，这是育种的工作任务。三是菌种保藏，目的是避免菌种的死亡或生产性能下降，这是保种的工作任务。四是菌种的复壮，如果发现菌种的生产性能下降，就应设法恢复其原有性状，这是菌种复壮的工作任务。

知识与思政素养目标

1. 了解微生物遗传变异的基础知识。

2. 理解微生物菌种筛选的方法，微生物菌种选育的方法与机制，微生物菌种衰退的原因与预防措施。

3. 掌握微生物菌种保藏的原理与方法，微生物菌种复壮的方法。

4. 培养创新精神、创新思维，增强对党的创新理论的政治认同、思想认同、情感认同。

第一节　遗传与变异

一、微生物遗传的物质基础

遗传，就是把控制性状的信息由亲代传递给子代，而信息必须以物质为载体才能进行传递，这些载体就是遗传的物质基础。近代科学家以微生物为实验对象进行了三个著名的实验：肺炎双球菌的转化实验、噬菌体的感染实验、烟草花叶病毒的重建实验，证实了核酸是遗传信息的载体。绝大部分生物的遗传物质是DNA，少部分生物（如病毒）的遗传物质是RNA。

1. DNA

DNA，即脱氧核糖核酸，其结构复杂，是组成细胞结构的大分子之一，作为染色体的一个成分而存在于细胞核（或拟核）中，其功能为储藏遗传信息。DNA由脱氧核苷酸聚合而成，脱氧核苷酸由碱基、戊糖和磷酸3部分组成。组成DNA分子的戊糖是脱氧核糖，碱基是腺嘌呤（A）、鸟嘌呤（G）、胞嘧啶（C）和胸腺嘧啶（T）四种。

DNA的结构模型于1953年由沃森（Watson）和克里克（Crick）提出，认为DNA分子是由两条核苷酸链构成双螺旋结构。其特点有：①脱氧核糖和磷酸基团通过酯键交替连接构成主链，主链有两条，它们绕一共同轴心以右手方向盘旋，相互平行而走向相反形成双螺旋构型，主链处于螺旋的外侧。②碱基位于螺旋的内侧，通过糖苷键与主链糖基相连，同一平面的碱基在两条主链间形成碱基对，碱基配对原则是A与T配对（形成两个氢键），G与C配对（形成三个氢键）。③DNA链上的碱基对没有数量的限制，也没有规律性，从而使得DNA的结构可以是无穷无尽的，具有高度的多样性。

一条DNA分子携带着许多遗传信息。一个功能单位的遗传信息，是由一段DNA编码的，这样的DNA片段称为基因。基因分两种，即结构基因与调节基因。结构基因编码酶的结构信息，为细胞合成蛋白质提供了基本条件。调节基因则用于调节酶的功能，使细胞在特定条件下合成相应蛋白质。由于各种微生物所含的DNA数量有多有少、分子大小各不同、碱基对数量差异很大，因此，不同物种所含有的基因数量差异很大。

2. RNA

RNA是由核糖核苷酸按一定碱基顺序彼此用磷酸二酯键缩合而构成的长链状大分子。组成核糖核苷酸的戊糖是核糖，碱基是腺嘌呤（A）、鸟嘌呤（G）、胞嘧啶（C）和尿嘧啶（U）。RNA基本结构与DNA相似，但由单链构成，较DNA短。RNA存在于生物细胞以及部分病毒、类病毒中，是它们的遗传信息载体。

二、微生物遗传物质的存在形式

核酸是生物体的遗传物质基础，细胞微生物主要存在于DNA中，非细胞微生物可存在于DNA或RNA中。遗传物质主要有以下几种存在形式：

1. 染色体

染色体是微生物遗传物质DNA的主要存在形式。真核微生物与原核微生物的染色体有着明显的区别：①真核微生物的染色体由DNA与蛋白质构成，经高度压缩组装成为线状结构；原核微生物的染色体只是单纯的DNA或RNA。②真核微生物的染色体不止一个，呈线形；原核微生物的染色体一般只有一个，呈环形。③真核微生物的染色体存在于细胞核中，有核膜的包被；原核微生物没有细胞核，染色体无核膜包被。不同种属的微生物DNA分子量大小、碱基对数目都不相同，总趋势是越高等的微生物其DNA分子量越大、碱基对数目越多，编码的遗传信息越多。

2. 细胞器DNA

真核微生物除了细胞核的染色体外，在某些细胞器中也存在DNA。它们通常呈环状，主要是编码一些特殊的酶系，如线粒体DNA携带编码呼吸链酶系的基因，叶绿体DNA携带编码光合作用酶系的基因。细胞器DNA携带的遗传信息只占基因组很小的一部分，但极其重要，细胞器的DNA一旦消失以后，后代细胞中不再出现。

3. 质粒DNA

质粒DNA是微生物染色体（或拟核）以外的携带着某些特异性遗传信息的DNA分子，一般呈环状。质粒存在于细胞质中，携带的遗传信息较少，主要是赋予细胞某些生物学性状以有利于在特定的环境条件下生存，并不是细胞生长繁殖所必需的。质粒的主要特点：①可迁移性，可通过接合作用从一个细胞迁移到另一个细胞中去；②可整合性，在特定条件下，质粒DNA可整合到细胞染色体DNA中，伴随着染色体DNA进行表达与调控，并在适当条件下重新脱离；③可重组性，不同来源的质粒之间、质粒与宿主细胞染色体DNA之间的基因可以发生重组，并形成新的重组质粒，表现出新的性状；④可消除性，在特定条件下，质粒可以被消除，而宿主细胞能正常生长繁殖，如对某一菌株进行长时间繁密继代培养，质粒可能自行丢失。

三、遗传信息的传递与表达

遗传信息的传递，是指亲代的遗传信息传递给子代的过程，即遗传物质的复制，一般是指DNA的复制。生物的遗传物质是以半保留复制方式进行的，即每一个新复制的DNA双链中，其中一条链来自亲代DNA，另一条链为与亲代DNA链互补的新链。这样，相应的遗传信息可以保留在亲代里，又可以完全地传递给子代，使亲代的表型性状在子代中得以完全表现。

遗传信息的表达，是指遗传信息行使功能的结果，一般是指DNA经过转录合成mRNA，然后翻译成为蛋白质，该蛋白质执行相应功能的结果。遗传信息的表达一般遵循着中心法则，即：遗传信息从DNA传递给RNA，再从RNA传递给蛋白质，完成遗传信息转录和翻译的过程。转录，实际上是以DNA为模板合成mRNA的过程，是以基因片段为单位进行，可形成一条或多条同样的mRNA链，新合成的mRNA链携带着与DNA编码链同样的遗传信息。翻译，是按照mRNA链上的遗传信息合成多肽链的过程。mRNA链上每连续的三个核苷酸组成一个三联体密码子，编码一种氨基酸。全套遗传密码共有64个密码子，共同编码20种氨基酸，除了少数氨基酸（如甲硫氨酸、色氨酸）外，一个氨基酸可有多个密码子，具体见表6-1：

表 6-1 密码子表

第一个核苷酸	第二个核苷酸				第三个核苷酸
	U	C	A	G	
U	苯丙氨酸	丝氨酸	酪氨酸	半胱氨酸	U
	苯丙氨酸	丝氨酸	酪氨酸	半胱氨酸	C
	亮氨酸	丝氨酸	终止密码	终止密码	A
	亮氨酸	丝氨酸	终止密码	色氨酸	G
C	亮氨酸	脯氨酸	组氨酸	精氨酸	U
	亮氨酸	脯氨酸	组氨酸	精氨酸	C
	亮氨酸	脯氨酸	谷氨酰胺	精氨酸	A
	亮氨酸	脯氨酸	谷氨酰胺	精氨酸	G
A	异亮氨酸	苏氨酸	天冬酰胺	丝氨酸	U
	异亮氨酸	苏氨酸	天冬酰胺	丝氨酸	C
	异亮氨酸	苏氨酸	赖氨酸	精氨酸	A
	甲硫氨酸	苏氨酸	赖氨酸	精氨酸	G
G	缬氨酸	丙氨酸	天冬氨酸	甘氨酸	U
	缬氨酸	丙氨酸	天冬氨酸	甘氨酸	C
	缬氨酸	丙氨酸	谷氨酸	甘氨酸	A
	缬氨酸	丙氨酸	谷氨酸	甘氨酸	G

四、遗传物质的变异

变异，是指子代的表型特征与亲代有较明显的差异，其本质是遗传物质的改变，是由于基因突变或重组等因素引起。变异使遗传有了新的内容，使新的性状得以出现，促进了物种的演化。

1. 基因突变

基因突变是指遗传物质发生数量或结构变化的现象，并能稳定遗传给后代。微生物基因的突变可以是自然发生，也可以是人工诱导。自然变异发生的概率非常低，而人工诱变可大大提高突变率，定向筛选符合研究目标的菌株。

凡能促使遗传物质突变的任何因子都称为诱变剂。诱变剂包括化学因子（如烷化剂、吖啶类化合物等）、物理因子（如紫外线、X 射线、γ 射线等）和生物因子（如转座子等）。

(1) 基因突变的类型

① 按突变涉及范围划分

a. 点突变　点突变是指基因序列或结构的改变，一般是指一对或少数几对碱基的改变（碱基的缺失、插入或转换而引起的遗传变化），包括碱基置换和移码突变。碱基置换分为转换和颠换。转换是指基因片段上一个嘌呤（或嘧啶）变为另一个嘌呤（或嘧啶）；颠换是指基因片段上一个嘌呤（或嘧啶）变为另一个嘧啶（或嘌呤）。移码突变是指基因片段中一个或数个核苷酸的增加或缺失，引起遗传信息发生改变的一类突变。一般情况下，点突变具有较高的回复突变率。

b. 染色体畸变　染色体畸变是指DNA分子中较大片段的变化，包括数目畸变和结构畸变。染色体数目畸变是指某一（或某些）染色体数目的增减，导致遗传信息发生改变从而引起性状的变化。染色体结构畸变主要有缺失、重复、倒位、易位等几种。缺失是指染色体失去一个或多个基因片段。重复是指染色体增加一段可重复增加的基因片段，使某一片段在染色体上重复出现，重复部分可以出现在同一染色体上的邻近位置，也可以出现在同一染色体的其他位置或者出现在其他染色体上。倒位是指一个基因片段断裂扭转180°后连接在原来的位置，使具有同源染色体的细胞这一片段的基因的排列顺序颠倒的现象。易位是指基因片段在一个染色体移接到另一非同源染色体的现象。

② 按突变的表型划分

a. 形态突变型　形态突变是指引起细胞形态或菌落形态发生变化的那些突变。如菌落的大小、菌落外形的光滑或粗糙、菌落产色的变化、细胞鞭毛或荚膜的有无等变化。

b. 营养缺陷突变型　由于突变引起细胞某种酶的功能丧失，无法合成一种或几种生长因子，导致菌株无法在缺少该因子的培养基中正常生长繁殖，这种突变称为营养缺陷突变。营养缺陷型菌株在科研与生产实践中应用广泛，如选育谷氨酸棒杆菌的营养缺陷型菌株，阻断α-酮戊二酸到琥珀酰CoA和乙醛酸两条代谢途径的进行，使菌株只能沿着谷氨酸代谢方向进行，从而提高谷氨酸的发酵产量。

c. 抗性突变型　由于突变使得菌株具备抵抗某些有害理化因素的能力，称为抗性突变。根据抵抗对象，可分为抗药性、抗紫外线性、抗噬菌体等突变类型。

d. 抗原突变型　由于突变使得细胞表面成分发生变化，一般是荚膜、鞭毛、细胞壁的细微变化，导致细胞发生抗原性的变化，称为抗原突变型。

e. 致死突变型　由于突变造成细胞个体死亡，称为致死突变型。由于突变造成细胞个体生活力下降但不死亡，称为半致死突变型。

f. 条件致死突变型　由于突变使得菌株在某种条件下能正常生长繁殖，而在另一条件下表现为致死效应，称为条件致死突变。如某些大肠埃希菌突变菌株在37℃能正常生长，而在42℃则不能生长等。

（2）基因突变的特点　无论是真核生物还是原核生物的突变，也不论是什么类型的突变，都具有以下共同的特性：

① 不对应性　突变的性状与引起突变的原因之间无直接对应的关系。如抗药性突变有可能是接触药物所引起，也有可能由于紫外线照射引起。

② 自发性　突变可以在自然的条件下发生。

③ 稀有性　突变率很低，一般在10^{-9}～10^{-6}之间。

④ 诱变性　通过理化因子等诱变剂的作用可提高基因突变的频率，一般可以提高10～10^5倍，但不改变突变的本质。

⑤ 独立性　基因突变是独立且随机发生的，一个基因的突变与另一个基因的突变之间是相互不关联的两个独立事件。

⑥ 稳定性　基因突变产生的新性状，可稳定地遗传给后代。

⑦ 可逆性　基因突变可以是正向突变也可以是回复突变。正向突变是指从野生型基因到突变型基因的突变，反之称为回复突变，两者频率基本相同。

2. 基因重组

基因重组是指携带不同遗传信息的DNA片段，通过重新组合形成新的基因组的过程。通过基因重组所获得的子代具有不同于亲代的新基因组合，具有新的性状。基因重组是遗传物质在分子水平上的杂交，可分为自然发生与人为操作两类。在原核微生物中，自然发生的基因重组方式主要有接合、转导、转化、原生质体融合等；在真核微生物中主要有有性杂交、准性生殖等。

(1) 接合　是指两个原核细胞通过性菌毛直接接触，遗传物质从供体菌向受体菌转移，并产生基因重组的过程。通过接合作用而获得新遗传性状的受体细胞，称为接合子。

(2) 转导　是以温和噬菌体为媒介进行的遗传物质重组的过程，是细菌遗传物质传递与交换的一种重要方式。在转导的过程中，细菌的一段DNA片段被错误包装在噬菌体的蛋白质衣壳内，通过噬菌体的感染作用而转移到另一受体细菌内，并与受体菌的遗传物质发生重组，使受体菌产生新的性状。

(3) 转化　是细胞从周围介质中吸收异源DNA片段而使它的基因型及表型发生相应变化的现象。被吸收的DNA片段可以整合到自身染色体中，也可以游离于其外（如质粒）。转化后的受体细胞，称为转化子。

(4) 原生质体融合　是将遗传性状不同的两个细胞的原生质体进行融合，借以获得兼有双亲某些遗传性状的稳定重组子的过程。

(5) 有性杂交　是指不同遗传型的性细胞间发生接合，随之发生减数分裂与遗传重组，进而产生新遗传型子代的过程。能产生有性孢子的微生物（如酵母菌、霉菌、蕈菌等）都具有有性杂交的能力，可用此方法进行育种。

(6) 准性生殖　是指同种生物的两个不同株型的体细胞发生融合，不需要经过减数分裂就能进行基因重组从而产生新的性状的过程，常见于丝状真菌中，尤其是半知菌中，其发生基因重组的频率比较低。准性生殖过程主要包括异核体的形成、二倍体的形成、体细胞交换和单倍体化。

第二节　微生物菌种的选育

发酵工业的主要环节是菌种选育、发酵和提取精制，其中菌种的优劣至关重要，它是发酵产品生产的关键。菌种选育不仅可提高目的物的产量、降低生产成本、提高经济效益，还可以简化生产工艺、提高产品质量、改善有效成分组成、减少副产物，并且可以用来开发新产品。菌种选育同时也是科研工作的基础，通过选育菌种的一系列工作可更好地了解菌种遗传背景、分析生物合成机制和提供遗传学研究材料。下面主要介绍几种常用的菌种选育方法。

一、微生物菌种的筛选

微生物广泛分布于自然环境中，而且它们常以各种形式混杂生长繁殖在同一环境中，因此在特定的环境下筛选微生物，可以得到人们所需要的菌种。从自然环境中分离筛选菌种的步骤主要包括：采样、增殖培养、纯种分离、初筛、复筛等步骤（图6-1）。

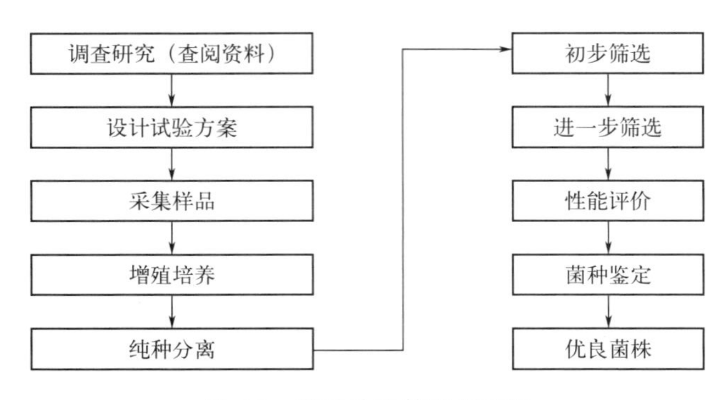

图 6-1 菌种分离筛选流程图

1. 采样

采样，就是从环境中采集含有目的菌的样品。根据试验的目的、目标菌种的主要特性、微生物分布情况及生态关系等因素，确定采样的环境与目标物等。

（1）土壤采样 自然界众多环境中，土壤中微生物的种类及数量最多，因为土壤具备了微生物生长繁殖所需要的各因素，如营养素、空气、水分、温度等，因此土壤是采集样品的首选。

微生物的生理特性各不相同，受季节、表面植被、温度、湿度、通风情况、光照、pH等因素的影响，因此采集土壤样品时应先进行详细的调查研究，设计可行的试验方案。

（2）根据微生物生理特性采样 微生物的营养需要及代谢类型与其生长的环境有很大的相关性，特定的环境必然存在特定的微生物类群。研究表明，淀粉酶、糖化酶生产菌容易在面粉厂、酒厂、酱油厂等场所中分离得到；蛋白酶、脂肪酶生产菌容易在肉类加工厂、奶制品厂、饭店污水污泥等场所中分离得到；纤维素酶生产菌容易在腐烂草木的土壤中分离得到。

筛选一些具有特殊性质的微生物时，根据目标菌特殊的生理特性，在特殊的环境下进行采样。如耐高温菌通常在温度较高的温泉、火山口周边、热带地区等可采集到；耐盐菌在盐场周边的土壤可采集到；耐糖菌可在蜂蜜、糖蜜等样品中采集到。

2. 增殖培养

增殖培养，是为了使目的菌成为样品菌群中的优势菌，便于下一步的分离纯化获得纯种。增殖培养主要根据微生物对营养素的需求、对生长繁殖条件因素的依赖来进行。

（1）控制培养基的营养成分 微生物的代谢类型丰富，其分布随环境条件的不同各异，所需要的营养成分也不同，因此控制培养基的成分可有效地富集目的菌。如分离淀粉酶生产菌，可以配制以淀粉为唯一碳源的培养基，并给予最适合的培养条件，则不能利用淀粉的菌类难以生长，而能分解利用淀粉的菌类得以生长繁殖，渐渐就成为优势菌。

许多碳源、氮源可被多种微生物利用，不太适合用作控制条件。常规实验研究中，各大类的微生物菌群已确定基本的营养成分，如细菌用蛋白胨、酵母粉，放线菌用淀粉，酵母菌、霉菌用麦芽汁或豆汁等。

（2）控制培养条件 控制温度、通风条件、pH、特殊化学药品等培养条件，可较好地对目的菌进行增殖培养。例如，提高培养温度以筛选耐高温菌，用热处理的方法筛选产芽孢菌，用厌氧培养的方法抑制好氧菌的生长以富集厌氧菌，降低培养基的 pH 以筛选耐酸菌。另外，添加专一性抑制剂可以达到抑制某些微生物的生长以达到富集目的菌的目标，如添加氯霉素可抑制细菌的生长以富集真菌。

3. 分离纯化

待分离的样品往往含有多种微生物，经过增殖培养可让目的菌成为优势菌，但富集后的培养物仍然是一个各类微生物的混合体。为了获得某一特定微生物菌种，必须进行分离纯化，从已分离的单个菌落中选取目的菌。常用的分离纯化方法有两种：平板划线分离法与稀释涂布分离法。

4. 菌种筛选与性能评价

在分离纯化的基础上，初筛就是筛选目的菌。分离纯化与菌株的初筛通常是结合在一起进行的，分离时采用选择性培养基或者使用特异性平板检测法等本身就包含了筛选的内容。采用特异的检出方法可显著提高菌株筛选的效率，目前在分离筛选工作中常采用平板反应快速检出法，根据目的菌特殊的生理特性设计有针对性的分离培养基，观察待分离菌在选择性培养基上的生长状况或生化反应，如透明圈、变色圈、抑菌圈、生长圈等进行筛选。

（1）透明圈法 在平板培养基中加入唯一溶解性差的底物使培养呈混浊状态，能分解该底物的微生物便会在菌落周围产生透明圈，透明圈的大小初步反映该菌分解底物能力的强弱。如筛选醋酸菌或乳酸菌时，往培养基中加入一定量的碳酸钙，透明圈越大则产酸能力越大（图 6-2）。

（2）变色圈法 对于一些不易用透明圈法筛选的菌，可在平板中加入指示剂或显色剂，菌落周围变色圈的大小初步反映该菌的这种特性的强弱。如筛选产有机酸微生物时，往培养中加入溴麝香草酚蓝指示剂（pH＜6.0 时呈黄色，pH＞7.6 时呈蓝色），调节培养基 pH 使其呈蓝色，当菌落周围呈现黄色圈时，表明该菌能产有机酸，变色圈越大表示产酸能力越大（图 6-3）。

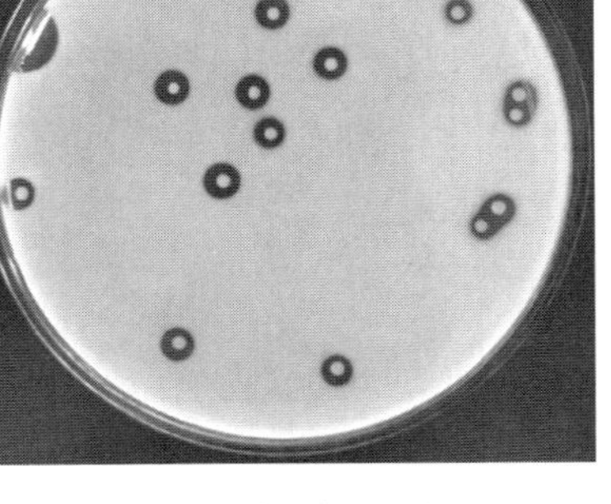

图 6-2 碳酸钙透明圈

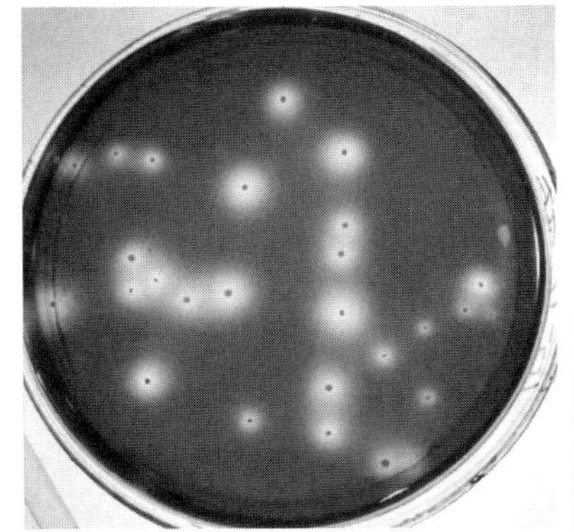

图 6-3 变色圈

（3）抑菌圈法 是筛选抑菌物质（如抗生素）生产菌常用的初筛方法。如筛选分泌抗生素的菌种时，挑取分离获得的单菌落接种至摇瓶培养基发酵一段时间，对发酵液进行初步处理，采用K-B法或打孔法进行抑菌圈大小的测量（图6-4）。此方法中检测菌的选择十分重要，它直接关系到检出的灵敏度、筛选到的抗菌物质活性及抗菌谱。

（4）生长圈法 此法通常用于分离筛选维生素、氨基酸、核苷酸等生长因子的产生菌，筛选的过程中会用到相对应的营养缺陷型菌株作为工具菌。如筛选具有合成某种维生素的菌，将待检菌涂布于含有高浓度工具菌并缺少该维生素的平板上进行培养，若菌落周围形成一个混浊的生长圈（图6-5），说明该菌能合成此维生素。生长圈的大小反映了该菌合成此维生素能力的大小。

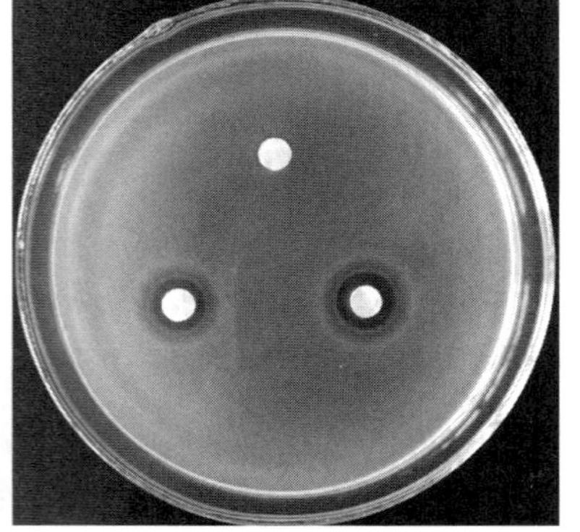

图6-4 抑菌圈

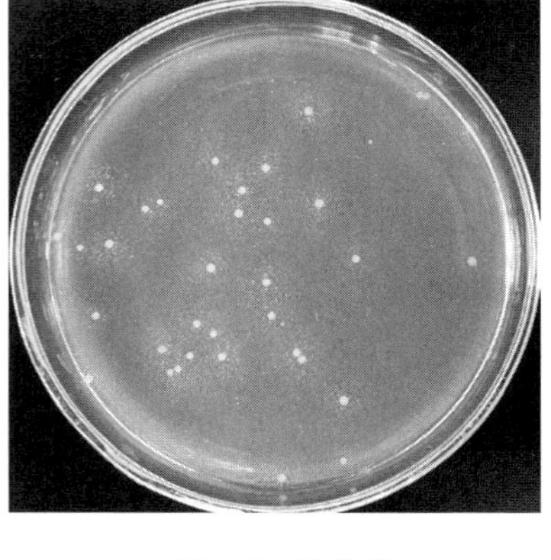

图6-5 生长圈

筛选时初筛的淘汰率一般在90%左右，剩下的较好菌株要进一步筛选，即复筛。复筛是进一步挑出那些确实有应用价值的微生物，排除潜力不足的微生物。复筛的主要工作就是菌种性能测定，主要包括菌株的生产性能测定与毒性试验。一般一个菌株要重复3～5次测试，复筛时的培养条件是关键，如培养基成分及配比、pH、培养温度、通风量等，应根据菌株性能目标及前人经验进行综合考虑，防止疏漏。经过初筛、复筛、反复多次筛选，直到获得可靠的少数几株菌进行较全面的考察。

5. 菌种鉴定

对筛选获得的菌株进行鉴定，尽可能地将其分类到种或属，以方便后续的科研与工业应用工作。微生物菌种鉴定的方法一般有两种，一是生理生化鉴定，二是分子生物学鉴定。随着基因库数据的不断完善，分子鉴定方法越显优势，其操作简单，结果可靠，结合主要的生理生化鉴定试验，基本可以将菌株确定到种甚至是株型。

二、微生物菌种选育的方法

微生物菌种选育的方法有很多，如自然选育、诱变育种、杂交育种、基因工程育种等。

1. 自然选育

自然选育（或自然分离）是一种常用的纯种选育方法。微生物容易发生自然变异，自然变异是偶然的、不定向的，并且其中大多数是负向变异，这也是微生物菌种退化变异的主要原因，如果不及时进行选育，就有可能使生产水平较大幅度下降。自然选育就是通过分离、筛选排除负变菌株，从中选择维持原有生产水平的正变菌株，能达到纯化、复壮菌种，稳定生产的目的，并且有可能选育高产量突变株。自然选育的一般步骤如下：

(1) 单细胞悬液的制备　用无菌生理盐水或缓冲液洗脱斜面菌苔制备单细胞悬液，或用液态培养基进行摇瓶培养获得单细胞悬液，用显微镜计数或平板计数的方法确定细胞悬液浓度。

(2) 单菌落分离培养　根据细胞悬液浓度进行适当稀释，取适量稀释液涂布于分离平板培养基上，培养后长出单菌落，单细胞微生物以约20个菌落/皿为宜，丝状真菌和放线菌以5～10个菌落/皿为宜（依菌落大小不同各异）。分离培养应结合初筛进行。

(3) 斜面菌种　从分离后的平板中，根据筛选的要求挑取适宜的菌落接种至斜面培养基，培养成熟后进行进一步筛选，并放置冰箱保藏。

(4) 摇瓶筛选　对获得的菌株进行摇瓶试验，测定各项指标确定筛选菌株的性能，挑选性能最好的菌株进行生产试验，挑选量在10%～20%为宜。

(5) 生产试验　以生产菌作为对照菌株进行生产性能试验，性能比对照菌优10%以上的筛选菌，在经过生产稳定性测试合格后，可确定为生产用菌株，应做好其菌种保藏工作。

2. 诱变育种

诱变育种是选择合适的诱变因素及剂量，人为地对出发菌株进行诱变处理，运用适合的筛选方法获得优良变异菌株的过程。诱变育种是微生物菌种选育的主要方法，具有速度快、收效大、操作简单等优点。

(1) 诱变育种的原理及诱变剂　微生物细胞经诱变剂处理后其遗传物质可发生两种类型的突变：点突变与染色体畸变。这两种类型的突变是导致菌株变异的主要原因。诱变育种就是以人工诱变手段诱发生物体基因突变，从各变异体中筛选出目的变株。与自然选育比较，诱变育种加以诱变剂处理，加速遗传物质突变的频率，扩大了变异的幅度，从而提高了获得优良特性的突变株的概率。

诱变剂的种类繁多，目前使用的诱变剂基本可分为三大类：物理诱变因子、化学诱变因子、生物诱变因子。各类诱变剂有其对应的具体诱变操作流程，操作者应对其作用原理、使用方法、操作过程及注意事项有所了解。表6-2列出部分常用诱变剂的性质、作用机制与主要生物学效应。

表6-2　常用诱变因子及其性质

类别	名称	性质	作用机制	主要生物学效应
物理诱变因子	紫外线(UV)	非电离辐射	使被照射物质的分子或原子中的内层电子提高能级	①DNA链和氢键断裂 ②DNA分子内(间)交联 ③形成胸腺嘧啶二聚体 ④造成碱基对转换 ⑤造成嘧啶水合作用 ⑥修复后造成差错或缺失

续表

类别	名称	性质	作用机制	主要生物学效应
物理诱变因子	X 射线 γ 射线 β 射线 快中子	电离辐射	使被照射物质的分子或原子发生电子跃迁，使内外层失去或获得电子	①DNA 链断裂 ②碱基受损 ③引起染色体畸变 ④造成碱基对转换 ⑤修复后造成差错或缺失
化学诱变因子	硫酸二乙酯(DES) 甲基磺酸乙酯(EMS) 亚硝基胍(NTG) 亚硝基甲基胍(NMU)	烷化剂	碱基烷化作用	①DNA 交联 ②碱基缺失 ③染色体畸变 ④碱基对转换或颠换
	亚硝酸(HNO_2)	脱氨基诱变剂	碱基脱氨基作用	①DNA 交联 ②碱基缺失 ③碱基对转换
	吖啶橙 吖啶黄	移码诱变剂	插入碱基对之间	碱基排列产生码组移动
生物诱变因子	噬菌体 转座因子	诱发抗性突变	转导诱发突变 转化诱发突变 转座诱发突变	传递遗传信息

（2）诱变育种的步骤

① 出发菌株的选择　出发菌株是用于诱变处理的原始菌株，挑选适宜的出发菌株对提高育种效率有着重要的意义。选择出发菌株时应注意以下几点：一是应选择纯系菌株；二是选择的出发菌株应当具有所需要的代谢特性；三是选择对诱变剂敏感的菌株；四是趋向于选择已经经过诱变的菌株而不是野生型菌株；五是选择适合的生理状态细胞进行诱变处理，如对数生长期前中期细胞。

② 细胞悬液的制备　进行诱变处理的细胞要求是均匀状态的单细胞悬液，并且最好是同步生长的细胞。细胞的生理状态对诱变处理的结果会产生很大的影响，因此细胞悬液的制备应注意以下几点：一是对细菌进行诱变处理时，应制备其对数生长期前中期的细胞；对芽孢杆菌则应处理其芽孢。二是对霉菌或放线菌进行诱变处理时，应制备其孢子悬液，稍加萌发后的孢子可提高诱变效率。三是细胞悬液应控制在合理浓度，真菌孢子或酵母菌细胞应在 10^6～10^7 个/mL，细菌细胞或放线菌孢子约为 10^8 个/mL，稀释液应使用无菌生理盐水或 0.1mol/L 的磷酸盐缓冲液。

③ 诱变处理　进行诱变处理时可采用物理诱变剂、化学诱变剂或生物诱变剂。诱变作用不但决定于诱变剂，还与菌种的种类及其遗传背景有关，一般对于遗传上不稳定的菌种可选择温和的诱变剂或采用已经见效果的诱变剂，对于遗传上较稳定的菌种则采用强烈的、诱变谱广的诱变剂。

不管是使用哪种诱变剂，都需要确定其适合剂量。凡是在高诱变率的基础上，既能扩大变异幅度又能促使变异移向正突变范围的剂量，称为合适的剂量。诱变剂的剂量表示方法有多种，在育种实践中常采用致死率来作为各种诱变剂的相对剂量参考。通常，诱变效应随着剂量的增大而提高，但达到一定剂量后，继续增大剂量反而导致诱变率下降。一般来说，高剂量（致死率 90%以上）引起的变异范围较大，适用于单位产量较低的菌株；用于生产的经过多次诱变选育的菌株，则适宜用中等剂量（致死率 70%～80%）甚至更低。目前的诱变育种工作中，人们倾向于使用较低的剂量，低剂量处理能提高正突变率，并且更有利于高产菌株的稳定。

诱变剂的复合处理往往呈现一定的协同效应，这是由于不同诱变因子对 DNA 分子作用的“热点”不同，当采用多种有效的诱变因子进行复合处理时可以扩大突变的范围，从而产生增变效应，提高诱变效果。在使用复合诱变因子或使用助变剂时，要注意各因子的处理顺序，因为处理顺序不同时效果差异较大，正确顺序会起到增强效应，反之可能会减弱变异的效果。

④ 突变株的筛选　所有的育种工作都离不开“筛选”这一环节，在诱变育种中尤为如此，不仅重要而且量大、艰难。由于突变的不定向性，优良突变菌株的产生频率较低，因此，想要在较短的时间内从大量突变菌株中把性状优良的目标菌株筛选出来，需要设计高效率的筛选方案。常规的筛选方法有随机筛选、营养缺陷筛选、抗性筛选。

随机筛选是指菌种经诱变处理后，进行平板分离，从中筛选优良菌株。为了提高效率，可采用下列方法增大筛选效率：显色法、变色圈法、透明圈法、生长圈法、抑菌圈法等。

营养缺陷筛选是指经过诱变处理后，突变菌株出现某种或某些营养素合成能力的缺陷，必须在培养基中加入相应营养素成分才能正常生长，从而获得目标菌株的方法。筛选过程一般要经过诱变、淘汰野生型、检出缺陷型、确定生长谱四个环节。

抗性筛选法相对比较容易，只要有 10^{-6} 的突变频率，突变株就较容易筛选出来。常用的有一次性筛选法和阶梯性筛选法两种手段。

3. 杂交育种

(1) 接合　接合作用是指两株菌的细胞通过性菌毛直接接触，供体菌的基因片段进入受体菌中，产生遗传信息的转移和重组。通过接合而获得新遗传性状的受体细胞，称为接合子。接合作用是细菌和放线菌最常见的杂交方式。

在接合过程中，起关键作用的是 F 质粒。F 质粒是独立于染色体外的环状 DNA 分子，是一种属于附加体性质的质粒，可自行复制，也可整合到染色体 DNA 中同步复制。在与染色体 DNA 的整合或分离过程中，F 质粒可往染色体上整合一段 DNA 片段或带走一段 DNA 片段。在进行接合实验时，需要准备携带 F 质粒的供体菌（F^+）和缺乏 F 质粒的受体菌（F^-），混合培养一段时间后进行筛选，最后获得有目标性状的菌株。

(2) 转化　转化是指人工或某些自然感受态细胞摄取周围游离 DNA 分子，并重组整合到自身染色体组的过程。通过转化方式形成的杂种后代称为转化子，其新性状可稳定遗传给后代。

转化的过程一般包括以下两个方面：①供体 DNA 分子与受体感受态细胞互作，其影响因素主要有供体 DNA 片段的大小、形态、浓度以及受体细胞的生理状态。②转化 DNA 分子的摄取与整合，其过程主要包括 DNA 的结合与穿入、供体 DNA 与受体染色体的联会与整合。

(3) 有性杂交　有性杂交一般是指同一物种不同遗传性的两性细胞之间发生接合，并随之进行染色体重组，进而产生新性状后代。凡能产生有性孢子的真菌，原则上都可利用有性杂交进行育种。

以酵母菌为例，有性杂交的基本过程包括两性菌株的选择、子囊孢子的培育、接合操作、杂合子筛选等步骤。例如，酿酒酵母属的酵母菌有很多品种，酒精酵母具有酒精发酵能力强但发酵糖的能力较弱的特点，面包酵母的特点则刚好相反，通过有性杂交，可培育出既能高产酒精又对糖有高发酵能力的优良杂交菌株。

(4) 原生质体融合 原生质体融合就是分别对两种微生物的细胞进行去壁处理形成原生质体，在高渗条件下进行混合，并加入助融剂促进这两种菌株的原生质体发生融合，在已融合的细胞中会发生两亲本遗传物质的交换从而实现遗传重组，在适宜的条件下再生成新的个体，并有可能产生符合预期的新性状的重组子。原生质体融合技术的最大意义是打破了微生物的种属界限，可以实现亲缘较远的微生物进行基因重组。在实际应用中可以用于改良菌种特性，使菌种获得新性状等。

原生质体融合的过程一般包括以下几个方面：①标记菌株的筛选，为了利于融合子的选择，供融合用的两个新株要求性能稳定并带有遗传标记，一般以营养缺陷型、抗药性等遗传性状作为标记。②原生质体的制备，这是原生质体融合的关键步骤，其主要任务是去除细胞壁。去除细胞壁一般用酶法，如溶菌酶、蜗牛酶、酵母裂解酶、纤维素酶等。细胞的菌龄也非常重要，一般选择对数生长期中期细胞，此时的细胞壁对酶解作用最敏感，原生质体形成率高、再生率高。③原生质体的融合，有化学融合法与电融合法。一般需要加入助融剂，主要有物理助融剂、化学助融剂、生物助融剂。④原生质体的再生，是原生质体重建细胞壁，恢复细胞完整形态，能生长、分裂的过程，是原生质体融合育种的必要条件。再生的过程复杂，影响因素多，主要有菌种的特性、原生质体制备条件、再生培养基成分及培养条件。⑤融合子的检出与鉴定，融合子的选择主要是依靠遗传标记，若在选择培养基上两个遗传标记能够互补，基本可以确定为融合子。融合子有两种情况，一是真正的融合，遗传性状稳定；二是暂时的融合（即形成异核体），遗传性状不稳定，经过几代的转接会分离成原亲本类型。因此，应从形态学、生理生化、遗传学等几个方面进行鉴定。

4. 基因工程育种

基因工程育种是指运用 DNA 重组技术将外源基因导入微生物细胞内，使微生物菌种获得某些新的目标性状的育种技术。基因工程育种不仅可以突破微生物的种属障碍以实现远缘杂交，还可以实现动物、植物、微生物之间的杂交。运用基因工程方法，人们可以更精准、更有效率地选育出目的菌株，并可能创造新物种。

基因工程育种的过程主要包括以下几个步骤：

(1) 目的基因相关信息的分析 分析目标性状对应的基因片段信息，主要任务是找出目的基因的开放阅读框（ORF）、选择适合的载体、选择构建载体的限制性内切酶、设计引物等。

(2) 目的基因的获得 获得目的基因片段的主要方法有两个：一是通过化学合成法获得；二是通过 PCR 法（或 RT-PCR 法）获得。

(3) 载体系统的选择 用于基因工程的载体必须具备以下特点：在受体细胞内能独立复制，且有较高的复制率；有利于检测筛选的标记，一般是抗性标记，如具有抗氨苄青霉素、卡那霉素、四环素、链霉素等抗性基因；有一段多克隆位点（MCS），使目的基因片段能固定地整合到载体上而不影响载体的复制；容易从受体细胞中分离纯化；用于表达的载体还应有表达调控元件（如启动子、增强子、终止子、SD序列等）。目前，应用于原核微生物的载体，主要有细菌质粒和λ噬菌体两大类；应用于真核微生物的载体主要有SV40等。

（4）目的基因与载体的重组　用同样的限制性内切酶对目的基因片段与载体分别进行酶切，使其产生同样的黏性末端；用DNA连接酶对两者进行连接，使DNA片段与质粒DNA片段连起来形成一个完整的重组载体。

（5）重组载体导入受体细胞　重组载体导入受体细胞的方法有很多。当用质粒做载体时，原核细胞常用感受态转化法和高压电穿孔转化法，真核细胞常用高压电穿孔转化法。当用病毒DNA作载体时，常用感染的方法。

（6）重组体的筛选　目的基因片段导入受体细胞后，需要在众多细胞中筛选出含有重组子的目标细胞。筛选及鉴定的方法有很多，常用的有抗性变化检测、单菌落PCR法、原位杂交法、限制性内切酶图谱法、噬菌斑形成法等。

第三节　微生物菌种的保藏

一、菌种的衰退与复壮

菌种的衰退，主要是指在生产应用中，菌株经过多次转接传代或保藏之后，群体中某些本来优良的生理性状、形态特征逐渐减退甚至完全丧失的现象。

菌种复壮是指对已衰退的菌种（细胞群体）进行分离纯化和生产性能测定，旨在找出未发生衰退的个体，并创造条件让其大量繁殖，以达到恢复该菌种原有的生产性能的措施。

1. 微生物菌种衰退的现象

（1）菌落形态或细胞形态改变　微生物在一定的培养条件下会呈现一定的形态特征，如果典型的形态特征不断减少甚至发生改变，则表现为菌种衰退。菌落形态常表现为颜色改变、形状改变等，细胞形态常表现为细胞畸形、孢子形状改变等。

（2）生长速度减缓　主要表现为细胞代时延长，且产芽孢（孢子）速度变慢、量变少等。

（3）生产性能下降　主要表现为菌株发酵能力下降，代谢物产量减少。

（4）对生长环境适应能力下降　主要表现为抗不良环境条件的能力下降。如抗不良温度、不良湿度、不良pH环境的能力减弱，抗噬菌体能力减弱等。

2. 微生物菌种衰退的原因

菌种的衰退是一个从量变到质变的逐渐演变的过程。导致菌种衰退的主要原因是控制菌种主要生产性状的基因发生了变异，并且是发生负突变的变异。当发生突变的个体达到一定数量时，会导致群体性能发生变化，表型上便呈现为菌种衰退。

（1）自然变异　微生物菌种自发突变的概率很低，一般为10^{-9}～10^{-6}，但由于其具有代谢能力强、繁殖速度快等特点，在培养条件较好的情况下，其代时较短，随着传代次数的增多，发生基因突变的概率会有所增加，当衰退细胞的数目达到一定量时，就会发展为菌种衰退。

（2）环境条件的影响 环境条件对菌种衰退是有影响的，当菌种处于不良环境时，会加速衰退。环境条件主要是指培养基成分、温度、湿度、pH、氧气量、射线等。同时，不适宜的保藏条件会加快菌种衰退的速度。

3. 菌种衰退的预防

根据菌种衰退的原因，可制定相应的预防措施，主要有以下几方面：

（1）控制传代次数 尽量减少菌种传代的次数，以降低菌种自然突变的概率。在实际工作当中，不同菌株应采用其相对应的、良好的保藏方法，可有效延长保藏期，减少传代次数。

（2）创造良好的培养条件 为菌株提供良好的培养条件，可有效防止菌种衰退。不同的微生物菌株应使用对应的培养基，重点要控制好培养基的碳氮比、微量元素的种类及用量、是否需要添加生长因子等。另外，培养温度、通气状况、培养基 pH 等条件也非常重要，应使之有利于菌株生长，限制退化细胞的数量，可预防菌种衰退。

（3）采用有效的菌种保藏方法 微生物的特点各异，其菌种保藏的方法也不尽相同，如产芽孢的细菌应保藏其芽孢而不是营养体细胞，产孢子的霉菌应保藏其孢子而不是菌丝体。有效的保藏方法既可以保存细胞活力，而且可以减少传代的次数，从而有效预防菌种衰退。

（4）定期进行菌种选育 在生产实践当中，应定时对菌种进行选育，主要工作是对菌种进行分离纯化与生产性能测定，保证保藏下来的菌种符合生产要求。

4. 菌种的复壮

菌种的复壮主要包括微生物菌种的纯种分离与菌株性能测定两项工作，目的是从菌种群体中获得未衰退的或产生正突变的个体，使从中获得的菌种能恢复原菌种的典型性状，以保证生产质量。

狭义的复壮是指在菌种已发生衰退的情况下进行筛选与鉴定工作，是一种消极的应对措施。广义的复壮是指菌种尚未衰退前就有意识地进行筛选与鉴定工作，保证菌种生产性能的稳定，并从中筛选正突变的个体，是一种积极的应对措施。

菌种复壮的方法主要有：

（1）纯种分离 对菌种进行纯种分离操作，可将细胞群体中仍保持原有典型性状的个体分离出来，通过性能测定，挑选出生产性能良好的菌株，达到菌种复壮的目的。

（2）选择适合的培养条件 一般情况下，菌种的传代是使用相同的培养条件，这有利于菌种原有性状的恢复。但经过多次传代后，由于培养基某些生长因子缺乏，菌种的生理状态可能会发生变化。因此，可以通过改变培养基配方、选择适合的培养条件，使菌种复壮。

（3）淘汰衰退个体 对有抗性的菌种进行抗性压力选择（如药物、温度等因素），淘汰已衰退的细胞个体，使保存下来的细胞能保持原有性状。

（4）宿主体内复壮 对于寄生性微生物菌株，可接种至相应的宿主体内，筛选具有典型性状的菌株，达到菌种复壮的目的。如将苏云金芽孢杆菌感染昆虫的幼虫，从中筛选毒力强的菌株；将根瘤菌侵染宿主植物，从根瘤中筛选固氮能力强的菌株。

二、菌种保藏技术

1．菌种保藏的目的

微生物代谢能力强，代时短，在应用与传代过程中容易发生变异、死亡或者被杂菌污染。因此，菌种保藏的目的主要在于保持菌种的活力、保持菌种原有典型性状。

2．菌种保藏的原理

菌种保藏的原理是根据菌种的生理生化特点，人为创造条件降低菌体的代谢速率，使其接近休眠状态，达到保持菌种活力、长时间保藏的目的。当需要使用时，给予适合的培养条件，菌种能恢复原有的典型性状。

3．菌种保藏的一般要求

①应采用适宜的保藏方法。②产芽孢或孢子的微生物应优先保藏其休眠体。③同一菌种应使用两种或以上的保藏方法，每种方法至少有两个备份。④定期检查菌种的保藏效果。⑤做好菌种保藏的相关记录。

4．菌种保藏的方法

菌种保藏的方法有很多，以下介绍几种常用的方法。

（1）斜面低温保藏法　将菌种接种于适宜的斜面培养基中，在适宜的培养条件下培养，待菌种长好后，置于4℃冰箱保藏，每隔一段时间需要进行转接。此法是微生物菌种的短期保藏法，适合大多数微生物，如细菌、放线菌、酵母菌和霉菌等。其优点是简单便捷，不需要特殊设备，缺点是保藏期短。

（2）液体石蜡封存法　将经灭菌的液体石蜡注入菌种斜面（或穿刺管）中，液体石蜡应高于斜面顶端至少1cm，加塞后置于4℃冰箱保藏。液体石蜡具有隔绝空气、防止水分挥发的作用，因此保藏期比斜面保藏法的效果好。本法较适合好氧微生物的保藏，如酵母菌、霉菌可保藏2年以上，长者可达10年甚至更长；但对厌氧微生物的保藏效果较差，尤其不适合能分解烃类的菌种。

（3）超低温保藏法　将微生物菌种保藏在－80～－70℃的超低温冰箱中以减缓细胞的生理代谢速率，达到长期保藏的目的。也可以置于－20℃的普通冰箱中进行保藏，保藏期稍短一些。本方法较适合于单细胞微生物，常使用甘油为保护剂。

在最适宜的条件下将细胞培养至对数生长期中期至稳定期，经处理后与无菌甘油溶液按比例混匀，使甘油终浓度在10%～30%，微生物细胞浓度不低于10^8个/mL，分装于安瓿管或塑料冻存管，置于超低温冰箱中保藏。复苏时，将冻存管从超低温冰箱中取出，立即置于37～40℃水浴中，不断摇动直至管内结冰全部溶解，然后将微生物菌种接种至适宜的培养基中，在最适合条件下培养。

（4）砂土管保藏法　此法适用于芽孢或孢子的保藏。将砂、土洗干净，烘干，过筛，按比例（一般是砂∶土为3∶1）混合均匀，分装于小管中，灭菌后烘干备用。将待保藏的微生物菌种制备成混悬液（孢子混悬液或芽孢混悬液），注入砂土管中，混合均匀，抽真空，对管口进行熔封（或用石蜡封口），置于干燥器中室温保藏或置于4℃冰箱保藏。

此法具备干燥、无氧、无营养物、低温等条件，因此，菌种保藏期长（2～10年）、保藏效果较好，并且操作简单，携带方便。

（5）冷冻干燥保藏法 将微生物细胞与保护剂（如脱脂牛乳等）混合制成悬液，注入安瓿管中，在冷冻干燥机中进行低温减压干燥，待水升华后制成固体菌块（或菌粉），并在真空条件下进行熔封，最后置于低温冰箱中保藏。

此法具备干燥、无氧、低温等条件，菌种保藏期长（一般为5～15年）、保藏效果好，携带方便，适用面广。除了丝状微生物的菌丝体不适宜于本法外，其它大多数微生物均可采用此法进行菌种保藏。此法的缺点是操作比较复杂，技术要求高，设备比较昂贵等。

（6）液氮保藏法 液氮的温度为−196℃，在此温度下可认为微生物细胞的代谢速率接近为零，因此保藏期很长，一般可超过10年。此法需要使用保护剂，常用的有甘油、二甲基亚砜等，其终浓度为10%～30%。

进行保藏操作时，将菌种与保护剂一起制备成浓度大于10^8个/mL的菌悬液或孢子悬液，分装于冻存管中，置于冰水浴中降温到0℃左右，然后使用程序降温仪以1～2℃/min的速度降温至−35℃左右，迅速把冻存管置于液氮中保藏。采用程序降温可使细胞内的自由水较快地渗出细胞膜，以有效防止形成冰晶而对细胞造成伤害。

此法的最大优点是保藏期很长，并且有效防止细胞变异，是目前公认的最有效的菌种长期保藏技术之一。缺点是需要购置液氮设备，耗能高、耗资高。

5. 菌种保藏的注意事项

（1）保藏方法的选择 微生物的种类很多，不同的微生物其特性可能差异很大，因此，应根据微生物菌种的具体特性、保藏的目的等因素来选择合适的保藏方法。如菌种经常使用，可选择斜面低温保藏法；如需长期保藏，可选择超低温保藏法或液氮保藏法。

（2）细胞菌龄的选择 对微生物菌种进行保藏时，不同菌龄的微生物细胞对保藏的效果有较大的影响。一般情况下，应选择生长同步且成熟的细胞群体、抗逆性强的孢子或芽孢进行菌种保藏。因此，保藏不产芽孢的细菌、酵母菌时，应选择对数生长期末期到稳定期初期之间的细胞；保藏产芽孢细胞、放线菌、霉菌时，应选择其成熟的芽孢或孢子。

（3）细胞悬液浓度 增大菌种的悬液浓度，可提高存活的细胞数量，提高菌种的存活概率。一般情况下，细菌细胞或芽孢的浓度应不低于10^8个/mL；酵母菌细胞或霉菌孢子的浓度应不低于10^7个/mL。另外，微生物经过培养后，培养基中可能存在对细胞有害的代谢产物，因此，对使用液态培养基培养的微生物细胞可离心去除培养液，再用无菌水悬浮成菌悬液，斜面菌种则可直接用无菌水洗脱成菌悬液。

（4）保护剂 保藏温度过低时，细胞内的自由水可形成冰晶，会对微生物菌种造成伤害，此时可加入保护剂，适合的保护剂可有效使细胞内的自由水渗出胞外，减少胞内冰晶的形成，有利于提高菌种的存活率，延长保藏期。常用的保护剂一般有甘油、脱脂牛乳、山梨醇、葡聚糖、淀粉、血清等，使用终浓度一般为10%～30%。

（5）冻结和解冻的速度 对于液氮保藏法，冻结速度和解冻速度对保藏的效果影响较大，一般使用慢冻结而快解冻的方式。研究表明，速度在1～10℃/min范围内的程序降温，细胞死亡率低，超过10℃/min的快速冻结，细胞的死亡率大大提高（真核微生物较显著）。

解冻时，一般迅速放置于35～40℃的温水中快速解冻，接着进行菌种活化相关工作；如果解冻速度较慢，有可能出现细胞内再结冰，对细胞造成伤害，从而影响菌种保藏的效果。

（6）菌种活化　菌种的活化就是将保藏状态的微生物菌种置于适宜的条件中培养，使其恢复原有生命活力及优良性状的过程。活化菌种时，应使用该菌种的最适合培养基及培养条件，经过2～3代的转接培养，即可达到活化的目的。一般情况下，斜面低温保藏的菌种转接一次即可，而超低温长时间保藏的菌种则需要转接2～3次。

复习思考题

1. 名词解释：遗传、变异、基因突变、诱变育种、营养缺陷型、转化、菌种衰退、菌种复壮、菌种活化。

2. 微生物遗传物质的存在形式有哪些?

3. 基因突变的类型有哪些?

4. 简述菌种筛选的过程。

5. 简述紫外诱变的一般过程及注意事项。

6. 微生物菌种衰退的现象有哪些?

7. 如何预防微生物菌种衰退?

8. 简述微生物菌种保藏的原理。

9. 微生物菌种常用的保藏方法有哪些?

10. 为什么超低温保藏法需要配合使用保护剂?

11. 菌种保藏的注意事项有哪些?

第七章

微生物学实验技术

技能与思政素养目标

1. 掌握微生物的显微技术。
2. 能够进行微生物的培养。
3. 能够进行微生物的分离、纯化、测定等。
4. 能够进行微生物的育种及菌种保藏。
5. 理解学思用贯通、知信行统一，增强勇于探索的创新精神、善于解决问题的实践能力。

技能训练一　普通光学显微镜的使用与维护

【目的】

① 了解普通光学显微镜的构造、工作原理、维护及保养方法。

② 掌握普通光学显微镜观察生物标本片。

【基本原理】

显微镜的种类很多，其中普通光学显微镜是最常用的一种，是进行微生物学研究不可缺少的工具之一。其成像的原理是将被检物体置于聚光器与物镜之间，光线经过聚光器穿过透明的物体进入物镜，在目镜的焦点平面（光阑部位或附近）形成一个初生倒置的实像。从初生实像射过来的光线，经过目镜的接目透镜而到达眼球。这时的光线已变成平行或接近平行光，再透过眼球的晶状体时，便在视网膜后形成一个直立的实像。

光学显微镜的构造如图 7-1 所示，分光学系统和机械系统两部分。

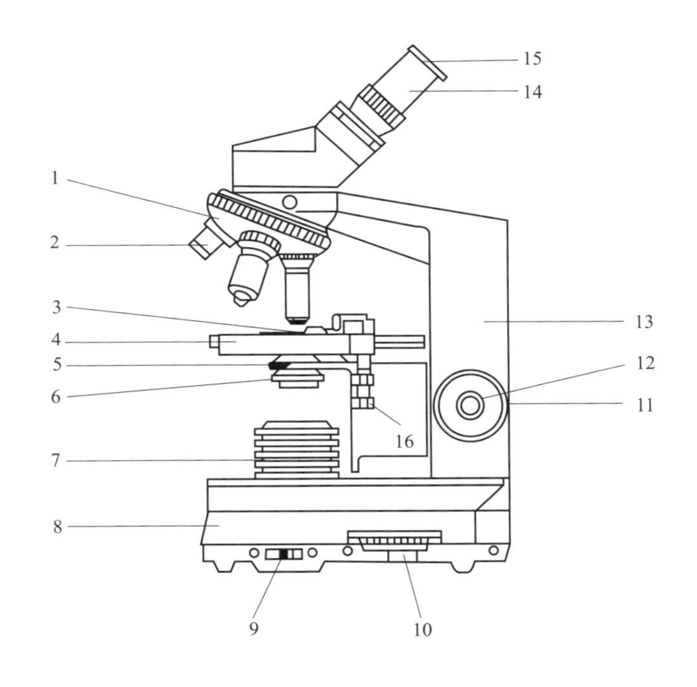

普通光学显微镜的结构

图 7-1　普通光学显微镜构造示意图

1—物镜转换器；2—物镜；3—游标卡尺；4—载物台；5—聚光器；6—彩虹光阑；7—光源；8—镜座；9—电源开关；10—光源滑动变阻器；11—粗调螺旋；12—微调螺旋；13—镜臂；14—镜筒；15—目镜；16—标本移动螺旋

1. 光学系统

显微镜的光学系统主要包括物镜、目镜、聚光器、彩虹光阑、光源（或反光镜）等。

(1) 物镜　统称为镜头，是在金属圆筒内装有许多块透镜而组成的。根据物镜和标本之间的介质的性质不同，物镜可分为干燥系物镜和油浸系物镜。干燥系物镜指物镜和标本之间介质是空气（折射率 $n=1$），包括低倍镜和高倍镜两种。油浸系物镜指物镜和标本之间的介质是一种和玻璃折射率（$n=1.52$）相近的香柏油（$n=1.515$），这种物镜也称为油镜。油镜的镜头上一般标有“HI”或“OI”的字样，镜头下缘刻有一白圈。使用油镜时需将镜头浸在香柏油中，这是为了消除光由一种介质进入另一种介质时发生折射，保证光线强度。

① 放大倍数：物镜的放大倍数可由外形来辨别，镜头长度越短，口径越大，放大倍数越低。物镜的放大倍数大都标在镜头上，常用的低倍镜为10×、20×；高倍镜为40×、45×；油镜为90×、100×。

物镜的放大倍数＝光学筒长÷物镜的焦距

光学筒长是指物镜上焦平面到目镜下焦平面间的距离，一般为160mm。例如，当物镜的焦距为16mm，光学筒长为160mm时，它的放大倍数是160/16＝10。

② 工作距离：观察标本最清晰时，物镜下面透镜的表面与标本样品之间的最短距离。物镜的放大倍数越大，工作距离越短。一般油镜的工作距离最短，约为0.2mm(表7-1)。因此，要求盖玻片的厚度为0.17～0.18mm，若盖玻片太厚，就不可能将被检物体聚焦，且易引起物镜的意外损伤。

表7-1　标准物镜的主要性质

焦距/mm	光学筒长/mm	放大倍数	镜口率	工作距离/mm
16	160	10×	0.28	6.5
8	160	20×	0.5	2
4	160	40×	0.65	0.6
2	180	90×	1.25	0.2

③ 焦距：平行光线经过单一透镜后集中于一点，由这一点到透镜中心的距离。一般，物镜的放大倍数越大，焦距越短。

④ 焦点深度：在视野中垂直范围内所能清晰观察到的物体界限。物镜放大倍数越大，焦点深度越浅。通常，焦点深度与显微照相有密切关系。

⑤ 镜口率：物镜与标本介质折射率（n）和光的最大入射角 α 正弦的乘积，也称为数值口径，简称NA。其计算公式为：$NA=n\cdot\sin(\alpha/2)$，其中 n 是物镜与标本间介质的折射率，干燥系物镜 $n=1$，油浸系物镜 $n=1.515$。α 是光线进入物镜的最大夹角，也称镜口角。油浸系物镜的镜口角为1200，因此镜口率最大也不超过1.31，只能分辨直径为0.2μm的物体。镜口率均标明在物镜的镜头上。

⑥ 分辨力：显微镜分辨被检物体细微结构的能力，也就是判别两个物体点之间最短距离的能力，分辨力以 R 表示，若两个物体之间距离大于 R，可被这个物镜分辨；若距离小于 R 时，就分辨不清了。所以，R 越小，物镜的分辨力越高。

分辨力的计算公式为：$R=\lambda/(2NA)=\lambda/[2n\cdot\sin(\alpha/2)]$

由上式可知，镜口率越大，物镜放大倍数越大，分辨力越强。如果射入的光线为单色绿光，其波长为0.55μm，代入公式后，则10×、40×、90×物镜的分辨力分别为1μm、0.42μm和0.22μm。因此，无论总的放大倍数多大，用普通光学显微镜是无法观察到小于0.2μm的物体的。用光学显微镜观察标本时，其波长不可能短于可见光的波长，因此必须依靠增大物镜的镜口率来提高显微镜的分辨力。

（2）目镜

① 目镜的组成：也称接目镜，是由两块透镜组成的。上面的一块与眼接触，称为接目透镜；下面的一块靠近视野的称为会聚透镜。在两块透镜中间，或在视野透镜的下端装有一个用金属制成的光阑，物镜与会聚透镜就在这个光阑的面上成像，在这个光阑的面上还可以安装目镜测微尺。

② 目镜的放大倍数：实验室中常用的目镜的放大倍数为10×、15×、20×。若10×的目镜与40×的物镜配合使用，显微镜的总放大倍数为400倍，一般用40×10来表示，即显微镜的物镜和目镜放大倍数的乘积（只有在能分辨的情况下，上述乘积才有效）。

（3）聚光器　在较高级的显微镜的载物台下的次台上均装有聚光器。聚光器一般由2～3块透镜组成，作用是会聚从光源射来的光线，集合成光束，以增强照明光度，然后经过标本射入物镜中去。利用升降调节螺旋可以调节光线的强弱。

（4）彩虹光阑　在聚光器下方装有彩虹光阑。彩虹光阑能连续而迅速改变口径，光阑越大，通过的光束越粗，光量越多。在用高倍物镜观察时，应开大光阑，使视野明亮；如果观察活体标本或未染色标本时，应缩小光阑，以增加物体明暗对比度，便于观察。

有些显微镜的彩虹光阑下方装有滤光片支架，可以内外移动，以便安放滤光玻片。

（5）光源或反光镜　在显微镜最下方、镜座中央的底座内，装有灯泡，为显微镜的光源。目前显微镜一般都自身携带光源。而一些老式的显微镜需要采集外界光源，因此在镜座的中央装有反光镜。反光镜由凹、平两面圆形镜子组成，可以自由转动方向，将从外界光源来的光线送至聚光器。在利用聚光器时，通常用平面镜，因为聚光器的构造最适于利用平行光，只有在照明条件较差或用油镜时，才用凹面镜。

2．机械系统

显微镜的机械系统主要由镜座、镜臂、载物台、镜筒、物镜转换器和调焦装置等部分组成。

（1）镜座　显微镜的基座，位于显微镜最底部，多呈马蹄形、三角形、圆形或丁字形。

（2）镜臂　显微镜用以支持镜筒、载物台和照明装置。对于载物台能升降的显微镜，镜臂是活动的；对于载物台活动的显微镜，镜臂和镜座是固定的。

（3）镜筒　连接目镜和物镜的金属空心圆筒，圆筒的上端可插入目镜，下端与物镜转换器相连。镜筒长度一般为160mm。有的镜筒有分支呈双筒，可同时装两个目镜。

（4）物镜转换器　在镜筒下端与螺纹口相接，是一个可以旋转的圆盘，其上装有3～4个不同放大倍数的物镜，可以随时转换物镜与相应的目镜构成一组光学系统。由于物镜长度的配合，镜头转换后仅需稍微调焦即可观察到清晰的物像。

（5）载物台　放置被检标本的平台，中心部位有孔可透过光线。一般方形载物台上装有标本移动器装置，转动螺旋可使标本前后、左右移动。有的在移动器上装有游标尺，构成精密的平面直角坐标系，以便固定标本位置重复观察。

（6）调焦装置　在镜臂两侧装有使载物台或镜筒上下移动的调焦装置——细、粗（微调）螺旋。一般粗螺旋只做粗调焦距，使用低倍物镜时，仅用粗调便可获得清晰的物像；当使用高倍镜和油镜时，用粗调找到物像，再用微调调节焦距，才能获得清晰的物像。微调螺旋每转一圈，载物台上升或下降0.1mm。因此，微调只在用粗调螺旋找到物像后，使其获得清晰物像时使用。

普通光学显微镜的使用

【材料、试剂与器具】

① 菌种：植物组织永久装片。

② 仪器或其他用具：显微镜，酒精灯，载玻片，香柏油，洗镜液，擦镜纸，吸水纸，无菌水等。

【方法与步骤】

（1）显微镜放置位置 显微镜应放在身体的正前方，镜臂靠近身体一侧，镜身向前，镜与桌边距离适合（一般为 10cm 左右）。

（2）选择物镜 旋转物镜转换器，将低倍镜（4×或 10×）转动到和光路对准的位置。

（3）调节光源 打开光源，通过底座上的光强度调节开关来调节光的强度。如果光源太亮，而且发射的光谱中有较多刺眼的红光，可根据情况选用滤光片，以减弱光的强度。

（4）调节聚光器和物镜数值口径相一致 调节聚光器至适当位置，取下目镜，直接向镜筒内观察，先将可变光阑缩到最小，再慢慢打开，使聚光器的孔径与视野恰好一样大，其目的是使入射光所展开的角度正好与物镜的镜口角一致，以充分发挥物镜的分辨力，并把超过物镜所能接受的多余光挡掉，否则会影响清晰度。在实际操作中，观察者往往只根据视野亮度和标本明暗对比度来调节可变光阑的大小，而不考虑聚光器与所用物镜的数值口径的一致。只要能达到较好的效果，这种调节方法也是可取的，但对使用显微镜而言，必须了解这一操作的目的和原理，只有这样，当需要采用这一正规操作时，才能运用自如。

（5）放置标本 降低载物台，将标本片放在镜台上，用玻片夹夹牢，然后提升载物台，使物镜下端接近标本片。

（6）调焦 双眼移向目镜，调节粗调螺旋，当发现模糊的物像时，可以调节微调螺旋，使物像清晰为止。如发现视野太亮，切勿随意变动可变光阑，但可调节光的强度，或上下调节聚光器。

（7）观察 左眼观察显微镜，右眼睁开同时绘图。并在所绘图下标注放大倍数，一般以“物镜的放大倍数×目镜的放大倍数”表示。

低倍镜观察后，旋转物镜转换器，换用高倍镜观察，这时只需轻轻调节微调螺旋就可观察到清晰的物像。进行观察和绘图。

转换油镜观察时，首先加一滴香柏油于标本玻片上，旋转物镜转换器，将油镜浸入香柏油中（操作时应从侧面仔细观察，避免镜头撞击载玻片），调焦与观察同上。

（8）使用后的处理 将电源开关拨到电压值最小状态，然后断开电源；下降载物台，取下标本；用擦镜纸擦目镜和物镜，并用柔软的绸布擦拭机械部分；油镜使用完毕后，先用擦镜纸揩去香柏油，接着用另一张蘸有适量洗镜液的擦镜纸去除残留的香柏油之后，再用干净的擦镜纸揩干；将物镜镜头转成“八”字形，使其处于非光路位置；将载物台下降到最低位置，将聚光器下降到最低位置。

【注意事项】

① 显微镜应放在通风干燥的地方，避免阳光直射或曝晒，通常用玻璃罩或红、黑两层布罩罩起来，放入箱内。为避免受潮，在箱内放有用小袋装的干燥剂（如变色硅胶等），以便吸收水分，注意需要经常更换干燥剂。

② 显微镜要避免与酸、碱，以及易挥发的、具腐蚀性的化学试剂等放在一起。

③ 目镜和物镜必须保持清洁，如有灰尘应该用擦镜纸揩去，不得用布或其它物品擦拭。

④ 使用油镜观察后，应先用擦镜纸将镜头上的油擦去，再用蘸有适量洗镜液的擦镜纸擦 2～3 次，最后用干净的擦镜纸将洗镜液擦去。

⑤ 显微镜应防止震动，否则会造成光学系统光轴的偏差从而影响精度，从箱内取出或放入显微镜时，应一手提镜臂，一只手托镜座，注意要防止目镜从镜筒中滑出。

⑥ 粗、细调节螺旋和标本推进器等机械系统要灵活，如不灵活可在滑动部分滴加少许润滑油。

⑦ 显微镜使用完毕后，须将物镜转成“八”字形，勿使物镜镜头与聚光器相对放置；同时将载物台、聚光器降至最低位置，避免其松动下滑。

⑧ 显微镜观察时以左眼为宜，但两眼务必同时睁开，否则易产生疲劳。一般是左眼观察，右眼睁开，同时绘图。

⑨ 镜检时，首先提升载物台或降低物镜，使载玻片标本和物镜接近，之后将眼睛移至目镜观察，此时只允许降低载物台或提升物镜，以免物镜与载玻片相撞。为了快速找到物像，先用低倍镜观察，因为低倍镜视野大，易发现目的物和找到物像，再转换为高倍镜或油镜，由于物镜转换器上的多个物镜共焦点，因此物镜转换只要使用微调就能获得清晰图像。但此时需将聚光器上升或开大光圈，以获得合适亮度。

【结果与报告】

根据观察结果，分别绘制在低倍镜、高倍镜和油镜下观察到的标本形态，同时注明物镜放大倍数和总放大率。

技能训练二　细菌的形态观察——简单染色法

【目的】

细菌简单染色法

① 学习微生物涂片、染色的基本技术。

② 掌握细菌简单染色法的操作技术。

③ 掌握无菌操作技术和油镜的使用方法。

④ 了解细菌的个体形态和菌落培养特征。

【基本原理】

细菌个体微小，观察个体形态时，一般须经过染色。简单染色法是利用单一染料对细菌进行染色的方法。此法操作简便，适用于菌体一般形状和细菌排列的观察。

常用碱性染料进行简单染色，这是因为在中性、碱性或弱酸性溶液中，细菌细胞通常带负电荷，而碱性染料在电离时，其分子的染色部分带正电荷，因此碱性染料的染色部分很容易与细菌结合使细菌着色。经染色后的细菌细胞与背景形成鲜明的对比，在显微镜下更易于识别。常用作简单染色的染料有亚甲蓝、结晶紫、碱性复红、孔雀绿和中性红等。

当细菌分解糖类产酸使培养基 pH 下降时，细菌所带正电荷增加，此时可用伊红、酸性复红、刚果红和藻红等酸性染料染色。

【材料、试剂与器具】

① 菌种：大肠埃希菌。

② 染色剂：结晶紫、番红。

③ 仪器或其他用具：显微镜，酒精灯，载玻片，接种环，香柏油，洗镜液，擦镜纸，吸水纸，无菌水等。

【方法与步骤】

1. 涂片

取一块干净的载玻片，滴一小滴蒸馏水于载玻片中央，用接种环以无菌操作（图 7-2）从大肠埃希菌斜面上挑取少许菌苔于水滴中，混匀涂成直径 1cm 左右的薄膜。若用菌悬液（或液体培养物）涂片，可用接种环挑取 2～3 环直接涂于载玻片上（图 7-3）。

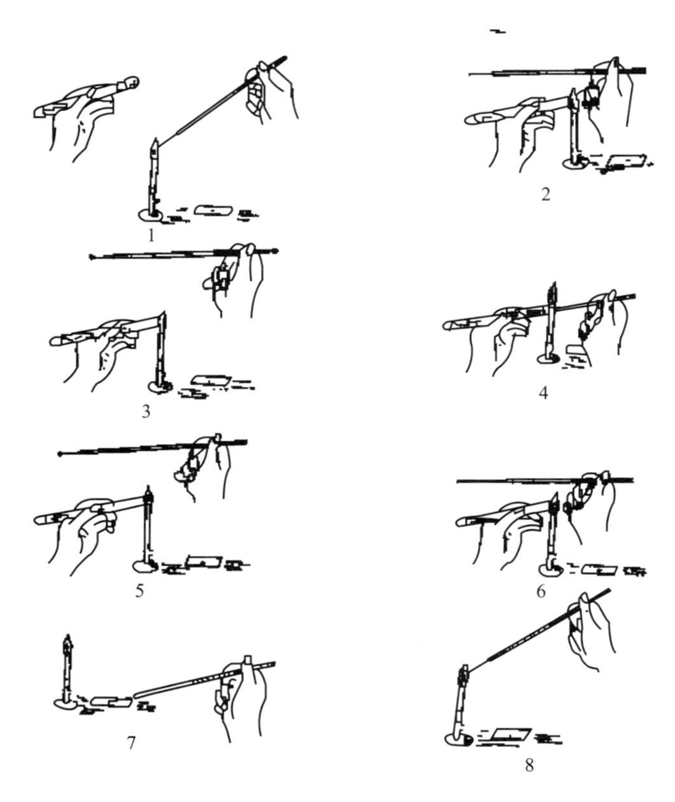

图 7-2 无菌操作取样

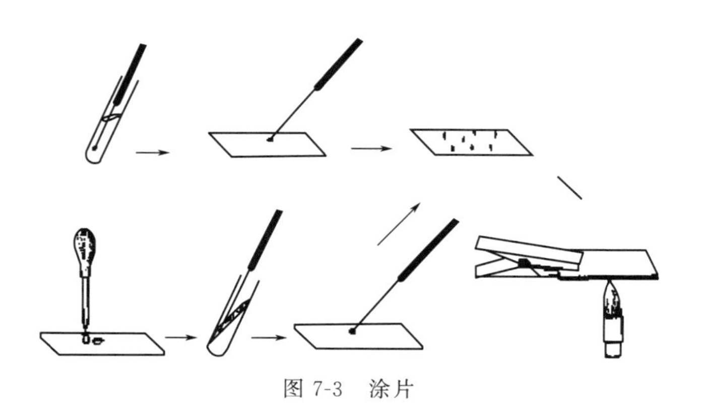

图 7-3 涂片

载玻片要洁净无油迹；滴无菌水和取菌不宜过多；涂片要涂抹均匀，不宜过厚。制片是染色的关键，菌体涂布不均匀，会造成染料大面积堆积，使观察结果不理想。

2．干燥

最好在室温下自然干燥，如为了干燥快些，可将涂面向上，手持载玻片一端的两边，小心地在酒精灯火焰上方微微加热，使水分蒸发，不能靠火焰太近或加热时间过长，以防标本烤枯而使菌体变形。

3．固定

涂面朝上，通过火焰2～3次。

此操作过程称热固定，其目的是杀死微生物，使细胞质凝固，以固定细胞形态，并使之牢固附着在载玻片上，改变染料对细胞的通透性，因为死细胞的原生质比活细胞的原生质易于染色。

热固定温度不宜过高（以载玻片背面不烫手为宜），否则会改变甚至破坏细胞形态。冷却后进行染色。

这种固定法在微生物实验中虽然应用较为普遍，但应当指出，在研究微生物细胞结构时不适用，而应采用化学固定法。

4．染色

将载玻片平放，滴加染液于涂片上（染液刚好覆盖涂片薄膜为宜）。结晶紫染色约1min或番红染色约1min。

5．水洗

倒去染液，用自来水冲洗，直至涂片上流下的水无色为止。水洗时，不要直接冲洗涂面，而应使水从载玻片的一端流下。水流不宜过急、过大，以免涂片薄膜脱落。

6．干燥

自然干燥，或在酒精灯火焰上方加热加速干燥。

7．镜检

用低倍镜找到视野，用油镜观察菌株细胞形态。

显微镜油镜头的使用及维护

【结果与报告】

根据观察结果，绘制在油镜下观察到的细菌的细胞形态，注明物镜放大倍数和总放大率。

技能训练三　细菌的形态观察——革兰氏染色法

【目的】

细菌革兰氏染色法

① 学习并掌握革兰氏染色法的操作技术。

② 了解革兰氏染色法的原理及其在细菌分类鉴定中的重要性。

【基本原理】

革兰氏染色法是1884年由丹麦病理学家Christain Gram创立的，而后一些学者在此基础上作了一些改进。革兰氏染色法是细菌学中广泛使用的一种重要的鉴别染色法。

革兰氏染色法将细菌分为革兰氏阳性和革兰氏阴性，其机制是这两类细菌细胞壁的结构和组成不同。实际上，当用结晶紫初染后，像简单染色法一样，所有细菌都被染成初染剂的蓝紫色。碘作为媒染剂，它能与结晶紫结合成结晶紫-碘的复合物，从而增强了染料与细菌的结合力。当用脱色剂处理时，两类细菌的脱色效果是不同的。革兰氏阳性菌的细胞壁主要由肽聚糖形成的网状结构组成、壁厚，类脂含量低，用乙醇（或丙酮）脱色时细胞壁脱水，使肽聚糖层的网状结构孔径缩小，透性降低，从而使结晶紫-碘的复合物不易被洗脱而保留在细胞内，经脱色和复染后仍保留初染剂的蓝紫色。革兰氏阴性菌则不同，由于其细胞壁肽聚糖层较薄、类脂含量高，所以进行脱色处理时，类脂被乙醇（或丙酮）溶解，细胞壁透性增大，使结晶紫-碘的复合物较容易被洗脱出来，用复染剂复染后，细胞被染上复染剂的红色。

革兰氏染色法的基本步骤：先用初染剂结晶紫进行染色，再用碘液媒染，然后用乙醇脱色，最后用复染剂（如番红）复染。经此方法染色后，细胞保留初染剂蓝紫色的细菌为革兰氏阳性菌（G^+）；如果细胞中初染剂被脱色剂洗脱而使细菌染上复染剂的颜色（红色），该菌属于革兰氏阴性菌（G^-）。革兰氏染色法将细菌分为两大类。

革兰氏染色反应是细菌重要的鉴别特征，为保证染色结果的正确性，采用规范的染色方法是十分必要的。

【材料、试剂与器具】

① 菌种：大肠埃希菌，尿肠球菌，枯草芽孢杆菌。

② 染色剂：结晶紫染色液，革兰氏碘液，95%乙醇，番红染色液。

③ 仪器或其他用具：显微镜，酒精灯，载玻片，接种环，香柏油，洗镜液，擦镜纸，吸水纸，无菌水等。

【方法与步骤】

1. 制片

取菌种培养物进行涂片、干燥、固定操作。要用快速生长期的幼培养物作革兰氏染色（若细菌太老，由于菌体死亡或自溶常使革兰氏阳性菌转呈阴性反应）；涂片不宜过厚，以免脱色不完全造成假阳性；火焰固定时，通过火焰2～3次，不宜过热（以载玻片不烫手为宜）。

2. 初染

滴加结晶紫染色液（以刚好将菌膜覆盖为宜）作用1min，用水清洗。用水清洗时，不要直接冲洗涂面，而应使水从载玻片的一端流下。水流不宜过急、过大，以免涂片薄膜脱落。

3. 媒染

用碘液冲去残水，并用碘液覆盖约1min，用水清洗。

4. 脱色

用95%乙醇冲去残水，并用95%乙醇覆盖约30s，用水清洗。或将载玻片倾斜，在白色背景下，滴加 95%乙醇脱色，直至流出的乙醇刚好无紫色时，立即用水清洗。

革兰氏染色结果是否正确，乙醇脱色是革兰氏染色操作的关键环节，脱色不足，阴性菌被误染成阳性菌，脱色过度，阳性菌被误染成阴性菌，脱色时间一般为 20～30s。

5. 复染

用番红染色液作用 1min，用水清洗。

6. 镜检

用低倍镜找到视野，用油镜观察菌株细胞染色情况。菌体被染成蓝紫色的是革兰氏阳性菌，被染成红色的为革兰氏阴性菌。

7. 混合涂片染色

按上述方法，在同一载玻片上，以革兰氏阳性菌与革兰氏阴性菌作混合涂片、染色、镜检进行比较。

【结果与报告】

说明 3 株细菌的染色观察结果（各菌的形状、颜色和革兰氏染色反应）。

技能训练四　放线菌的形态观察

【目的】

① 掌握放线菌的一般接种方法。
② 掌握插片法、压印法的操作技术。
③ 观察和了解放线菌的个体形态和菌落培养特征。

【基本原理】

放线菌是指能形成分枝丝状体或菌丝体的一类革兰氏阳性菌，属原核微生物，其菌落一般为圆形，大小介于细菌和霉菌之间，形状随菌种而异。其可分为两型：一种类型产生大量分枝的基内菌丝和气生菌丝，基内菌丝伸入培养基内，菌落紧贴培养基表面，并由于它们的菌丝体比较紧密，交织成网，因而使菌落极其坚硬，用针能将整个菌落自培养基挑起而不破裂，菌落起初是光滑或如发状缠结，当在其上产生孢子后，表面呈粉状、颗粒状或絮状，其典型的代表属是链霉菌属（*Streptomyces*）。另一种类型是不产生大量菌丝的菌种，其菌落黏着力不如前一类型结实，结构呈粉质，用针挑时易粉碎，典型代表为诺卡氏菌属（*Nocardia*），其接种方式和菌体观察同细菌。

在显微镜直接观察下，气生菌丝在上层，基内菌丝在下层，气生菌丝色暗，基内菌丝较透明。孢子丝依种类的不同，有直、波曲、各种螺旋形或轮生。在油镜下观察，放线菌的孢子有球形、椭圆、柱状或杆状。放线菌的菌丝和孢子会产生各种色素，所以使菌落呈各种颜色，而且平皿培养的表面和背面的颜色往往不同，色素产生与菌种的种类、培养基的成分有关。放线菌的气生菌丝（孢子丝）及形成孢子的方式、孢子的形态及颜色是分类的重要依据之一。

链霉菌由于呈菌丝生长，而且菌丝很细，若用接种针直接挑取，易将菌丝挑断，所以，观察放线菌形态时，多用插片法和压印法。但有时也可以采取水浸片法直接观察放线菌的个体形态。

【材料、试剂与器具】

① 菌种：灰色链霉菌，天蓝色链霉菌。

② 器皿：培养皿，载玻片，盖玻片，无菌滴管，显微镜，镊子，接种针，接种环，接种钩，小刀等。

【方法与步骤】

1. 斜面接种

同细菌，用接种环刮取菌落表面的孢子，然后在斜面培养基上蜿蜒划折线。置28℃培养6d，观察菌落生长的情况。

2. 插片法

① 倒平板：将高氏Ⅰ号培养基熔化后并冷至50℃，倒15～20mL于灭菌培养皿中，凝固待用。

② 插片：将灭菌盖玻片以45°角度插入培养皿内的培养基中，然后用接种针将菌种接种在盖玻片与琼脂相接的沿线，置于28℃培养6～15d。

③ 观察：培养后的菌丝体生长在培养基及盖玻片上，小心地用镊子将盖玻片取出，擦去较差一面的菌丝体，放在载玻片上（菌丝体覆盖在载玻片上），直接置于显微镜下观察，也可在玻片间滴一滴水，制成水封片。观察时，宜用较暗光线，先用低倍镜找到适当的视野，再换高倍镜。如果用0.1%亚甲蓝对培养后的盖玻片进行观察效果更好。

3. 平板划线接种

按照细菌平板划线方式将菌种划线接种于高氏Ⅰ号培养基的平板上，倒置于28℃培养6～15d。观察分离培养得到的单一放线菌落的大小、表面形状（崎岖、皱褶或平滑）、气生菌丝的形状（粉状、绒状或茸毛状等）、有无同心环、菌落的颜色等特征。

4. 压印法

① 挑取菌落小块：从上述划线分离的平板中，用接种钩把单个菌落连同培养基一起挑起，放于洁净的载玻片上。

② 盖片压印：用镊子取一盖玻片在火焰上稍微加热，然后把玻片盖在有菌落的培养基小块上，用镊子轻轻压几下，使小块培养基上的部分菌丝体压印在盖玻片上。印片时不要用力过大压碎琼脂，也不要错动，以免改变放线菌的自然形态。

③ 观察：将上述经压印有菌丝体的盖玻片放于洁净的载玻片上（盖玻片印有菌体的一面贴向载玻片），然后放于显微镜下用高倍镜观察。

【结果与报告】

观察并绘图说明所观察到的放线菌的孢子丝形态、菌落形态。

微生物细胞的死活染色鉴别

技能训练五　酵母菌的形态观察

【目的】

① 观察酵母菌的细胞形态。

② 掌握酵母细胞死活染色鉴别操作方法。

【基本原理】

酵母菌细胞比细菌大，染色或不经染色，在显微镜下都可观察清楚。活酵母菌细胞中，新陈代谢旺盛，细胞内的还原能力强。如果亚甲蓝进入细胞内，受到脱氢酶的作用，把亚甲蓝还原为无色的还原型亚甲蓝，所以活细胞为无色；而死细胞没有这种能力，则染成蓝色。

【材料、试剂和器具】

① 菌株材料：酿酒酵母、鲁氏酵母、热带假丝酵母。

② 试剂：0.1%亚甲蓝染色液（以 pH6.0 的 0.02mol/L 磷酸缓冲液配制），碘液，0.04%的中性红染色液，5%孔雀绿，0.5%沙黄液，95%乙醇。

③ 器具：显微镜，载玻片，擦镜纸，盖玻片，接种环，玻璃棒等。

【方法与步骤】

1. 一般形态观察

采用简单的水浸法制片，便可看清酵母菌的基本形态。在一块洁净的载玻片中央滴一滴蒸馏水，取一环菌和水充分混匀，上面加一块盖玻片，注意不要有气泡，便可在低倍镜下观察。

2. 死活细胞的区别及死亡率的测定

基本方法同 1，以 0.1%亚甲蓝液代替水。在显微镜下可见到蓝色的死细胞和无色的活细胞。在一个视野里计数死细胞和活细胞，共计数 5～6 个视野。酵母菌死亡率一般用百分数来表示，以下式来计算：

$$死亡率=\frac{死细胞总数}{细胞总数}\times100\%$$

3. 酵母菌液泡系的活体观察

于洁净载玻片中央加一滴中性红染色液，取少许上述酵母菌悬液与之混合，染色 5min，加盖玻片在显微镜下观察。细胞无色，液泡呈红色。

4. 酵母菌细胞中糖原颗粒的观察

将 1 滴碘液置于载玻片中央，接入上述酵母菌悬液，混匀，盖上盖玻片，显微镜观察，细胞内的储藏物质糖原颗粒呈深红色。

5. 酵母菌子囊孢子的观察

① 活化酿酒酵母：将酿酒酵母接种至新鲜的麦芽汁培养基上，置 28℃培养 2～3d，然后再移植 2～3 次。

② 转接产孢培养基：将活化的酿酒酵母转接至醋酸钠培养基上，置 30℃恒温培养 14d。

③ 观察：挑取少许产孢菌苔于载玻片的水滴上，经涂片、热固定后，加数滴孔雀绿，染色 1min 后水洗，加 95%乙醇 30s，水洗，最后用 0.5%沙黄液复染 30s，水洗去染色液，最后用吸水纸吸干。制片干燥后，镜检，子囊为粉红色。注意观察子囊孢子的数目、形状和子囊的形成率。

④ 计算子囊形成的百分率：计数时随机取3个视野，分别计数产子囊孢子的子囊数和不产孢子的细胞数，然后按下列公式计算：

$$\text{子囊形成率}=\frac{\text{3个视野中形成子囊的总数}}{\text{3个视野中酵母细胞总数}}\times 100\%$$

6. 酵母菌假菌丝的观察

取一无菌载玻片浸于溶化的PDA培养基中，取出放在温室培养的支架上，待培养基凝固后，进行酵母菌划线接种，然后将无菌盖玻片盖在接菌线上，28℃培养2～3d后，取出载玻片，擦去载玻片下面的培养基，在显微镜下直接观察。可见到芽殖酵母形成的藕节状假菌丝，裂殖酵母则形成竹节状假菌丝。

7. 自然状态下的酵母菌观察

取一滴亚甲蓝染色液于载玻片中央，春夏秋季取酱油或腌菜上的白膜，冬季取腌酸菜汤上的白膜，将其置于载玻片染色液中，盖上盖玻片，显微镜下仔细观察酵母菌形态、出芽生殖、假菌丝等。

【注意事项】

① 用于活化酵母菌的麦芽汁培养基要新鲜、表面湿润。

② 在产孢培养基上加大移种量，可提高子囊形成率。

③ 通过微加热增加酵母的死亡率，易于观察死亡细胞。

【结果与报告】

1. 绘出酵母菌细胞、子囊及子囊孢子的形态结构图。

2. 绘出自然状态下的酵母菌形态。

技能训练六　霉菌的形态观察

【目的】

① 观察几种常见霉菌的形态。

② 掌握微生物载玻片湿室培养方法。

【基本原理】

霉菌为丝状真菌，菌丝有横隔或无横隔，可分为气生菌丝和营养菌丝，气生菌丝上可形成孢子。孢子的形状、颜色、着生点、形成过程，因不同霉菌而异，这是鉴别霉菌的重要依据。通过特殊方法培养制片，在显微镜下可观察到霉菌菌丝的各种形态。

【材料、试剂和器具】

① 菌株材料：黑曲霉、黑根霉、橘青霉、总状毛霉。

② 试剂：甘油、乳酸石炭酸溶液、棉蓝染色液。

③ 器具：剪刀，培养皿，载玻片，玻棒，盖玻片，圆形滤纸片，细口滴管，镊子，显微镜，接种环。

【方法与步骤】

1. 霉菌的载玻片湿室培养

（1）湿室用具准备　在培养皿底铺一张圆形滤纸片，载玻片、盖玻片和玻棒，外用纸包扎，经 121℃湿热灭菌 30min 后，置 60℃烘箱烘干，备用。

（2）接种 在超净工作台内，将两条玻棒放入平皿内适当位置，放上载玻片，然后用接种环挑取少量待观察的霉菌孢子至湿室内的载玻片上，每张载玻片可接同一菌种的孢子两处。接种时只要将带菌的接种环在载玻片上轻轻碰几下即可（务必记住接种的位置）。

（3）加培养基 用无菌细口滴管吸取少量熔化约 50℃的培养基，滴加到载玻片的接种处，培养基应滴得圆而薄，其直径约为 0.5cm（滴加量一般以 1/2 小滴为宜）。

（4）加盖玻片 在培养基未彻底凝固前，用无菌镊子将无菌盖玻片盖在琼脂块薄层上，用镊子轻压，使盖玻片和载玻片之间的距离相当接近，但不能压扁，否则不透气。

（5）加保湿剂 每皿加入大约 3mL 20%的无菌甘油，使皿内的滤纸完全润湿，以保持皿内湿度，皿盖上注明菌名、组别和接种日期。将制成的载玻片湿室，置 28℃恒温培养 3～5d。

2. 黑根霉假根的培养

将熔化的 PDA 培养基，倒入无菌平皿，其量约为平皿高度的 1/2。冷凝后，用接种环蘸取黑根霉孢子，在平板表面划线接种。然后将平皿倒置，在皿盖内放一无菌载玻片，于 28℃培养 2～3d 后，可见根霉的气生菌丝倒挂成胡须状，有许多菌丝与载玻片接触，并在载玻片上分化出假根和匍匐菌丝等结构（图 7-4）。

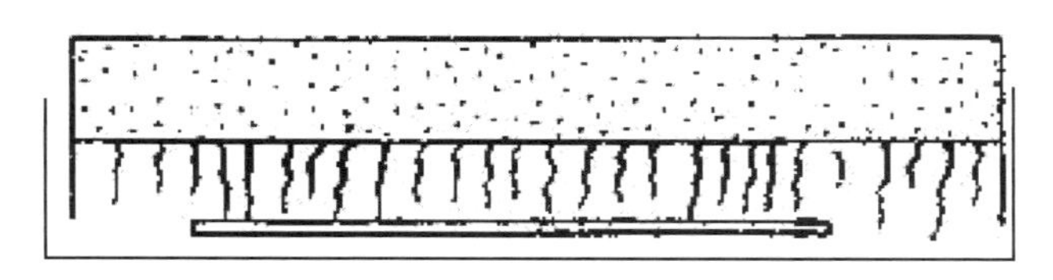

图 7-4　黑根霉假根的培养

3. 镜检观察

（1）湿室培养霉菌镜检玻片 从培养 16～20h 开始，通过连续观察，可了解孢子的萌发、菌丝体的生长分化和子实体的形成过程。将湿室内的载玻片取出，直接置于低倍镜和高倍镜下观察曲霉、青霉、毛霉、根霉等霉菌的形态，重点观察菌丝是否有分隔，曲霉和青霉的分生孢子形成特点，曲霉的足细胞，根霉和毛霉的孢子囊和孢子囊孢子。绘图。

（2）粘片观察 取一滴棉蓝染色液置于载玻片中央，取一段透明胶带，打开霉菌平板培养物，粘取菌体，粘面朝下，放在染液上，镜检。

（3）假根观察 将培养根霉假根的平皿打开，取出皿盖上的载玻片标本。在附着菌丝体的一面盖上盖玻片，置显微镜下观察。只要用低倍镜就能观察到假根及从根节上分化出的孢囊梗、孢子囊、孢囊孢子和两个假根间的匍匐菌丝，观察时注意调节焦距以看清各种构造。

（4）制成永久装片 把观察到霉菌形态较清晰、完整的片子，制成标本作较长期保存。制备方法是，轻轻揭去盖玻片，如果载玻片上有琼脂，仔细挑去，然后滴加少量乳酸石炭酸固定液，盖上清洁盖玻片，在盖玻片四周滴加树胶封固。

（5）简易观察 在载玻片中央滴一滴乳酸石炭酸溶液，用接种钩从斜面菌种或平皿长的菌苔小心挑取一小块菌（带一点培养基）置于乳酸石炭酸溶液中，放一块盖玻片在上面，轻轻按一下，置于显微镜下观察，此法看见的菌丝会杂乱无章，但简便。

【注意事项】

① 载玻片湿室培养时，盖玻片不能紧贴载玻片，要彼此留有极小缝隙，一是为了通气，二是使各部分结构平行排列，易于观察。

② 简易观察法时，载玻片上的菌丝勿搅动，否则会成团，菌丝就难于观察。

③ 可 4 人合作，每人制作一种霉菌的载玻片，然后可互看。

【结果与报告】

① 绘制镜检的曲霉、毛霉、根霉和青霉形态图，标明各结构部位。

② 载玻片标本观察记录于表 7-2。

表 7-2　各菌种的载玻片标本观察结果记录表

菌种	菌丝体（注意气生菌丝、营养菌丝的粗细、色泽、菌丝有隔或无隔等）	无性孢子特征（注意孢子梗的分化特征，孢子着生特征等）	其他特征结构（注意有无假根、足细胞、匍匐菌丝、囊轴等）

技能训练七　微生物细胞大小的测量

微生物细胞大小的测量

【目的】

学习测微尺的使用方法，掌握细菌和酵母菌体大小测量的方法。

【基本原理】

细菌和酵母菌细胞很小，肉眼直接看不到，不可能直接用尺去测量。它们的大小测量是应用显微镜测微尺。测微尺包括两个部分：目镜测微尺和镜台测微尺，如图 7-5 所示。

目镜测微尺是一块圆形玻片，在玻片中央刻有一小尺。一种规格是在 5mm 内作 50 等分刻度的。另一种规格是 5mm 作 100 等分刻度的。目镜测微尺每一格实际代表的长度随使用目镜和接物镜的放大倍数而改变，因此在测量微生物大小前必须用镜台测微尺进行校正。

镜台测微尺是在一块载玻片中央的小尺，它是在 1mm 内作 100 等分刻度的，每一等分格为 0.01mm，即 10μm，是专为校正目镜测量尺刻度的每格长度而用的。

【材料、试剂与器具】

① 菌种：苏云金芽孢杆菌、酿酒酵母。

② 试剂：番红染色剂。

③ 器具：载玻片和盖玻片，目镜测微尺和镜台测微尺，接种针，酒精灯，显微镜。

【方法与步骤】

1. 制片

① 苏云金芽孢杆菌按照细菌细胞单染色观察制片。

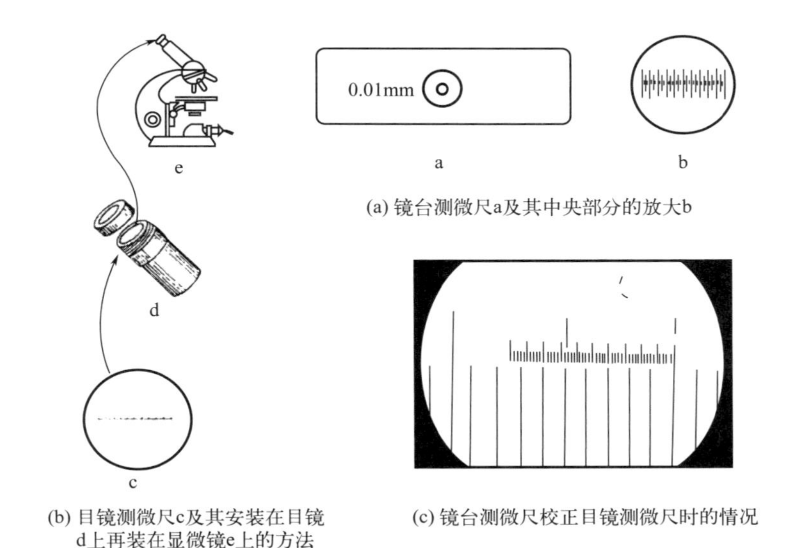

(a) 镜台测微尺a及其中央部分的放大b

(b) 目镜测微尺c及其安装在目镜d上再装在显微镜e上的方法

(c) 镜台测微尺校正目镜测微尺时的情况

图 7-5　测微尺及其安装和校正

② 酵母菌按照一般酵母菌形态观察制水浸片。

2. 目镜测微尺的校正

目镜上面的透镜旋开，把目镜测微尺放在目镜的光阑上，刻度朝下，然后把目镜的透镜放上，最后把目镜套入镜筒内。如果目镜测微尺与目镜是一体的，则直接把带有测微尺的目镜放置于镜筒内。把镜台测微尺放在显微镜载物台上，使刻度朝上。先用低倍物镜，光线不要太强。对好焦距，将镜台测微尺移至视野中央并能看到刻度线，然后转动目镜，使目镜测微尺的刻度与镜台测微尺的刻度平行，移动推动器定位，使两尺重叠，再使两尺的“0”刻度重叠。定位后，仔细寻找两尺之间另一个重叠的刻度。计算两个重叠刻度之间目镜测微尺的格数和镜台测微尺的格数。因为镜台测微尺的刻度（每格为 10um）是镜台测微尺上长度的实际度量，由下列公式可以算出所校正的正在使用的目镜测微尺每格长度。

$$\text{目镜测微尺每格长度}(\mu m)=\frac{\text{两个重叠刻度间镜台测微尺的格数}\times 10}{\text{两个重叠刻度间目镜测量尺寸的格数}}$$

用同法分别校正在高倍镜、油镜下正在使用的目镜测微尺各格长度，并作好记录。

3. 菌体大小的测量

将涂片在低倍镜或高倍镜下找到目的物，用目镜测微尺先量菌的宽度格数；然后量长度格数，按照计算公式计算菌体的实际长和宽。若菌体太小，则要在油镜下测量。

例如，目镜测微尺在这架显微镜的油浸系统下，每格相当于 1.3um，测量结果菌体长度为目镜测微尺的 2 格，宽度为 1.2 格，则菌体的个体大小为：

$$\text{长度}=2\times 1.3(\mu m)=2.6(\mu m)$$

$$\text{宽度}=1.2\times 1.3(\mu m)=1.56(\mu m)$$

通常测量细菌、酵母菌的大小，要在同一涂片上测量 10～20 个菌体，求出平均值，才能代表该菌的大小。

【注意事项】

① 镜台测微尺的刻度是用加拿大树胶和圆形盖玻片封合起来的，当要用到油浸系统校正目镜测微尺时，要去除香柏油或石蜡油时不宜用过多的二甲苯，作用时间不宜过长，防止树胶溶解，使盖胶玻片脱落。

② 镜台测微尺的玻片很薄，在使用油镜校定时，要格外小心，防止压碎镜台测微尺或油镜架。

【结果与报告】

① 目镜测微尺校正的结果：

10 倍镜时目镜测微尺每格长度为：__________ μm；

40 倍镜时目镜测微尺每格长度为：__________ μm；

100 倍油镜时目镜测微尺每格长度为：______ μm；

② 把测量菌体的结果记录于表 7-3 中。

表 7-3 微生物细胞大小测量结果记录表

菌种	大小	细胞编号										
		1	2	3	4	5	6	7	8	9	10	平均值
酿酒酵母	长/μm											
	宽/μm											
苏云金芽孢杆菌	长/μm											
	宽/μm											

技能训练八 微生物细胞的显微镜直接计数

微生物细胞的显微计数

【目的】

学习血细胞计数板计数的原理；掌握使用血细胞计数板进行微生物计数的方法。

【基本原理】

显微镜直接计数法是将小量待测样品的悬浮液置于一种特别的具有确定面积和容积的载玻片上（又称计菌器），于显微镜下直接计数的一种简便、快速、直观的方法。目前国内外常用的计菌器有血细胞计数板、Peteroff-Hauser 计菌器以及 Hawksley 计菌器等，它们都可用于酵母菌、霉菌孢子等悬液的计数，基本原理相同。除了这些计菌器外，还有在显微镜下直接观察涂片面积与视野面积之比的估算法，此法一般用于牛乳的细菌学检查。显微镜直接计数法的优点是直观、快速、操作简单。但此法的缺点是所测得的结果通常是死菌体和活菌体的总和。目前已有一些方法可以克服这一缺点，如结合活菌染色微室培养（短时间）以及加细胞分裂抑制剂等方法来达到只计数活菌体的目的。

本实验以血细胞计数板为例进行显微镜直接计数。用血细胞计数板在显微镜下直接计数是一种常用的微生物计数方法。该计数板是一块特制的载玻片，其上由四条槽构成三个平台；中间较宽的平台又被一短横槽隔成两半，每一边的平台上各列有一个方格网，每个方格网共分为九个大方格，中间的大方格即为计数室。血细胞计数板构造如图 7-6。计数室的刻度一般有两种规格，一种是一个大方格分成 25 个中方格，而每个中方格又分成 16 个小方格［图 7-7(a)］；另一种是一个大方格分成 16 个中方格，而每个中方格又分成 25 个小方格［图 7-7(b)］，但无论是哪一种规格的血细胞计数板，每一个大方格中的小方格都是 400 个。每一个大方格边长为 1mm，则每一个大方格的面积为 $1mm^2$，盖上盖玻片后，盖玻片与载玻片之间的高度为 0.1mm，其计数室的容积为 $0.1mm^3$ （10^{-4}mL）。

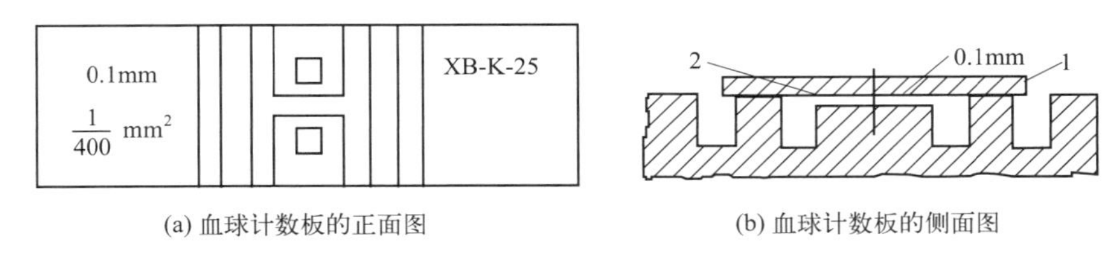

(a) 血球计数板的正面图　　(b) 血球计数板的侧面图

图 7-6　血细胞计数板构造（一）

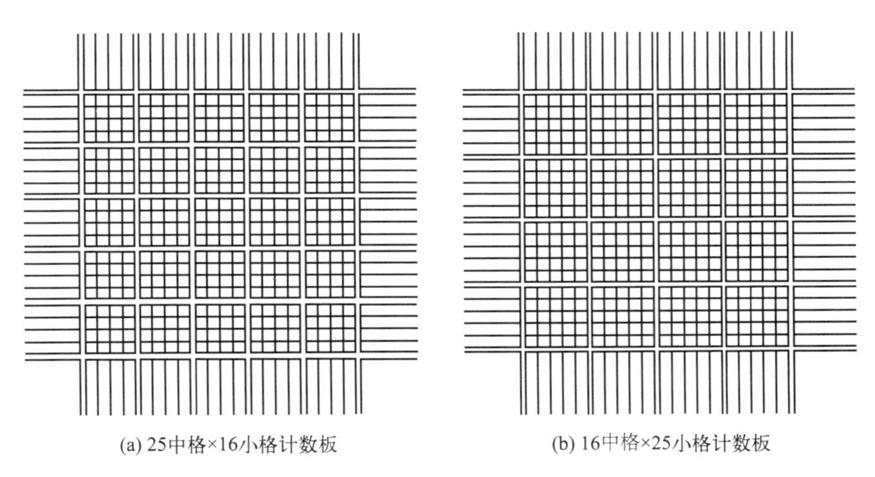
(a) 25中格×16小格计数板　　(b) 16中格×25小格计数板

图 7-7　血细胞计数板构造（二）

计数时，规格为 25×16 的计数板数五个中方格的总菌数（规格为 16×25 的计数板数四个中方格的总菌数），然后求得每个中方格的平均值，再乘上 25 或 16，就得出一个大方格中的总菌数，然后再换算成 1mL 菌液中的总菌数。

以规格为 25×16 的计数板为例，设五个中方格中的总菌数为 A，菌液稀释倍数为 B，则 1mL 菌液中的总菌数 $=A/5\times25\times10^4\times B=50000A\cdot B$(个)。

同理，如果是规格为 16×25 的计数板，则 1mL 菌液中的总菌数 $=A/4\times16\times10^4\times B=40000A\cdot B$(个)。

【材料、试剂与器具】

① 材料：酿酒酵母。

② 试剂：生理盐水。

③ 器具：血细胞计数板，显微镜，盖玻片，无菌毛细滴管等。

【方法与步骤】

(1) 菌悬液制备　以无菌生理盐水将酿酒酵母制成浓度适当的菌悬液。

（2）寻找计数室 在加样前，在显微镜下先用低倍镜找到计数室。

（3）加样品 将清洁干燥的血细胞计数板盖上盖玻片，再用无菌的毛细滴管把摇匀的酿酒酵母菌悬液由盖玻片边缘滴一小滴，让菌液沿缝隙靠毛细渗透作用自动渗入计数室，一般计数室均能充满菌液。

（4）计数 加样后静置5min，先用低倍镜找到计数室所在位置，然后换成高倍镜进行计数。

调节显微镜光暗度。对于用反光镜采光的显微镜还要注意光线不要偏向一边，否则视野中不易看清楚计数室方格线。

在计数前若发现菌液太浓或太稀，需重新调节稀释度后再计数。一般样品稀释度要求每小格内有5～10个菌体为宜。每个计数室选5个中格（可选4个角和中央的一个中格）中的菌体进行计数。位于格线上的菌体一般只数上方和右边线上的。如遇酵母出芽，芽体大小达到母细胞的一半时，即作为两个菌体计数。计数一个样品要从两个计数室中计得的平均数值来计算样品的含菌量。

（5）清洗血细胞计数板 使用完毕后，将血细胞计数板在水龙头下用水冲洗干净，切勿用硬物洗刷，洗完后自行晾干或用吹风机吹干。镜检，观察每小格内是否有残留菌体或其他沉淀物。若不干净，则必须重复洗涤至干净为止。

【注意事项】

① 取样时先要摇匀菌液；加样时计数室不可有气泡产生。

② 应用的盖玻片最好用20mm×20mm的盖玻片。

③ 镜检时，光线强弱要调节到适中。

【结果与报告】

将结果记录于表7-4中。A表示五个中方格中的总菌数；B表示菌液稀释倍数。

表7-4 微生物显微计数结果记录表

计数室	细胞数/个					5个中格总细胞数(A)/个	稀释倍数(B)	样品中酵母细胞浓度/(个/mL)	平均值
	1	2	3	4	5				
第一室									
第二室									

技能训练九 微生物培养基的配制

【目的】

① 了解天然培养基、半合成培养基和合成培养基的配制原理。

② 掌握常用培养基的配制方法。

③ 掌握器皿的包扎方法。

④ 掌握培养基及器皿灭菌的操作方法。

【基本原理】

培养基是由人工配成的、适合微生物生长繁殖或累积代谢产物所需要的混合养料。其营养物质有碳源、氮源、无机盐、生长因子和水等几大类。不同的微生物对营养素要求各异，因此在配制培养基时，应根据各类微生物对营养物质的需求，选用不同的营养物质，按一定配比制备适合其生长繁殖所需要的培养基。另外，不同微生物的生长繁殖需要相应的酸碱条件，霉菌和酵母菌的pH偏酸性，细菌、放线菌的pH偏碱性，因此，配制培养基时，还要调节合适的pH。

在液体培养基中加入琼脂等凝固剂，就可配成固体培养基。琼脂是固体培养基中的支持物，一般不为微生物所利用，在96℃以上熔化成液态，在45℃左右凝固成固态。

任何培养基一经配成，就应彻底灭菌，以备纯培养用。将待灭菌的培养基分装好，放入高压蒸汽灭菌锅内，在压力0.11MPa、温度121℃的条件下，一般维持15～20min，可以杀死一切微生物的营养体和它们的各种孢子。

【材料、试剂和器具】

1. 药品

蛋白胨、酵母粉、NaCl、琼脂、1mol/L NaOH、1mol/L HCl。

2. 仪器或其他用具

三角瓶、试管、培养皿、烧杯、量筒、玻棒、滴管、吸管、手提式灭菌锅、天平、酸度计或pH试纸、硅胶塞、棉花、牛皮纸或报纸、棉绳、标签、药匙、铁架。

【方法与步骤】

1. 器皿的准备

在配制培养基的过程中，首先要使用一些玻璃器皿，如三角瓶、试管、培养皿、烧杯、吸管等，这些器皿在使用前都要根据不同的情况，经过一定的处理，洗刷干净，进行包装、灭菌后，才能使用。

（1）玻璃器皿的清洗　所需的器皿均需要清洗干净，晾干备用。

（2）器皿的包扎

① 试管和三角瓶　灭菌之前，试管口和三角瓶口均需先塞好硅胶塞，用牛皮纸和棉绳扎好，灭菌备用。试管应7个一捆包扎，三角瓶单独包扎。

器皿用具的包扎

② 培养皿　洗净的培养皿通常用报纸包装，每包10～12套，或将平皿每10套放入一个特制的灭菌筒中，加盖，灭菌备用。

③ 吸管　包扎前吸管的粗头应先塞少许普通棉花，以免使用时将杂菌吹入其中，或不慎将微生物吸出管外。塞入的棉花应与吸管口保持5mm左右的距离，一般这段棉花全长不得短于10mm。塞好棉花的吸管要进行包装。将报纸裁成宽为5～8cm的长纸条，先把试管的尖端放在纸条的一端，呈45°角折叠纸条，包住尖端，一手捏住管身，一手将试管压紧在桌面上，向前滚动，以螺旋式包扎，最后将剩余的纸条打结，灭菌备用。

2. 培养基的制备

培养基的制备过程为：计算→称量→溶解→校正pH→加凝固剂→熔化→分装→包扎→灭菌→灭菌后处理→无菌检验。

（1）LB培养基的配方　酵母粉5.0g，蛋白胨10.0g，氯化钠10.0g，琼脂粉20.0g，水

1000mL，调节 pH 至 7.4。

（2）培养基的配制

① 称量　根据配方要求，计算各种药品所需要的量，然后分别称取，放于烧杯内。

② 溶解　向上述烧杯中加入所需水量，搅拌使其溶解。

③ 校正 pH　配料溶解完后，并冷却到室温，用精密 pH 试纸或酸度计测量溶液的 pH，然后根据要求的 pH 确定需加酸或加碱。当加入酸或碱液时，要缓慢、少量、多次搅拌，防止局部过碱或过酸而破坏营养成分。常用 1mol/L 的 NaOH、1mol/L 的 HCl 调整 pH。

④ 加凝固剂　配制固体培养基时，需加入凝固剂（如琼脂、明胶等）。加热熔化的过程要不断搅拌，以免溶液沸腾溢出，完全熔化后补足水分。

⑤ 分装　把配制好的培养基趁热分装到试管或三角瓶内。

斜面培养基的制备

装入试管中的固体培养基不宜超过试管高度的 1/5。装入三角瓶中的培养基以烧瓶总体积的一半为限。在分装过程中，应注意勿使培养基沾污管口、瓶口，以免造成污染。

⑥ 包扎　在分装好的试管、三角瓶上加硅胶塞，然后用牛皮纸（或报纸）和棉绳进行包扎。

⑦ 灭菌　根据要求，将包扎好的培养基灭菌。培养基配制好后应尽快进行灭菌。

平板培养基的制备

⑧ 灭菌后处理　斜面应在培养基凝固前进行摆放，不建议在培养基温度过高时进行摆放（温差高，斜面冷凝水多），试管摆放时，斜面的上端应在试管的 1/2～3/4 之间。放置三角瓶的培养基应放置 50℃ 保温箱或恒温水浴锅进行保温，用于配制平板培养基用。

⑨ 无菌检验　制备好的培养基，放入培养箱培养 24～48h，如无菌落产生，则证明灭菌效果良好；也可在实验过程做空白对照，检查培养基的灭菌效果。

3. 高温高压蒸汽灭菌

高温高压蒸汽灭菌锅的使用

手提式灭菌器的使用方法如下：

① 检查水位：使用前，应先检查水位，清水要没过发热棒，但要稍低过支架，以免在加热过程中水沸腾进入灭菌筒内。（最好用软水）

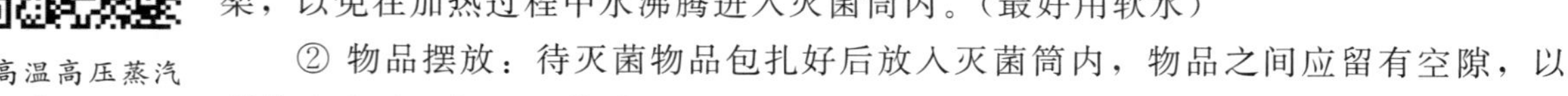

② 物品摆放：待灭菌物品包扎好后放入灭菌筒内，物品之间应留有空隙，以利蒸汽渗透，保证灭菌质量。

③ 灭菌器封盖：把灭菌器盖上的软管插入灭菌筒内半圆槽中，采用对称形式均匀拧紧盖上的螺栓，使其密封，不得漏气。

④ 排冷空气：开通电源，关闭排气阀门，等压力表指针指向 0.05MPa 时，打开排气阀门，待指针指向 0MPa 并且有较急水蒸气喷出时，表示冷空气排放完毕。也可采用第二种方式：开通电源，排气阀门一直打开使冷空气自然逸出，待有较急的水蒸气喷出时，表示冷空气排放完毕。

⑤ 灭菌：冷空气排尽后，关闭排气阀门，当压力表上指针指向所需温度（或压力）时，开始计算灭菌起始时间，利用电源开关来控制温度（或压力）。灭菌要求一般为 121℃ 维持 15～20min。

⑥ 冷却：当灭菌终了后，先关闭电源，待压力表指针指向 0.05MPa 以下时，打开排气阀门，待指针指向 0MPa 时，松开螺栓（对称松开），取出物品。

⑦ 排废水：待灭菌器里面的水冷却后再排去，使灭菌器内保持干燥。

【注意事项】

1. 培养基配制过程中的注意事项

① 溶解一些不易称量的成分，需用刻度吸管从浓度较大的母液中取出所需要的量，依次加入溶解。为避免生成沉淀，一般是先加缓冲化合物，溶解后加入主要元素，然后再加微量元素，最后加入维生素、生长素等。

② 培养基配制好以后，应立即灭菌；培养基制备完后应尽快进行使用或放置4℃冰箱保存备用。

2. 灭菌注意事项

① 要根据不同培养基的要求，选择不同的灭菌方法，尽量达到灭菌彻底而营养成分破坏少、灭菌方法简单方便的要求。

② 加压之前，冷空气一定要完全排尽，以提高灭菌效果。

3. 灭菌器的安全与维护

① 盖子不能平放于桌面或地面上，否则排气管受压易损坏，影响灭菌实际温度（压力）。

② 每次使用前应检查压力表指针是否指向0位置，否则压力表失效，应更换。

③ 每天使用完毕后应将容器内的水及灭菌筒筛板底下的冷凝水倒去。

④ 盖子不宜拧得过紧，过紧会导致密封圈易老化，密封性能下降。

⑤ 安全阀检查：如压力表指针已到0.165MPa时安全阀仍不排气，应立即停止使用并检查安全阀是否失灵。

【结果与报告】

① 说明高压蒸汽灭菌的原理、操作过程及操作关键。

② 如何检查所配制的培养基是无菌的。

技能训练十　微生物的接种技术

【目的】

① 掌握无菌操作的概念和基本操作技术。

② 了解微生物常用培养基以及培养条件。

③ 掌握微生物常用的接种技术。

【基本原理】

微生物的接种技术是微生物学研究中的一项最基本的操作技术。在微生物学的科学试验及发酵生产中，都要把一种微生物移接到另一灭过菌的新鲜培养基中，使其生长繁殖并获得代谢产物。根据不同的目的可采用不同的接种方法，如斜面接种、液体接种、平板接种、穿刺接种等。接种方法不同，常有不同的接种工具，如接种针、接种环、接种钩、滴管、移液管、移液枪、涂布器等。接转的菌种都是纯培养的微生物，为了确保纯种不被杂菌污染，在接种过程中必须进行严格的无菌操作。

1. 常用的微生物接种、分离工具及制备

(1) 接种工具 接种针、接种环和接种钩，通称为白金耳。最早都是用白金制作，因此价格昂贵，现多用镍铬合金丝制得。

① 接种针：长度为8cm，呈直线状，固定在长约20cm的金属柄上，多用于固体培养基的穿刺接种。

② 接种环：在接种针的末端，用镊子卷成一直径2mm的密封圆圈，然后将圆环平面与金属柄之间弯成160°～170°角，常用于细菌和酵母菌的斜面、平板等的接种。

③ 接种钩：将接种针的末端弯成一个约3mm长的直角，即成接种钩。接种钩的针丝通常较粗、较硬，多用于霉菌和放线菌的接种。

(2) 涂布器 用直径3～4mm、长20cm的普通玻璃棒（或不锈钢丝），在火焰上将棒的一端弯成边长约为3cm的等边三角形，最后将该平面与柄之间弯成140°角，即成涂布器。用于涂布的一边要平滑，否则涂布不匀。涂布器多用于菌种分离或微生物平板活菌计数时涂布平板用。

(3) 其它接种工具

① 接种圈：将接种针的末端卷起数圈成为盘状，专用于从砂土管中移植菌种。

② 吸管：0.1mL、0.2mL、0.5mL、1.0mL、5.0mL、10.0mL等移液管常用于液体接种及菌悬液系列稀释。

③ 移液枪：100μL、1000μL、5mL、10mL等移液枪常用于液体接种及菌悬液系列稀释，操作比移液管方便快捷。

2. 无菌操作

培养基经灭菌后，用经过灭菌的接种工具在无菌条件下接种含菌材料于培养基上，这一操作称为无菌操作。

(1) 无菌检查 灭过菌的新培养基要经过无菌检查方能使用。此外，还要定期对接种室（无菌室）、实验室、发酵车间等处的空气进行无菌（含杂菌量）检查，以便采取措施及时对空气进行消毒灭菌，或改进接种的操作方法。

检查空气含菌程度的方法，通常采用平板法和斜面法。用普通肉汤或麦芽汁、曲汁琼脂培养基制备琼脂平板及斜面。取平板或斜面若干分别放置于被检测场所的四角和中间区域，每处同时放两个平板，打开其中一个平板的盖或拔去斜面的硅胶塞（皿盖和硅胶塞用灭过菌的纸袋装好），另一个作为空白对照。平板暴露于环境5min后盖好皿盖；斜面经30min无塞暴露后再将硅胶塞塞好。最后与空白平板或斜面一起置于30～32℃恒温箱内培养48h，观察有无菌落生长，并计数。一般要求平板开盖5min后应不超过三个菌落，斜面暴露30min后无菌落生长为合格。根据所测场所内空气中的含菌量及杂菌种类，采用相应的灭菌措施，提高灭菌效果。如霉菌较多，可先用5%石炭酸全面喷洒室内，再用甲醛熏蒸；如细菌较多，可采用乳酸与甲醛交替熏蒸。

(2) 无菌操作原理和基本方法 空气中的杂菌在气流小的时候，也随灰尘落下，因而会造成污染。因此，在接种时打开培养皿的时间要尽量短，试管应倾斜，且放在火焰区的无菌范围内（酒精灯火焰中心半径5cm）操作，操作要熟练准确。用于接种的工具必须先经过干热、湿热或火焰灭菌。通常，在接种时将接种环在火焰上充分灼烧灭菌。

(3) 无菌室中实验台的要求 用于接种用的实验台，不论是什么材料制成，必须要光洁、水平。光洁是便于用消毒剂擦拭；水平是为了制备琼脂平板时，有利于皿内培养基厚度均匀一致。

3. 微生物的接种方法

(1) 接种前的准备工作

① 接种室应经常保持无菌状态，定期用75%乙醇溶液擦拭桌面、墙壁、地面，或用乳酸、甲醛熏蒸，定期做无菌检查。

② 接种前，将要接种的全部物品移入无菌室的缓冲间内，用75%乙醇棉球擦拭干净，并在要接种的试管、平皿、三角瓶上贴好标签（斜面试管的标签贴在斜面的正上方，距管口2.5～3cm处，平皿的标签贴在皿盖的侧面），在标签上注明菌种名称、接种日期，有的还要注明培养基的名称。操作人员换上工作服、鞋并戴口罩及工作帽，最后将物品送到无菌室的工作台上。开启紫外灯进行物品表面消毒灭菌20～30min。

(2) 接种的操作方法

① 斜面接种 斜面接种是从已保存菌种的斜面上挑取少量菌种移接到一支新鲜斜面培养基上的一种接种方法，其操作程序如下（如图7-8）。

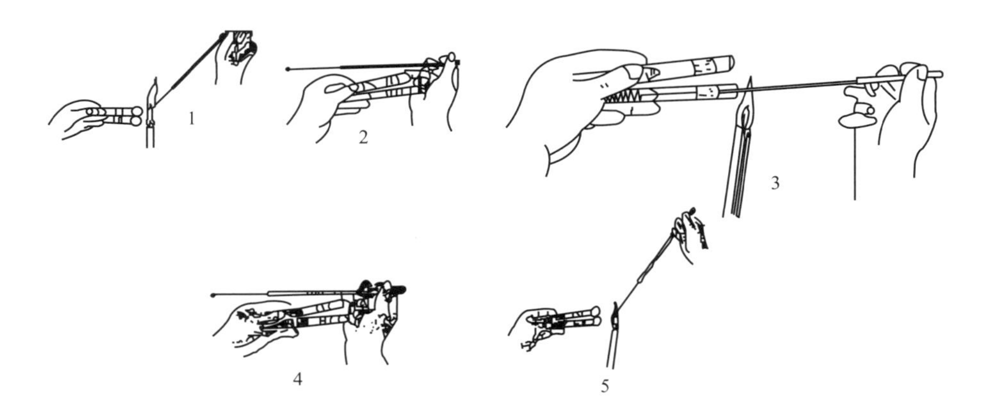

微生物斜面接种

图7-8 斜面接种操作程序

1—烧环；2—拔塞；3—接种；4—加塞；5—灭菌

a. 点燃酒精灯，再用75%乙醇棉球擦手。

b. 在左手的中指、无名指间分别夹住原菌种试管和待转接斜面试管（斜面朝上）。

c. 右手拿接种针或环，在火焰上将针、环等金属丝部分烧红灭菌，然后将其余要伸入试管部分的针柄也反复通过火焰灭菌。用握有接种针的右手中指、无名指拔出试管上的硅胶塞，操作应在火焰区域进行。

d. 将接种环水平通过火焰并插入原菌试管内，先在管壁上或未长菌体的培养基表面冷却，然后用接种环轻轻蘸取少量菌苔后，将接种环自原菌种管内抽出，抽出时勿碰管壁，也勿通过火焰。

e. 在火焰旁将沾有菌苔的接种环迅速伸入待接斜面试管中，自斜面培养基底部向上划线，使菌体黏附在培养基的斜面上。划线时环要放平，勿用力，否则会将培养基表面划破。

f. 接种完毕，将接种环由试管内抽出，同时将试管口在火焰上灼烧一下，塞上硅胶塞。注意不要用试管口去迎硅胶塞，以免试管口在移动时，杂菌侵入造成污染。

g. 接种环在放回原处前应在火焰上彻底灭菌。放下接种环后，再用右手将硅胶塞进一步塞牢，避免脱落。最后将已接种好的斜面试管放在试管架上。

根据微生物的不同和试验目的不同，接种的方法还有许多。

Ⅰ　细菌斜面接种法

a. 点接：把菌种点接在斜面中部，利于在一定时间内暂时保藏菌种。

b. 中央划线：在斜面中部自下而上划一直线，比较细菌的生长速度时采用此法。

c. 稀波状蜿蜒划线法：对于易扩散的细菌常用此法。

d. 密波状蜿蜒划线法：此法能充分利用斜面，以获得大量的菌体细胞，细菌接种时常用此法。

e. 分段划线：将斜面分成上下3～4段，在第2～3段划线接种前，先灼烧接种环进行灭菌，待冷却后蘸取前段接种处，再行划线，以分得单个菌落。

f. 纵向划线：此法便于快速划线接种。

Ⅱ　放线菌的斜面接种：方法同细菌，多用密波状蜿蜒划线接种，以便观察气生菌丝和孢子的颜色。

Ⅲ　酵母菌的斜面接种：常用中央划直线法接种，用来观察菌种的形态和培养特征。

Ⅳ　霉菌的斜面接种：属扩散型生长、绒毛状气生菌丝。常用点接法，即点种在斜面中部偏下方处。

对部分真菌，如灵芝等担子菌类，常用挖块接种法，挖取菌丝体连同少量琼脂培养基，再移接到斜面培养基上。

② 液体接种　液体接种技术是用移液管、移液枪、滴管或接种环等接种工具，将菌液移接到液体三角瓶、试管培养基中的一种接种方法。此法用于观察细菌、酵母菌的生长特性、生化反应特性及发酵生产中菌种的扩大培养。

a. 由斜面培养基接入液体培养基：操作方法基本与斜面转斜面接种相同，但在接种时要注意略使试管口向上，以免使液体培养基流出。接入菌体后，要将接种环与管壁轻轻研磨，将菌体擦下，接种后塞好塞子，将试管在手掌中轻轻敲打，使菌体充分分散。

b. 由液体培养基接种到液体培养基：原菌种如为液体时，除用接种环外，还可以根据具体情况采用无菌滴管、移液管或移液枪吸取菌液接种；直接把液体培养液摇匀后倒入液体培养基中；利用无菌空气加压，把液体培养液注入另一容器的液体培养基中；利用负压将液体培养液吸到液体培养基中等方法。

③穿刺接种　穿刺接种法用于接种试管深层琼脂培养基（柱状），经穿刺接种后的菌种常作为保藏菌种的一种形式，同时也是检查细菌运动能力的一种方法，可作为鉴定细菌特征的方法之一。穿刺接种只适用于细菌和酵母菌的接种培养，其方法是用笔直的接种针，从原菌种斜面上挑取少量菌苔，再从柱状培养基中心自上而下刺入，直到接近管底（勿穿到管底），然后，沿原穿刺途径慢慢抽出接种针。

穿刺接种有两种手持操作法，一种称作垂直法（见图 7-9A）；另一种是水平法，它类似于斜面接种法（见图 7-9B）。穿刺时要做到手稳，动作轻巧、快速。

④ 平板接种　平板接种法是指在平板培养基上点接、划线或涂布接种。平板接种前，需要先将已灭菌的琼脂培养基放在水浴锅中充分加热熔化，待冷却到 50℃左右后（手握三角瓶不觉得太烫为宜），用无菌操作法倒平板（见图 7-10）。若熔化的琼脂培养基的温度太高时，会产生较多的冷凝水，影响观察。待培养基冷却后即可进行接种。

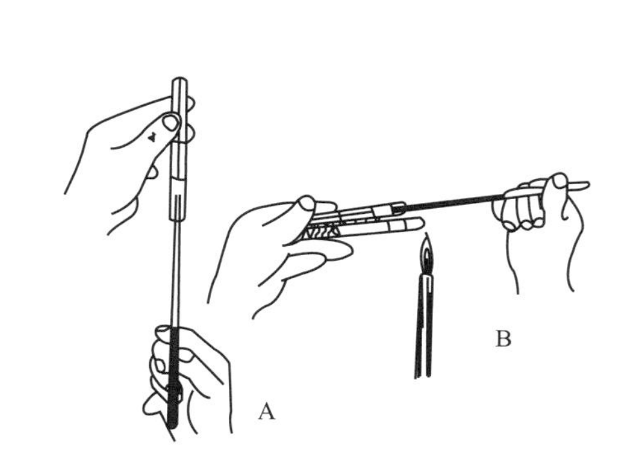

图 7-9　穿刺接种的两种操作法

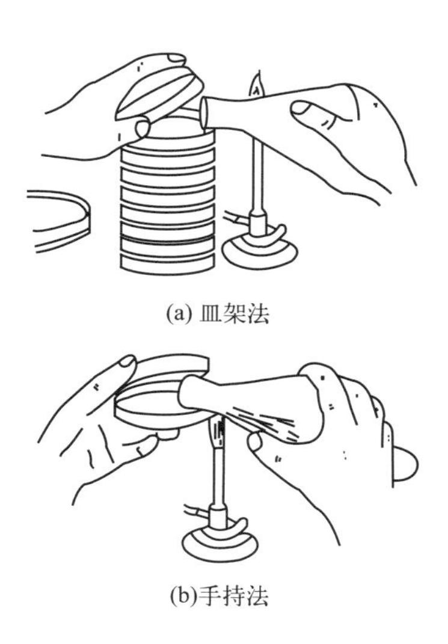

图 7-10　倒平板的方法

a. 点接：用接种针从原菌种斜面上挑取少量菌苔，点接到平板的不同位置上，培养后观察菌落形态（细菌、酵母菌）；对于霉菌菌落的观察，通常先在其斜面内倒入少量无菌水，用接种环将孢子挑起，制成菌悬液，用接种环点接到平板培养基上，培养后观察菌落的特征。

b. 划线接种：一种使被接菌种达到菌落纯化的方法，其基本原理是在固体培养基表面将含菌培养物做规则划线，含菌样品经多次划线逐渐被稀释，最后在接种针划过的线上得到一个个被分离的单独存在的细胞，经过培养后形成彼此独立的由单个细胞发育的菌落。

图 7-11 是最常用的划线接种方式，有三区法、四区法、五区法等。以四区法为例：首

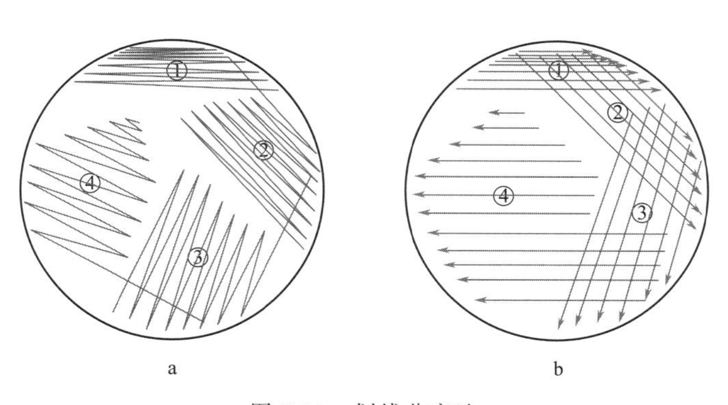

图 7-11　划线分离法

先将平板分成①、②、③、④四个区域，用接种针从原菌种斜面上挑取少量菌苔，在①区划折线，划满第一个区域后，接种针用火焰灼烧法杀灭其上残余的菌体，然后使接种针和第一次划的线交叉，通过第一次划的线使接种针带上菌种，再在②区划线，划线路线不再和第一次划过的线接触；同样，将接种针在火焰上杀灭其上残余的菌体，然后使接种针和第二次划的线交叉，并通过第二次划的线使接种针带上菌种，在③区划线，划线路线不再和前两次划过的线接触。如此类推划第④个区。这种操作方式不断使接种针上的被接菌种越来越少，最终达到分离纯化的目的。

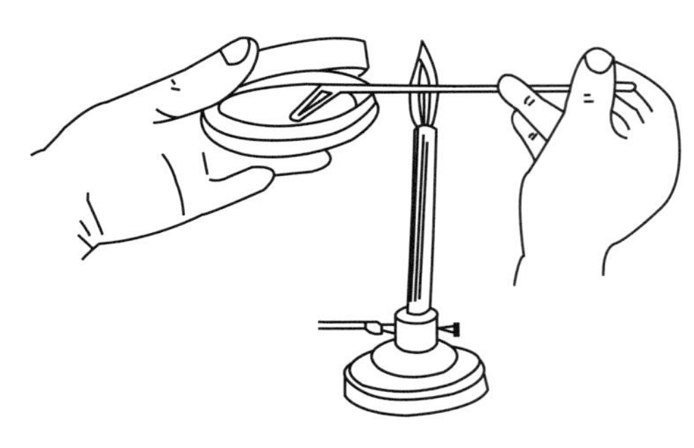

图 7-12　涂布分离法

c. 涂布接种：也是一种分离纯化菌种的方法，首先将被分离纯化的含菌培养物制成稀释菌悬液，用无菌移液管吸取 0.1mL 于固体培养基平板中，按图 7-12 所示的方法，将样品在琼脂培养基表面均匀涂布，使样品中的菌体在培养基上经培养后能形成单个菌落。

(3) 接种后的工作　接种完毕，清理物品，在缓冲间脱去工作服、鞋、帽等，将物品移出，打开紫外灯进行 20～30min 灭菌。工作服、鞋、帽为无菌室专用，不得穿出室外或做他用，并且要经常洗换和消毒灭菌。

【材料、培养基与器具】

① 菌种材料：大肠埃希菌、枯草芽孢杆菌、啤酒酵母、米曲霉。

② 培养基：营养琼脂斜面培养基，营养琼脂平板培养基，营养肉汤培养基，营养琼脂半固态培养基。

③ 仪器工具：接种针，接种环，酒精灯，消毒酒精棉球，镊子，试管架，标签纸，培养箱。

【方法与步骤】

① 斜面接种：首先标记空白斜面，标签贴于斜面上缘和试管口之间并与斜面正对的一面。标签内容包括菌种的名称、接种日期、组号等。

按照上述方法进行桌面和手的消毒，然后接种，接种时接种环从斜面的底部由下向上划折线（密波状蜿蜒划线）。

② 液体管接种：首先用标签标记空白液体管。桌面、手以及接种环消毒同斜面接种，操作方法按照液体接种法中“由斜面培养基接入液体培养基”方法进行。

③ 平板划线接种：待固体培养基冷至 50℃左右，按上述方法倒平板，每个平板分装 15～20mL 培养基，待凝固。标签标记平板。按上述的平板划线接种方法进行接种。

④ 平板点接：平皿做好标记，按上述方法进行酵母菌和霉菌的点接操作。

⑤ 半固体穿刺接种：首先标记用于穿刺接种的柱状培养基试管，标签贴于培养基柱上和试管口之间的位置。然后按上述方法接种。

⑥ 培养：接种完毕后，斜面、液体管、半固体培养基的穿刺接种管置于多管架上放置

培养箱中，平板倒置放置于培养箱中培养（避免培养过程中形成的冷凝水滴到培养基表面引起片状生长）。细菌培养温度设置为37℃，酵母菌、霉菌培养温度设置为30℃。

【结果与报告】

① 描述实验中各种微生物在斜面上、液体、半固体培养基和平板培养基中的培养特征。

② 试述接种过程中的细节操作。

技能训练十一　微生物的分离与纯化技术

【目的】

① 掌握微生物分离纯化的原理。

② 掌握划线分离和稀释涂布分离操作技术。

③ 进一步熟练无菌操作技能，增强无菌操作意识。

【基本原理】

在生态环境中，不同种类的微生物共同生活在同一个环境中，为了获得某一种微生物，就必须对混杂的微生物群体进行分离操作与培养，这种获得纯培养的方法称为微生物的分离与纯化。

分离与纯化的方法虽多，但基本原理却相似，即将待分离的样品进行一定的稀释，并使微生物的细胞（或孢子）尽量以分散的状态存在，然后接种于平板培养基上，经过培养让其长成一个个纯种单菌落，挑单菌落转接到适当的培养基上，一般就算获得了纯种微生物。常用的方法有平板划线分离法和稀释涂布分离法。

平板划线分离法是用接种环在平板培养基表面通过分区划线而达到分离微生物的一种方法。其原理是将微生物样品在固体培养基表面多次做“由点到线”稀释而达到分离的目的。

稀释涂布分离法是一种有效而常用的微生物纯种分离方法。它是将样品进行梯度系列稀释，然后接种一定浓度、一定体积的稀释样液到平板培养基上，用涂布棒涂布均匀，使长出单菌落以达到分离的目的。

【材料、培养基与器具】

① 菌种材料：大肠埃希菌、土壤样品。

② 培养基：营养琼脂培养基。

③ 主要仪器工具：接种环，涂布棒，酒精灯，三角瓶，试管，移液管，培养箱，灭菌锅。

【方法与步骤】

微生物平板划线分离

1. 划线分离法

① 平板的制备：熔化营养琼脂培养基，冷却至46℃左右，倒平板，水平静置待凝固。

② 挑菌：用无菌接种环挑取少量大肠埃希菌斜面菌苔。

③ 划线：在平板的第一个区划3～5条平行线，灼烧接种环上残余的菌种，同时平板转动约60°；待接种环冷却后进行第二个区的划线，划5～10条平行线，使第二区的线与第一区的线夹角大约为120°；以同样的方式进行第三区、第四区划线。划线时四个区的作用

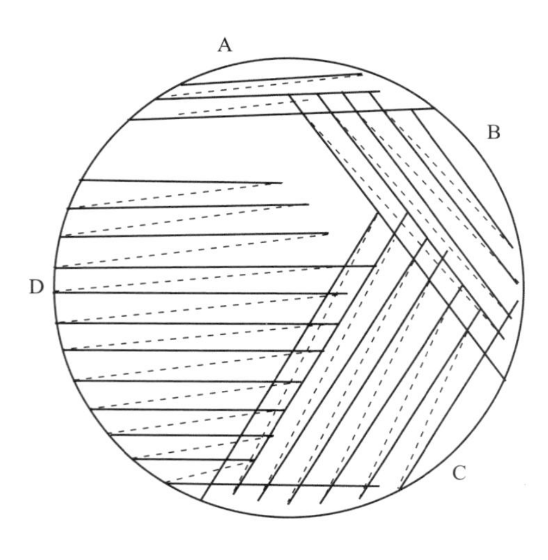

图 7-13　四区平行线划线分离法

不同，前三个区主要起稀释作用，第四个区起收获单菌落的作用，因此从面积上来分，应是 D 区＞C 区＞B 区＞A 区，如图 7-13 所示。

④ 培养：将平板倒置于 37℃ 培养箱中培养，24h 后观察分离效果。

⑤ 纯化：观察平板单菌落生长情况，用无菌接种环在 D 区挑取典型单菌落接种于斜面培养基上，经培养后获得纯种微生物。

微生物平板涂布分离

2. 稀释涂布分离法

① 平板的制备：熔化营养琼脂培养基，冷却至 46℃左右，倒平板，水平静置待凝固。

② 样品的准备：称取 10g 土壤样品，置于装有 90mL 无菌水的三角瓶中（内含适量玻璃珠），摇匀，使土壤中的微生物充分分散于无菌水中，制得 10^{-1}的土壤悬液。

③ 编号：取 6 支内置 9mL 无菌水的试管，依次编号 10^{-2}、10^{-3}…10^{-7}；凝固后的平板分别编号为 10^{-5}、10^{-6}、10^{-7}，每个稀释度各两个平板。

④ 梯度系列稀释：取一支 1mL 的无菌移液管吸取 10^{-1}的土壤悬液 1mL 置于编号为 10^{-2}的试管中，混合均匀，制备成 10^{-2}的稀释样液；同理，制备 10 倍系列梯度稀释样液，直至 10^{-7}为止。

⑤ 接种：分别用 1mL 无菌吸管吸取编号为 10^{-5}、10^{-6}、10^{-7}的稀释样液各 0.1mL，接种至对应编号的平板中，每个稀释度接种两个平板。

⑥ 涂布：用已灭菌的涂布棒将接种至平板上的稀释样液均匀涂开。涂布操作应小心，不要因用力过猛而令培养基破损。

⑦ 培养：涂布好的平板水平正置 3～5min，待样液被培养基充分吸收后倒置于 37℃ 培养箱中培养，24h 后观察分离效果。

⑧ 纯化：观察平板单菌落生长情况，用无菌接种环挑取单菌落接种于斜面培养基上，经培养后获得纯种微生物。

【注意事项】

① 分离纯化操作全过程要在无菌室或超净工作台内进行。

② 划线分离时，接种环要圆滑；接种环与平板约成 45°角，用手腕力轻巧地在平面上滑动，避免划破培养基；也应防止没有碰到培养基表面而划空。

③ 要使平板划线分离获得成功，应在实际操作前进行模拟划线。在划完第一个区后，要对接种环进行灼烧灭菌。划线操作时，动作要迅速，这能使划出的线直且平行。

④ 要使稀释涂布分离法达到好的分离效果，应选择适宜浓度的稀释样液。

【结果与报告】

① 分别记录并描绘划线分离法和稀释涂布分离法的微生物生长情况及特征。

② 对自己的平板分离结果进行评价。

技能训练十二　环境因素对微生物生长的影响

【目的】

① 了解不同环境中微生物存在的差异。

② 了解物理因素、化学因素对微生物生长的影响。

【基本原理】

微生物生存于环境中，与环境是互相影响。影响微生物生长的外界因素很多，除了营养因素之外，还有许多物理和化学的因素等。不同环境因素对微生物生长影响不同，同一因素因其浓度或作用时间不同，对微生物的影响也不同。有的是微生物生长繁殖所必需的条件，有的表现为抑制作用，有的表现为杀菌作用。

通过本实验，了解物理的、化学的环境因素对微生物生长或抑制或杀死的影响，以便对有利的微生物创造其生长的条件，而对有害微生物则设法加以控制或杀死。

【材料、试剂与器具】

① 菌种：大肠埃希菌、枯草芽孢杆菌。

② 培养基：营养琼脂培养基。

③ 药品用品：消毒酒精，新洁尔灭，抗生素（如土霉素、氯霉素、硫酸庆大霉素等），黑纸皮，滤纸片，涂布棒等。

④ 仪器：恒温水浴锅，灭菌锅，超净工作台，培养箱，紫外灯等。

【方法与步骤】

1. 环境中微生物的检查

微生物在自然界广泛分布，为了进行纯种培养，必须进行无菌操作。本实验主要检查室内空气、手掌、随身小物品等微生物的存在，以加强无菌观念。

① 制备营养琼脂平板培养基。

② 室内空气微生物检查：将平板的培养皿盖打开，在空气中暴露30min(可选择室内外不同地点）再盖上皿盖，37℃培养，同时做空白对照，24h观察结果。

③ 手掌皮肤表面微生物检查：取一瓶装有50mL无菌水的三角瓶（内含2～3块棉花），用灼烧灭菌的镊子夹取棉花，适当挤水，擦拭手掌2～3遍，每擦拭一遍要洗回无菌水处，用倾注法接种1.0mL样液于平板中，37℃培养，可以做洗手前后对照，24h观察结果。

④ 小件物品表面微生物检查：在培养皿的底部，用记号笔划分为几个区域，用钥匙、钱币、U盘等轻轻在平板上涂抹，37℃培养，同时做空白对照，24h观察结果。

2. 物理因素的影响

（1）紫外线照射的影响　紫外线对细菌生长的影响随着紫外灯的瓦数、照射时间及照射距离的不同，对微生物的生理活动也产生不同的效果。功率大、时间长、距离短时容易杀死微生物；功率小、时间短、距离长时就会有微生物个体残存下来，其中一些个体的遗传性发生了变异。我们可以利用这种特性来进行灭菌和菌种的诱变选育。本实验证明的仅是紫外线的杀菌作用。

① 用涂布法制备大肠埃希菌的营养琼脂培养基平板。

②紫外线照射处理：打开皿盖，用无菌黑纸皮盖住平板的部分地方，置紫外灯下照射3min、10min，取出黑纸皮，盖上皿盖。37℃培养，24h观察结果。

(2) 微生物对高温的抵抗能力 根据微生物最适生长的温度范围，可分为高温菌、中温菌、低温菌，自然界中绝大部分微生物属于中温菌，但不同的微生物对高温的抵抗力不同，特别是芽孢杆菌对高温抵抗力强。

实验方法：

① 制备大肠埃希菌悬液与枯草芽孢杆菌悬液，使其浓度约为1×10^3CFU/mL，装于试管中。

② 将上述两支试管置于100℃水浴中，每隔1min取100μL涂布于营养琼脂平板培养基，取样的时间分别为0min、1min、2min、3min、4min、5min，然后放入37℃培养箱中培养，24h后观察生长情况。

3. 化学因素的影响

一些化学药品对微生物生长有抑制或杀死作用，因此在生产上或医疗上常利用适宜的化学药品对有害菌进行消毒或杀菌。但应注意药品的浓度及使用时的其他因素的影响。本实验采用抑菌圈法比较不同化学药品的抑菌效果。

实验方法：

① 含菌平板的制备：取新鲜培养的大肠埃希菌斜面1支，加入约10mL无菌水将菌苔洗下，做成大肠埃希菌悬液，按1∶100的比例将大肠埃希菌悬液加入45℃左右的营养琼脂培养基中，倒平板，待凝固后做成含菌平板。

② 用镊子取分别浸泡于消毒酒精、新洁尔灭、硫酸庆大霉素等化学药品的圆滤纸片，置于同一含菌平板中（注意间隔距离），然后放入37℃培养箱中培养，24h后观察抑菌圈大小；也可以比较同一化学药品不同浓度的抑菌效果。

【结果与报告】

将结果记录于表7-5中。

表7-5 几种环境因素对微生物生长影响结果记录表

环境因素		被测菌种	处理方法	结果
物理因素	紫外线			
	高温处理			
化学因素	化学药品			

技能训练十三　微生物菌种保藏

【目的】

① 理解菌种保藏原理。

② 掌握菌种保藏的常用方法。

【基本原理】

随着菌种保藏时间的延长或菌种传代次数的增多，菌种本身具有的优良遗传性状可能得到延续也可能发生变异，变异有正突变和负突变。在实际工作当中，菌种发生负突变的概率居多，也就是菌株的生产性状劣化或有些遗传标记丢失，称为菌株的衰退。

为了保证微生物产品的生产和微生物研究工作顺利进行，就要想办法把优良菌种保存下来。菌种保藏的目的就是避免菌种的死亡和防止菌种衰退，可通过降低微生物的新陈代谢活动的强度，使其处于休眠状态而延长寿命。

菌种一般采用微生物处于对数生长期中期、休眠状态的休眠孢子或芽孢，以低温、干燥和隔绝空气等方法进行保藏。

【材料、试剂与器具】

① 菌种材料：大肠埃希菌、枯草芽孢杆菌、酿酒酵母、米曲霉。

② 试剂用品：无菌水，石蜡，30%甘油，10% HCl，河沙。

③ 器具：无菌试管，无菌吸管，无菌滴管，移液枪，1.5mL 无菌 EP 管，接种工具，超净工作台，60 目筛，干燥器，冰箱等。

【方法与步骤】

1. 斜面低温保藏法

大多数菌种都可用此法。把菌种接种到新鲜的固体斜面培养基上培养生长丰满后，注明菌种名、保藏日期、保藏人，然后置于 4～8℃ 的冰箱中保存。一般 2～3 个月就要转接一次，重新保存。此法由于传代次数过于频密而容易导致变异。

2. 液体石蜡封存法

① 取 100mL 石蜡油装入 250mL 的三角瓶中，塞上硅胶塞，在 160～170℃ 烘箱中，干热灭菌 1h；或高压蒸汽间歇灭菌三次，每次 121℃ 灭菌 30min，然后在 40～60℃ 温箱中把石蜡油中的水分蒸发掉。

② 斜面菌种培养好后贴好标签，注明菌种名、保藏日期、保藏人，加入无菌石蜡油，加油量高出斜面至少 1cm，将试管直立，置于 4～8℃ 的冰箱中保存。此法适用于丝状真菌的保藏。

3. 砂土管保藏法

① 取一定河沙，用 60 目筛过筛，除去细粉及大粒沙和杂物。用 10%的盐酸浸泡 2～4h（或煮沸 30min），以除去有机物，然后倒去盐酸，用清水洗泡干净，至水呈中性，去水后烘干（晒干）。

② 把处理过的沙装入安瓿瓶或小试管中，约 1cm 高，加塞后 121℃ 灭菌 30min，反复

三次灭菌后烘箱烘干备用。

③ 取培养成熟的枯草芽孢杆菌或米曲霉斜面菌种，用无菌水洗下长好芽孢的菌体或孢子，制成菌悬液，用无菌吸管吸取菌悬液约 0.2mL 置于无菌沙土中，并用接种环搅均匀，做成芽孢或孢子的砂土管，注明菌种名、保藏日期、保藏人，置于 4～8℃的冰箱中保存。

4. 超低温保藏法

① 按体积比配制 30%甘油溶液，121℃灭菌 30min，冷却后放置 4℃冰箱备用。

② 取培养成熟的大肠埃希菌斜面菌种，用无菌水洗下菌苔制成菌悬液，用移液枪吸取 0.5mL 菌悬液置于 1.5mL 的 EP 管中，再往其中加入 0.5mL 30%的无菌甘油，混合均匀，使菌悬液中甘油的终浓度为 15%，可置于－80℃、－70℃或－20℃冰箱低温保存。此法适用于单细胞微生物的保藏，保藏时间一般为 2～10 年。

5. 制曲保藏法

与我国传统的制曲相似，适用于长有大量孢子的霉菌保藏。

取一定量的麸皮，根据对水分的要求，按麸皮：水为 1：0.8，或 1：1 或 1：1.5 拌匀，分装入试管中，占试管 1/3 左右高，不要压太紧，塞好塞子，包扎后高压灭菌。冷却后试管注明菌种名后接种，置于适当温度下培养，待孢子长好后注明保藏日期，置于干燥器内保存或置于 4～8℃的冰箱中保存。

【结果与报告】

取上述方法保藏的菌种，分别接种于适宜的液态培养中（如大肠埃希菌和枯草芽孢杆菌可用 LB 培养基，酿酒酵母和米曲霉可用 YPD 培养基），在适宜的温度和转速下振荡培养适宜的时间，观察菌体是否正常生长，以检测各种保藏方法的有效保藏时间，并记录各种保藏方法的保藏效果。

技能训练十四　环境微生物菌株的筛选

【目的】

① 理解从环境样品中分离纯化某种微生物的完整过程，并从环境样品中筛选高产淀粉酶的细菌菌株。

② 巩固微生物实验基本操作技术。

【基本原理】

淀粉酶是水解淀粉和糖原的酶类的总称，广泛存在于动物、植物及微生物中。能产淀粉酶的微生物广泛分布于自然环境当中，尤其是含有淀粉类物质的土壤样品中。

筛选菌株的过程，可以分解为以下几个步骤：采样、富集培养、筛选、分离纯化、性能测定、菌种保存。其中筛选是关键步骤，筛选所用的培养基可以是选择性培养基，也可以是鉴别培养基。

选择性培养基是指根据某种（类）微生物特殊的营养要求或对某些特殊化学、物理因素的抗性，而设计的、能选择性区分这种（类）微生物的培养基。利用选择性培养基，可使混合菌群中的某种（类）微生物变成优势种群，从而提高该种（类）微生物的筛选效率。

鉴别培养基是用于鉴别不同类型微生物的培养基。在培养基中加入某种特殊的化学物质，目的微生物在培养基中生长后能产生某种代谢产物，而这种代谢产物可以与培养基中的特殊化学物质发生特定的化学反应，产生明显的特征性变化，根据这种特征性变化，可将目的微生物与其他微生物区分开来。

通过筛选往往获得一系列的菌株，所获得的菌株是否满足实验所要求的性能，还需要进行性能测定后才能决定取舍。α-淀粉酶能将淀粉分子中的α-1,4-糖苷键随机切断成长短不一的短链糊精、少量麦芽糖和葡萄糖，而使淀粉对碘呈蓝紫色的特性反应逐渐消失，呈现碘液本色（棕红色），其颜色消失的速度与酶活力有关。可参考标准“GB/T 24401”进行酶活力测定。

【材料、试剂与器具】

1. 土壤样品

厨房附近土壤、面粉加工厂附近土壤。

2. 培养基

① 富集培养基：可溶性淀粉 1%、蛋白胨 0.5%、酵母提取粉 0.25%、NaCl 0.5%，pH6.0。

② 筛选培养基：玉米淀粉 2%、蛋白胨 0.5%、NaCl 0.5%、KH_2PO_4 0.1%、$MgSO_4$ 0.05%、$CaCl_2$ 0.02%、琼脂粉 2%，pH6.0。

③ 摇瓶培养基：玉米淀粉 2%、蛋白胨 0.5%、NaCl 0.5%、KH_2PO_4 0.1%、$MgSO_4$ 0.05%、$CaCl_2$ 0.02%，pH6.0。

3. 主要试剂和溶液

① 碘储备液：称取 11.0g 碘和 22.0g 碘化钾，用少量水使碘完全溶解，定容至 500mL，储存于棕色瓶中。

② 碘应用液：吸取碘储备液 25mL，用水定容至 500mL，储存于棕色瓶中。

【方法与步骤】

1. 程序

微生物菌株筛选的程序见图 7-14。

2. 采样及稀释

于饭堂附近适宜的地方采集土壤样品，称取 10g 土壤样品置于装有 90mL 无菌水的三角瓶中，做成 10^{-1} 的稀释样液；取 1mL10^{-1} 的稀释样液置于装有 9mL 无菌水的试管中，做成 10^{-2} 的稀释样液，用同样的方法进行梯度稀释至 10^{-7}，选择 10^{-4}、10^{-5}、10^{-6}、10^{-7} 的稀释液进行筛选实验。

3. 富集培养及稀释

吸取上述 10^{-1} 的稀释样液 10mL，接种于 100mL 富集培养基中，37℃、180r/min，振

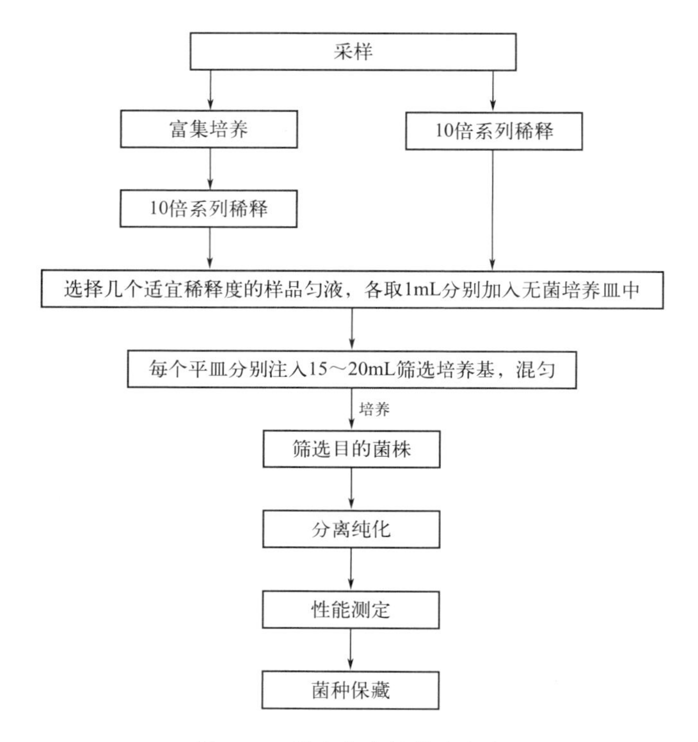

图 7-14　微生物菌株筛选程序

荡培养 24h，获得富集培养样液。取 1mL 富集培养样液置于装有 9mL 无菌水的试管中，做成 10^{-1}的稀释样液，用同样的方法进行梯度稀释至 10^{-7}，选择 10^{-4}、10^{-5}、10^{-6}、10^{-7}的稀释液进行筛选实验。

4. 菌株筛选

取上述稀释样液各 1mL 加入无菌培养皿中，注入适量筛选培养基，混合均匀，待培养基凝固后倒置于 37℃培养箱培养 24～48h。用于筛选的稀释样液最好选择富集培养液，也可以直接选取土壤样液。

取出培养好的平板进行观察，如果菌落周围有无色透明圈，说明该菌能分解淀粉，即该菌株可以产生淀粉酶；也可以加 5mL 碘应用液于平板上，晃动培养皿使碘液完全覆盖整个平板进行显色，无色透明的地方说明淀粉被酶解。用尺子测量透明圈直径大小（H）和对应菌落的直径大小（C），计算菌株的 H/C 值。

5. 分离纯化

选择菌株 H/C 值较大的几个菌落进行划线分离于筛选培养基平板上，经过培养后观察菌株纯化情况。如果平板长出的菌落不止 1 种，则需要再次分离纯化；如果平板只长出目的菌落，则说明分离纯化效果良好，挑单菌落接种于斜面培养基，培养成熟后进行下一步试验。

6. 菌株性能测定

待测菌株接种于摇瓶培养基，37℃、180r/min，振荡培养 24h。取培养液 10mL，

8000r/min 离心 5min，收集上清液，即为待测粗酶液。按照国家标准“GB/T 24401”的方法进行菌株的酶活力测定。

酶活力单位定义：1mL 粗酶液，于 37℃、pH6.0 的条件下，1min 液化 1mg 可溶性淀粉，即为 1 个酶活力单位，以“U/mL”表示。

7. 菌种保藏

选取酶活力单位最好的菌株的斜面，放置于 4℃冰箱保存；或选取酶活力单位最好的菌株的菌液，加入无菌甘油，使甘油终浓度为 15%左右，放置于－20℃或－70℃冰箱保存。

【结果与报告】

对菌株筛选的结果、酶活力测定的结果进行分析。

技能训练十五　微生物生长曲线的测定

【目的】

① 理解单细胞微生物生长曲线的特征与用途。

② 掌握几种生长曲线的测定方法。

【基本原理】

把微生物的少量菌种接种到适合的液体培养基中，在适宜的条件下培养，定时取样测定单位体积的生物量，以生物量为纵坐标，培养时间为横坐标，绘制该种微生物的生长过程曲线图，称为生长曲线。一般单细胞微生物的生长曲线分为四个时期：延滞期、对数生长期、稳定期、衰亡期。本实验以单细胞微生物为实验对象来学习生长曲线的测定方法。

单细胞微生物生长曲线的测定方法中，常用的大致有三种：血球计数板法、比浊法、平板菌落计数法。各有优缺点和适宜的实验对象。

Ⅰ　血球计数板法

血球计数板法是将经过稀释的待测样品置于血球计数板中，在显微镜下直接计数，经过计算得出各培养时间中微生物生物量的一种生长曲线测定方法。该方法的适宜对象为酵母菌，优点是简便快速，缺点是不够精确，所得的结果是活细胞与死细胞的总和（可以用死活染色的方法来解决这一问题）。

【材料、培养基与器具】

① 实验菌种：酿酒酵母。

② 培养基：YPD 液态培养基。

③ 器具：血球计数板、显微镜、摇床、移液枪等。

【方法与步骤】

① 种子液的制备：用接种环从酿酒酵母斜面菌种中挑一环菌苔接种于 50mL 新鲜 YPD 培养基中，30℃、200r/min 振荡培养过夜，制成酿酒酵母种子液。

② 转接培养：以 1%接种量把酿酒酵母种子液转接于新鲜的 YPD 培养基中，30℃、

200r/min 振荡培养。

③ 取样与计数：种子液转接完毕后，从 0h 开始取样（取样量 2～5mL），稀释至适宜浓度，用血球计数板在显微镜下直接计数；往后每隔一小时进行取样，用同样的方法进行细胞浓度计数。

④ 生长曲线的绘制：以培养时间为横坐标，酵母细胞数的对数值为纵坐标，绘制酿酒酵母的生长曲线。可以一边取样计数一边绘制生长曲线，至出现衰亡期时可停止取样计数。

【结果与报告】

将各小时细胞浓度的计数结果记录于表 7-6 中，用于绘制生长曲线。

表 7-6　血球计数板法测定微生物生长曲线结果记录表

培养时间/h	计数室中各中格的细胞数目/个					稀释倍数	细胞浓度/(个/mL)
	1	2	3	4	5		
0							
1							
2							
3							
4							

Ⅱ　比浊法

单细胞微生物在生长繁殖过程中，在一定体积的培养环境中，由于细胞数目的增加，会引起培养体系混浊度的增高。由于菌悬液的浓度与吸光度成正比，因此可用分光光度计测定菌悬液的吸光度来推算菌悬液的细胞浓度。测定波长一般在 450～700nm 范围内，但不同微生物、在不同培养基中最佳吸收波长不尽相同，因此在实际工作当中，应先测定待测微生物的最佳吸收波长，再进行生长曲线的测定。

【材料、培养基与器具】

① 实验菌种：大肠埃希菌（或筛选的淀粉酶菌株）。

② 培养基：LB 培养基。

③ 器具：分光光度计、摇床、移液管等。

【方法与步骤】

① 种子液的制备：用接种环从大肠埃希菌斜面菌种中挑一环菌苔接种于 50mL 新鲜 LB 培养基中，37℃、200r/min 振荡培养过夜，制成大肠埃希菌种子液。

② 最佳吸收波长的测定：无菌操作吸取 5mL 种子液，进行适当稀释，用直径 10mm 的比色皿进行测定，波长从 450nm 开始测定，间隔 10nm，测量到 700nm 结束，确定最佳吸收波长。

③ 转接培养：以 1%接种量把大肠埃希菌种子液转接于新鲜的 LB 培养基中，37℃、

200r/min 振荡培养。

④ 取样与测定：种子液转接完毕后，从 0h 开始取样（取样量 5mL），稀释至适宜浓度，在最佳吸收波长下测定吸光度，如果吸光度值过高应进行适当稀释（吸光度值一般不宜超过 0.7）；往后每隔一小时进行取样，用同样的方法进行细胞浓度测定。

⑤ 生长曲线的绘制：以培养时间为横坐标，菌悬液吸光度值为纵坐标，绘制大肠埃希菌的生长曲线。可以一边取样测定一边绘制生长曲线，至出现衰亡期时可停止取样测定。

【结果与报告】

将各小时测定的吸光度值记录于表 7-7 中，用于绘制生长曲线。

表 7-7　比浊法测定微生物生长曲线结果记录表

培养时间/h	稀释倍数	测定的吸光度	菌悬液实际吸光度	培养时间/h	稀释倍数	测定的吸光度	菌悬液实际吸光度
0				6			
1				7			
2				8			
3				9			
4				10			
5				11			

Ⅲ　平板菌落计数法

平板菌落计数法就是将单细胞微生物悬液进行梯度系列的稀释，选择适宜的几个连续梯度，各接种 1mL 稀释液于无菌培养皿中，及时倾注熔化并冷却至 45℃左右的培养基，立即混合均匀，静置凝固，倒置于适宜温度的培养箱中进行培养，待长出单菌落后进行菌落计算的一种细胞浓度的测定方法。由于一个单菌落是由一个细胞发育而成，经过统计计算，就可计算原始菌液中所含活的细胞数目。菌落计数以菌落形成单位（CFU）表示。此法的优点是能测出样品中的活菌总数，缺点是工作量大。

使用本方法时，应达到以下要求：①每个平板的菌落应均匀分散；②每个梯度的平行测定中平行性应良好；③连续梯度的平板上长出的菌落数应成相应梯度；④选择菌落数在30～300 的平板进行计数。

【材料、培养基与器具】

① 实验菌种：大肠埃希菌（或筛选的淀粉酶菌株）。

② 培养基：LB 培养基、LB 平板培养基。

③ 器具：培养箱、摇床、移液枪等。

【方法与步骤】

① 种子液的制备：用接种环从大肠埃希菌斜面菌种中挑一环菌苔接种于 50mL 新鲜 LB 培养基中，37℃、200r/min 振荡培养过夜，制成大肠埃希菌种子液。按经验，该种子液活

细胞浓度约为 10^8CFU/mL。

② 转接培养：以 1%接种量把大肠埃希菌种子液转接于新鲜的 LB 培养基中，37℃、200r/min 振荡培养。

③ 取样与测定：种子液转接完毕后，从 0h 开始取样（取样量 1mL），进行 10 倍梯度稀释，选择测定的稀释梯度为：10^{-3}、10^{-4}、10^{-5}、10^{-6}。每个稀释梯度接种 2 个平板，接种量为 1.0mL，倾注适量 LB 平板培养基，混合均匀，静置待凝固，倒置于 37℃培养箱中培养 24h 后观察结果；往后每隔一小时进行取样，用同样的方法进行细胞浓度测定。

随着培养时间的增加，菌悬液浓度不断升高，稀释梯度应有所增加。

④ 生长曲线的绘制：以培养时间为横坐标，大肠埃希菌细胞数的对数值为纵坐标，绘制大肠埃希菌的生长曲线。

【结果与报告】

将各小时细胞浓度的计数结果记录于表 7-8 中，用于绘制生长曲线。

表 7-8 平板计数板法测定微生物生长曲线结果记录表

培养时间/h	稀释梯度						菌悬液细胞浓度/(CFU/mL)
	10^{-3}	10^{-4}	10^{-5}	10^{-6}	10^{-7}	10^{-8}	
0							
1							
2							
3							
4							
5							
6							
7							
8							
9							
10							
11							

技能训练十六 微生物的诱变育种

【目的】

① 理解诱变育种的原理。

② 掌握诱变育种的方法。

③ 掌握紫外线诱变育种的操作方法。

【基本原理】

诱变育种是利用物理或化学诱变剂处理均匀分散的微生物细胞群，促进其突变率大幅度提高，然后采用简便、快速和高效的筛选方法，从中挑选少数符合育种目的的突变株，以供生产实践或科学研究用。

物理诱变剂主要是射线，包括：紫外线、X射线、γ射线等。化学诱变剂主要有：硫酸二乙酯、*N*-甲基-*N′*-硝基-*N*-亚硝基胍（NTG或MNNG）和亚硝基甲基脲（NMU）。其中紫外线诱变育种是运用最广泛、相对安全的方法。本实验采用紫外线诱变进行育种。

紫外线的波长在200～340nm之间，对诱变最有效的波长在253～265nm之间，与核酸的吸收光波相一致。当微生物细胞受到紫外线的照射后，其遗传物质DNA的结构会发生改变，如DNA链和氢键的断裂、DNA分子间（内）交联、碱基错配、形成嘧啶二聚体等，其中最主要的作用是使同链DNA的相邻嘧啶间形成胸腺嘧啶二聚体，从而阻碍碱基间的正常配对，引起细胞的突变或死亡。

经紫外线照射损伤的DNA，能被可见光照射修复，因此紫外诱变育种应在暗室中进行，可借助微弱红光照明进行操作，诱变处理好的细胞应在黑暗条件下培养。

紫外线照射剂量的表示单位为mW/cm^2，但测量较困难，所以在实际诱变工作中，常用间接测定法，即用紫外线照射的致死时间或致死率作为相对剂量单位。一般选择致死率在80%～90%之间的剂量，可保证菌体细胞发生最大程度的突变。

【材料、培养基与器具】

(1) 实验菌种　产淀粉酶菌株。

(2) 培养基

① 摇瓶培养基：蛋白胨1%、酵母提取粉0.5%、NaCl 1%，pH6.0。

② 淀粉平板培养基：玉米淀粉2%、蛋白胨0.5%、NaCl 0.5%、KH_2PO_4 0.1%、$MgSO_4$ 0.05%、$CaCl_2$ 0.02%、琼脂粉2%，pH6.0。

(3) 器具　培养箱、摇床、移液枪、紫外诱变箱等。

【方法与步骤】

1. 致死率曲线的制作

① 种子液的制备：用接种环从斜面菌种中挑一环菌苔接种于50mL新鲜摇瓶培养基中，37℃、200r/min振荡培养过夜，制成种子液。

② 菌悬液的制备：以1%接种量把种子液转接于新鲜的摇瓶培养基中，37℃、200r/min振荡培养至对数生长期中期。对处于对数生长期中期的细胞进行适当稀释，使细胞浓度约为1×10^3CFU/mL，做成实验菌悬液。

③ 实验平板的制备：用移液枪移取100μL上述浓度约为1×10^3CFU/mL的实验菌悬液，接种于新鲜做好的淀粉平板培养基上，及时涂布均匀，做成实验平板。

④ 致死率的测定：取上述实验平板多个，分别写上标签0s、20s、40s、60s、80s、100s、120s、140s、160s、180s、200s、220s、240s等，每个照射时间制备2块平板，在紫外诱变箱中进行紫外线照射，处理相应的时间（紫外诱变箱应按说明书提前开灯使紫外光波稳定），取出平板置于37℃培养箱中黑暗培养24h，记录菌落生成情况于表7-9中。以0s的平板为对照，计算死亡率。

表 7-9　微生物致死曲线结果数据记录表

紫外线照射时间/s	0	20	40	60	80	100	120	140	160	180	200	220	240
平板菌落数/CFU													
致死率/%													

$$致死率=\frac{对照平板菌落数-处理后平板菌落数}{对照平板菌落数}\times 100\%$$

⑤ 致死曲线的绘制：以紫外线照射时间为横坐标，致死率为纵坐标，绘制菌株的致死曲线。

2. 紫外诱变育种

① 紫外线照射处理：按上述方法制备菌株的实验平板，选择致死率为 80%～90%之间的照射时间，对实验平板进行紫外线照射处理（平行处理 2 个实验平板），同时进行对照实验（对菌悬液进行适宜稀释，使对照平板的菌落数约为 10 个），平板置于 37℃培养箱中黑暗培养 24～48h。

② 诱变效果观察：取出平板，用卡尺测量淀粉溶解圈直径大小（H）和菌落直径大小（C）。或往平板中注入约 5mL 碘液，反应完全后倒去碘液，再用卡尺测量透明圈直径大小（H）和菌落直径大小（C），计算各菌落的 H/C 值。与对照菌落相比，算出正突变的概率与负突变的概率。结果数据记录于表 7-10。

表 7-10　微生物紫外诱变育种结果记录表

项目	CK		菌落 1		菌落 2		菌落 3		菌落 4		菌落 5	
	H 值	C 值	H 值	C 值	H 值	C 值	H 值	C 值	H 值	C 值	H 值	C 值
直径大小/mm												
H/C												

③ 目标菌株的获得：选取正突变中 H/C 值较大的菌落，转接至新鲜斜面培养中，培养成熟后放置 4℃冰箱保存，可作为后续实验使用。

【结果与报告】

① 绘制致死曲线。

② 报告正突变率与负突变率。

③ 汇报紫外诱变育种结果。

技能训练十七　食品中菌落总数的测定

【目的】

① 掌握活菌计数的技术方法。

② 掌握菌落总数的测定及报告方式。

【基本原理】

菌落总数是指食品检样经过处理，在一定条件下（如培养基、培养温度和培养时间等）

培养后，所得每 g(mL) 检样中形成的微生物菌落总数。

检测菌落总数具有一定的卫生学意义：一是菌落总数可作为食品（药品）被污染程度的标志。菌落总数值越大，代表食品（药品）被污染程度越严重，受致病菌污染的可能性也越大。二是菌落总数可以预测食品存放的期限，如菌落总数为 10^5 个/cm^2 的鱼在 0℃下只可存放 6d，而菌落总数为 10^3 个/cm^2 的鱼则可在 0℃下存放 12d。

食品样品经过处理、10 倍系列梯度稀释，选择适宜梯度的稀释样液接种于平板计数培养基，并使其均匀分布于计数平板中，经适宜条件培养后长出肉眼可观察的菌落。一个菌落是由一个微生物细胞生长繁殖而成，因此培养后统计菌落数目即可计算出样品中的菌落总数。这种测定菌落总数的方法叫平板计数法。

国家标准“GB 4789.2”采用平板计数法对食品进行菌落总数的测定，所得结果实际是表示一群能在平板计数琼脂上生长繁殖的嗜中温性需氧菌的菌落总数。这种方法测得的菌落数是能在培养基上生长的活菌数，不含有死菌，因此又称活菌计数法。

【材料、试剂与器具】

① 待检测样品：生牛乳样品。

② 培养基和试剂：平板计数琼脂培养基，无菌生理盐水，无菌磷酸盐缓冲液。

③ 仪器用品：灭菌锅，恒温培养箱，恒温水浴锅，移液枪或移液管，试管，培养皿，三角瓶等。

【方法与步骤】

1. 菌落总数的检验程序（图 7-15）

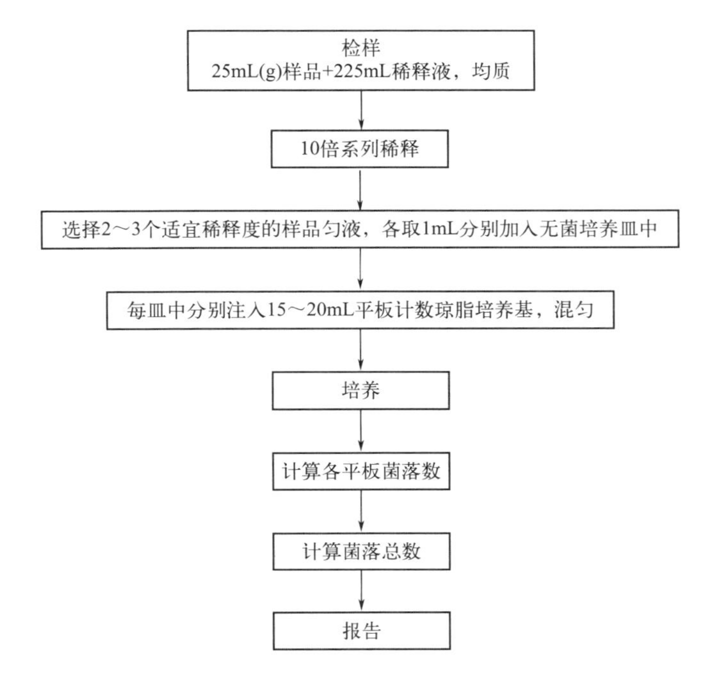

图 7-15 菌落总数检验程序

菌落总数的测定——稀释与接种操作

菌落总数的测定——倾注培养液

2. 样品的稀释及接种

① 以无菌吸管吸取 25mL 样品置于盛有 225mL 生理盐水的无菌三角瓶（瓶内预置适当数量的无菌玻璃珠）中，充分混匀，制成 1∶10 的样品匀液。

② 用 1mL 无菌吸管或移液枪吸取 1∶10 样品匀液 1mL，沿管壁缓慢注于盛有 9mL 生理盐水的无菌试管中（注意吸管或吸头尖端不要触及稀释液面），振摇试管使其混合均匀，制成 1∶100 的样品匀液。

③ 按上项操作程序，制备 10 倍系列稀释样品匀液。每递增稀释一次，换用 1 次 1mL 无菌吸管或吸头。

④ 根据对样品污染状况的估计，选择 2～3 个适宜的连续稀释度样品匀液（液体样品可包括原液），在进行 10 倍递增稀释时，分别吸取 1mL 样品匀液接种于两个无菌平皿内。同时，分别吸取 1mL 空白稀释液接种于两个无菌平皿内，作空白对照。

⑤ 及时向已接种样液的平皿注入 15～20mL 恒温至 46℃ 的平板计数琼脂培养基（可放置于 46℃±1℃ 恒温水浴箱中保温），并转动平皿使培养基与样液充分混匀。从样品稀释到完成平板倾注要求在 15min 内完成。

3. 培养

① 待琼脂凝固后，将平板翻转，置 36℃±1℃ 培养箱中培养 48h±2h。

② 如果样品中可能含有在琼脂培养基表面弥漫生长的菌落时，可在凝固后的琼脂表面覆盖一薄层琼脂培养基（约 4mL），凝固后翻转平板，置 36℃±1℃ 培养箱中培养 48h±2h。

4. 菌落计数

平板中长出的菌落可用肉眼观察，必要时可使用放大镜或菌落计数器，记录稀释倍数和相应的菌落数量。菌落计数以菌落形成单位（colony forming unit，CFU）表示。

① 选取菌落数在 30～300CFU 之间、无蔓延菌落生长的平板计数菌落总数。低于 30CFU 的平板记录具体菌落数，大于 300CFU 的平板可记录为多不可计。每个稀释度的菌落数应采用两个平板的平均数。

② 当其中一个平板有较大片状菌落生长时，则不宜采用，而应以无片状菌落生长的平板作为该稀释度的菌落数；若片状菌落不到平板的一半，而其余一半中菌落分布又很均匀，即可计算半个平板后乘以 2，代表一个平板菌落数。

③ 当平板上出现菌落间无明显界线的链状生长时，则将每条单链作为一个菌落计数。

5. 计算

(1) 菌落总数的计算方法

① 若只有一个稀释度平板上的菌落数在适宜计数范围内，则计算两个平板菌落数的平均值，再将平均值乘以相应稀释倍数，作为每 mL(g) 样品中菌落总数的结果。

② 若有两个连续稀释度的平板菌落数在适宜计数范围内时，则按以下公式计算：

$$N=\frac{\sum C}{(n_1+0.1n_2)d}$$

式中　N——样品中菌落数；

$\sum C$——平板（含适宜范围菌落数的平板）菌落数之和；

n_1——第一稀释度（低稀释倍数）平板个数；

n_2——第二稀释度（高稀释倍数）平板个数；

d——稀释因子（第一稀释度）。

示例（表 7-11）：

表 7-11 两个连续稀释度的平板菌落数

稀释度	1∶100(第一稀释度)	1∶1000(第二稀释度)
菌落数/CFU	288,292	30,29

则：
$$N=\frac{\sum C}{(n_1+0.1n_2)d}=\frac{288+292+30}{(2+0.1\times1)\times10^{-2}}=\frac{610}{2.1\times10^{-2}}=29048$$

③ 若所有稀释度的平板上菌落数均大于 300CFU，则对稀释度最高的平板进行计数，其他平板可记录为多不可计，结果按平均菌落数乘以最高稀释倍数计算。

④ 若所有稀释度的平板菌落数均小于 30CFU，则应按稀释度最低的平均菌落数乘以稀释倍数计算。

⑤ 若所有稀释度（包括液体样品原液）平板均无菌落生长，则以小于 1 乘以最低稀释倍数计算。

⑥ 若所有稀释度的平板菌落数均不在 30～300CFU 之间，其中一部分小于 30CFU 或大于 300CFU 时，则以最接近 30CFU 或 300CFU 的平均菌落数乘以稀释倍数计算。

（2）菌落总数的报告

① 菌落数小于 100CFU 时，按“四舍五入”原则修约，以整数报告。

② 菌落数大于或等于 100CFU 时，第 3 位数字采用“四舍五入”原则修约后，取前 2 位数字，后面用 0 代替位数；也可用 10 的指数形式来表示，按“四舍五入”原则修约后，采用两位有效数字。(前面的示例当中，结果报告应为：29000 或 2.9×10^4)

③ 若空白对照上有菌落生长，则此次检测结果无效。

④ 称重取样以 CFU/g 为单位报告，体积取样以 CFU/mL 为单位报告。

【注意事项】

① 实验中所用玻璃器皿，如培养皿、吸管、试管等必须彻底洗涤干净方可进行灭菌，不得残留有抑菌物质。

② 用作样品稀释的液体，每批都要进行空白对照试验。若空白对照平板上有菌落生长，则检测结果无效，要查明污染的来源。

③ 检样加入培养皿后，应在 20min 内倾注琼脂培养基，并立即混合均匀，防止细菌增殖及产生片状菌落。检样与琼脂培养基混合时，可将皿底在平面上先前后左右摇动，然后按顺时针方向和逆时针方向旋转，以充分混匀。混合过程中不得使混合物溅到皿边缘或皿盖。

④ 如果稀释度大的平板上菌落数反比稀释度小的平板上菌落数高，则可能是检验工作中发生差错，不可作检样计数报告的依据。

⑤ 规范的实验操作，其结果数据应呈现以下特点：空白对照平板无菌落生长，菌落在平板上分布均匀，各梯度平板上的菌落数应呈现对应的梯度趋势。

【结果与报告】

① 结果数据记录于表 7-12。

表 7-12　各稀释度的平板菌落数

	稀释度			空白对照
培养皿 1				
培养皿 2				
计算				

② 结果报告：该样品的细菌总数为____________________ CFU/mL(g)。

技能训练十八　食品中大肠菌群的测定

【目的】

① 学习掌握食品大肠菌群的测定方法。

② 掌握大肠菌群检测结果的报告方式。

【基本原理】

大肠菌群是指在一定培养条件下能发酵乳糖，产酸产气的需氧和兼性厌氧的革兰氏阴性无芽孢杆菌，包括肠杆菌科中埃希菌属、柠檬酸杆菌属、克雷伯菌属及肠杆菌属等，其中以埃希菌属为主。

检测大肠菌群具有一定的卫生学意义：一是大肠菌群直接或间接来源于人畜粪便，可以作为粪便污染食品的指标菌。若食品中检测出大肠菌群，则表明食品或其原材料曾受到过人或温血动物粪便的污染。二是可以作为肠道致病菌污染食品的指标菌。肠道致病菌如沙门菌属和志贺菌属等，对食品的安全性威胁很大，逐批或经常检验致病菌有一定的困难，而大肠菌群较易检验，且肠道致病菌与大肠菌群的来源相同，在体外生存环境要求也一致，因此大肠菌群也可作为肠道致病菌污染食品的指示菌。

国家标准“GB 4789.3”中，食品中大肠菌群的计数方法有两个，分别为 MPN 法和平板计数法。

MPN 法是统计学和微生物学结合的一种定量检测法。待测样品经系列稀释、接种至发酵管并培养后，根据其未生长的最低稀释度与生长的最高稀释度，应用统计学概率论推算出待测样品中大肠菌群的最大可能数。此法适合大肠菌群含量较低的食品的检测。

平板计数法是待测样品经系列稀释，选择适宜梯度的稀释样液接种于固体培养基中，发酵乳糖产酸，在指示剂的作用下使菌落呈现颜色，从而进行典型菌落计数的方法。在结晶紫中性红胆盐琼脂（VRBA）平板上，大肠菌群的典型菌落为紫红色，菌落周围有红色的胆盐沉淀环，菌落直径为 0.5mm 或更大。此法适合大肠菌群含量较高的食品的检测。

食品中大肠菌群数以每 mL(g) 检样内大肠菌群最可能数（MPN）表示，或者以每 mL(g) 检样内大肠菌群菌落数（CFU）表示。

【材料、试剂和器具】

① 待检测样品：生牛乳样品。

② 培养基和试剂：月桂基硫酸盐胰蛋白胨（LST）肉汤，煌绿乳糖胆盐（BGLB）肉汤，结晶紫中性红胆盐琼脂（VRBA），无菌生理盐水，无菌磷酸盐缓冲液。

③ 仪器用品：灭菌锅，恒温培养箱，恒温水浴锅，移液枪或移液管，试管，培养皿，三角瓶等。

Ⅰ　大肠菌群 MPN 计数法

【方法与步骤】

1. MPN 法检验程序

大肠菌群 MPN 法的检验程序见图 7-16。

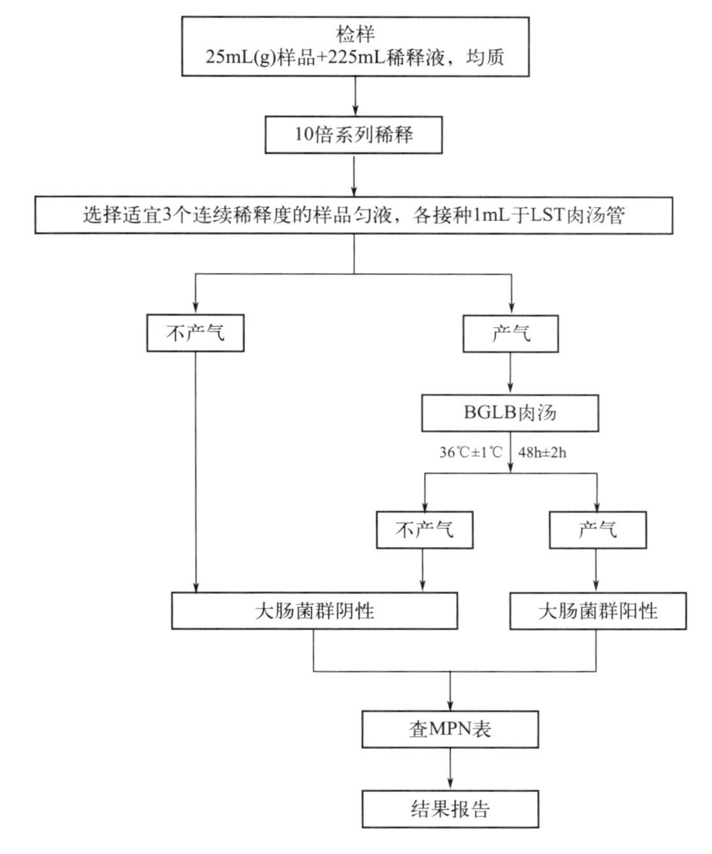

图 7-16　大肠菌群 MPN 法检验程序

2. 样品的稀释

① 以无菌吸管吸取 25mL 样品置于盛有 225mL 生理盐水的无菌三角瓶（瓶内预置适当数量的无菌玻璃珠）中，充分混匀，制成 1∶10 的样品匀液。

② 样品匀液的 pH 应在 6.5～7.5 之间，必要时分别用 1mol/L NaOH 或 1mol/L HCl 调节。

③ 用 1mL 无菌吸管或移液枪吸取 1∶10 样品匀液 1mL，沿管壁缓慢注于盛有 9mL 生理盐水的无菌试管中（注意吸管或吸头尖端不要触及稀释液面），振摇试管使其混合均匀，

制成 1∶100 的样品匀液。

④ 按上项操作程序，制备 10 倍系列稀释样品匀液。每递增稀释一次，换用 1 次 1mL 无菌吸管或吸头。

3. 初发酵试验

根据对样品污染状况的估计，选择 3 个适宜的连续稀释度的样品匀液（液体样品可包括原液），每个稀释度接种 3 管月桂基硫酸盐胰蛋白胨（LST）肉汤，每管接种量为 1mL（如接种量超过 1mL，则用双料 LST 肉汤），36℃±1℃ 培养 24h±2h，观察倒管内是否有气泡产生，24h±2h 产气者进行复发酵试验（证实试验），如未产气则继续培养至 48h±2h，产气者进行复发酵试验。未产气者则判断为大肠菌群阴性。

从样品稀释到接种完毕，要求在 15min 内完成。

4. 复发酵试验（证实试验）

取产气的 LST 肉汤管，充分摇匀，用接种环分别取培养物 1 环移种于煌绿乳糖胆盐肉汤（BGLB）管中，36℃±1℃ 培养 48h±2h，观察产气情况。产气者，计为大肠菌群阳性管。未产气者则判断为大肠菌群阴性。

5. 大肠菌群最可能数（MPN）的报告

按确证的大肠菌群阳性管数，检索 MPN 表（见表 7-15），报告每 mL(g) 样品中大肠菌群的 MPN 值。

【结果与报告】

① 结果数据记录于表 7-13。

表 7-13　大肠菌群 MPN 计数法实验数据记录表

稀释度									
发酵管号	1	2	3	4	5	6	7	8	9
初发酵试验									
复发酵试验									
大肠菌群阳性管数									
查 MPN 表									

② 结果报告：该样品的大肠菌群含量为____________ MPN/mL(g)。

Ⅱ法　大肠菌群平板计数法

【方法与步骤】

1. 大肠菌群平板计数法的检验程序（图 7-17）

2. 样品的稀释与接种

① 以无菌吸管吸取 25mL 样品置于盛有 225mL 生理盐水的无菌三角瓶（瓶内预置适当数量的无菌玻璃珠）中，充分混匀，制成 1∶10 的样品匀液。

② 用 1mL 无菌吸管或移液枪吸取 1∶10 样品匀液 1mL，沿管壁缓慢注于盛有 9mL 生

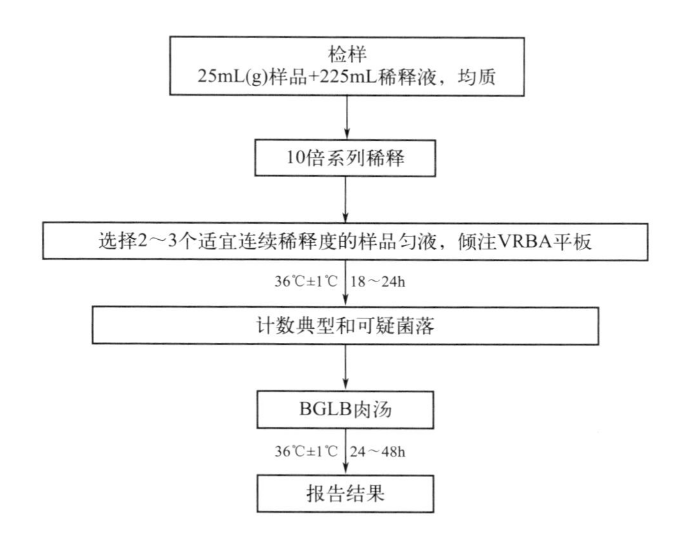

图 7-17 大肠菌群平板计数法检验程序

理盐水的无菌试管中（注意吸管或吸头尖端不要触及稀释液面），振摇试管使其混合均匀，制成 1∶100 的样品匀液。

③ 按上项操作程序，制备 10 倍系列稀释样品匀液。每递增稀释一次，换用 1 次 1mL 无菌吸管或吸头。

④ 根据对样品污染状况的估计，选择 2～3 个适宜的连续稀释度样品匀液（液体样品可包括原液），在进行 10 倍递增稀释时，分别吸取 1mL 样品匀液接种于两个无菌平皿内。同时，分别吸取 1mL 空白稀释液接种于两个无菌平皿内作空白对照。

⑤ 及时向已接种样液的平皿注入 15～20mL 恒温至 46℃ 的结晶紫中性红胆盐琼脂（VRBA）（可放置于 46℃±1℃恒温水浴箱中保温），并转动平皿使培养基与样液充分混匀。待琼脂凝固后，再加 3～4mL VRBA 覆盖平板表层。从样品稀释到完成平板倾注要求在 15min 内完成。

3. 培养

待琼脂凝固后，将平板翻转，置于 36℃±1℃培养箱中培养 18～24h。

4. 菌落计数

选取菌落数在 15～150CFU 之间的平板，分别计数平板上出现的典型和可疑大肠菌群菌落（如菌落直径较典型菌落小）。典型菌落为紫红色，菌落周围有红色的胆盐沉淀环，菌落直径为 0.5mm 或更大，最低稀释度平板低于 15CFU 的记录具体菌落数。结果记录为 N。

5. 证实试验

从 VRBA 平板上挑取 10 个不同类型的典型和可疑菌落，少于 10 个菌落的挑取全部典型和可疑菌落。分别移种于 BGLB 肉汤管内，36℃±1℃培养 24～48h，观察产气情况。凡 BGLB 肉汤管产气，即可报告为大肠菌群阳性。阳性管数的比例即为大肠菌群在典型和可疑菌落总数中的比例，以 x 表示。

6. 大肠菌群平板计数的报告

以 N 乘以 x 再乘以稀释倍数，即为每 mL(g) 样品中大肠菌群的数量。

例：10^{-3}样品稀释液 1mL，在 VRBA 平板上有 80 个典型和可疑菌落（$N=80$），挑取其中 10 个接种 BGLB 肉汤管，证实有 8 个阳性管（$x=8/10$），则该样品的大肠菌群数为：$80\times8/10\times10^{3}$CFU/mL(g)$=6.4\times10^{4}$CFU/mL(g)。

若所有稀释度（包括液体样品原液）平板均无菌落生长，则以小于 1 乘以最低稀释倍数计算。

【结果与报告】

① 结果数据记录于表 7-14。

表 7-14　大肠菌群平板计数法实验数据记录表

		稀释度			空白对照
典型和可疑菌落数	培养皿 1				
	培养皿 2				
	平均数				
证实试验	BGLB 阳性管数比例				
计算					

② 结果报告：该样品的大肠菌群含量为____________________ CFU/mL(g)。

【注意事项】

① 这两种计数方法都只需两步即可出检测结果。第一步不是纯菌的培养，而是样品的初培养结果，有时阳性结果经过第二步的 BGLB 复发酵试验后可能成为阴性。因此应结合两步的结果方可做出判断。

② 胆盐和月桂基硫酸钠是抑菌剂，可抑制某些杂菌，有利于大肠菌群的生长，但对大肠菌群中的某些菌株有时也产生抑制作用。

③ MPN 检索表中的 MPN 值是表示样品中活菌浓度的估测。本检索表采用 3 种稀释度 9 管法，稀释度的选择是基于对样品中菌数的估测，若无法估测样品中的菌数，则应做一定范围的稀释度。

表 7-15　大肠菌群最可能数（MPN）检索表

（引自：GB 4789.3—2016）

阳性管数			MPN	95%可信限		阳性管数			MPN	95%可信限	
0.1	0.01	0.001		下限	上限	0.1	0.01	0.001		下限	上限
0	0	0	<3.0	—	9.5	0	3	0	9.4	3.6	38
0	0	1	3.0	0.15	9.6	1	0	0	3.6	0.17	18
0	1	0	3.0	0.15	11	1	0	1	7.2	1.3	18
0	1	1	6.1	1.2	18	1	0	2	11	3.6	38
0	2	0	6.2	1.2	18	1	1	0	7.4	1.3	20

续表

阳性管数			MPN	95%可信限		阳性管数			MPN	95%可信限	
0.1	0.01	0.001		下限	上限	0.1	0.01	0.001		下限	上限
1	1	1	11	3.6	38	3	0	0	23	4.6	94
1	2	0	11	3.6	42	3	0	1	38	8.7	110
1	2	1	15	4.5	42	3	0	2	64	17	180
1	3	0	16	4.5	42	3	1	0	43	9	180
2	0	0	9.2	1.4	38	3	1	1	75	17	200
2	0	1	14	3.6	42	3	1	2	120	37	420
2	0	2	20	4.5	42	3	1	3	160	40	420
2	1	0	15	3.7	42	3	2	0	93	18	420
2	1	1	20	4.5	42	3	2	1	150	37	420
2	1	2	27	8.7	94	3	2	2	210	40	430
2	2	0	21	4.5	42	3	2	3	290	90	1000
2	2	1	28	8.7	94	3	3	0	240	42	1000
2	2	2	35	8.7	94	3	3	1	460	90	2000
2	3	0	29	8.7	94	3	3	2	1100	180	4100
2	3	1	36	8.7	94	3	3	3	>1100	420	—

注：1. 本表采用3个稀释度［0.1g（mL）、0.01g（mL）、0.001g（mL）］，每个稀释度接种3管。
2. 表内所列检样量如改用1g（mL）、0.1g（mL）和0.01g（mL）时，表内数字应相应降低10倍❶；如改用0.01g（mL）、0.001g（mL）和0.0001g（mL）时，则表内数字应相应增高10倍，其余类推。

查本表可得每g(mL）检样中大肠菌群的最可能数（MPN）。

❶ 规范说法应为降低至1/10。

附录

附录1 常用染色法及染色液配制

1. 革兰氏染色法

(1) 结晶紫染色液： 结晶紫1.0g，95%乙醇20mL，1%草酸铵水溶液80mL。将1.0g结晶紫完全溶解于95%乙醇20mL中，再与80mL 1.0%的草酸铵水溶液混合均匀，放置24h后过滤即成。如有沉淀出现，需要重新配制。

(2) 革兰氏碘液： 碘1.0g，碘化钾2.0g，蒸馏水300mL。将1.0g碘与2.0g碘化钾先行混合，加入蒸馏水少许充分混匀，待完全溶解后，再加蒸馏水至300mL。用棕色瓶储存，如变为浅黄色，需要重新配制。

(3) 沙黄复染液： 沙黄0.25g，95%乙醇10mL，蒸馏水90mL。沙黄0.25g完全溶解于95%乙醇10mL中，然后用90mL蒸馏水稀释。

(4) 染色法

① 制片：将菌体均匀地涂在载玻片上，干燥，并在火焰上固定；

② 初染：滴加结晶紫染色液，作用1min，水洗；

③ 媒染：滴加革兰氏碘液，作用1min，水洗；

④ 脱色：滴加95%乙醇进行脱色，作用约0.5min，水洗；

⑤ 复染：滴加复染液，作用1min，水洗，待干；

⑥ 结果：革兰氏阳性菌呈紫色，革兰氏阴性菌呈红色。

2. 亚甲蓝染色法

(1) 吕氏碱性亚甲蓝染色液： 亚甲蓝0.3g，95%乙醇30mL，0.01% KOH溶液100mL。将0.3g亚甲蓝完全溶解于30mL 95%乙醇中，然后与100mL 0.01% KOH溶液混合均匀。

(2) 染色法： 将涂片在火焰上固定，待冷，滴加染液，染1～3min，水洗，待干，镜检。菌体呈蓝色。

3. 芽孢染色法

(1) 孔雀绿染液： 孔雀绿5g，加少量蒸馏水使其溶解后，再用蒸馏水稀释到100mL，即得。

(2) 番红染液： 番红0.5g，加入少量蒸馏水使其溶解后，再用蒸馏水稀释到100mL，即得。

(3) 染色法

① 制片：将菌体均匀地涂在载玻片上，干燥，并在火焰上固定；

② 初染：滴加孔雀绿染液，用镊子夹住载玻片一端，在微火上加热5～10min，注意及时补加染液，防止染液蒸干，水洗；

③ 复染：滴加番红染液，作用2min，水洗，待干；

④ 结果：芽孢呈绿色，营养体呈红色。

4. 荚膜染色法

(1) 沙黄染色液： 沙黄3g，蒸馏水100mL。用乳钵研磨溶解，即得。

(2)染色法：将菌体均匀地涂在载玻片上，干燥，并在火焰上固定，滴加染色液，并加热至产生蒸汽后，继续染 3min，水洗，待干，镜检。荚膜呈黄色。

5. 鞭毛染色法

(1)甲液：称单宁酸 5g、氯化铁 1.5g，溶解于 100mL 蒸馏水中，然后加入 1%氢氧化钠溶液 1mL、15%甲醛溶液 2mL。放置 4℃冰箱可保存 3～7d，延长保存期会产生沉淀，但用滤纸除去沉淀后，仍能使用。

(2)乙液：称硝酸银 2g，溶解于 100mL 蒸馏水中。取出 10mL 备用，向其余的 90mL 硝酸银溶液中滴浓氢氧化铵溶液，到出现沉淀后，继续滴加浓氢氧化铵溶液，直到刚形成的沉淀又重新刚刚溶解为止，然后慢慢滴入备用的 10mL 硝酸银溶液，至呈现轻微而稳定的薄雾状沉淀为止（此为关键操作，应特别小心）。放置 4℃冰箱可保存一周。如沉淀增多，则银盐沉淀出，不宜使用。

(3)染色法

① 制片：将菌体均匀地涂在载玻片上，干燥，并在火焰上固定；

② 一染：滴加甲液，作用 4～6min，水洗；

③ 二染：滴加乙液，用镊子夹住载玻片一端，缓缓加热至冒气，维持约 0.5min（注意勿使出现干燥面），在菌体多的部位可呈深褐色到黑色，停止加热，水洗，待干；

④ 结果：鞭毛为深褐色到黑色。

附录 2 常用试剂的配制

1．生理盐水（0.85%）

称取 NaCl 0.85g，溶解于 100mL 蒸馏水，121℃灭菌 20min。

2．消毒酒精（75%乙醇）

量取 75mL 95%乙醇，加入 20mL 蒸馏水，即得。

3．乳酸苯酚溶液（乳酸石炭酸溶液）

乳酸 20mL，苯酚 20g，甘油 40mL，蒸馏水 20mL。将苯酚加入蒸馏水中，微加热使其溶解，再加入其它成分，混合均匀即可。

4．酵母菌细胞死活鉴别试剂（亚甲蓝）

亚甲蓝 0.1g，溶解于 100mL pH6.0 的 0.02mol/L 的磷酸盐缓冲液，即得。

5．甲基红试剂（MR 试剂）

甲基红 0.1g，溶解于 300mL 95%乙醇中，再加蒸馏水 200mL，即得。

6．乙酰甲基甲醇试剂（VP 试剂）

甲液：称取 6g α-萘酚，用无水乙醇溶解，定容至 100mL。
乙液：40%氢氧化钾溶液。

7．吲哚试剂

对二甲基氨基苯甲醛 2g，95%乙醇 190mL，浓盐酸 40mL。

8．2%伊红溶液

称取 2g 伊红，加蒸馏水至 100mL。每 1000mL EMB 培养基需要 20mL 2%伊红溶液。

9．0.65%亚甲蓝溶液

称取 0.65g 亚甲蓝，加蒸馏水至 100mL。每 1000mL EMB 培养基需要 10mL 0.65%亚甲蓝溶液。

10．30%甘油

量取甘油 30mL，加水至 100mL，121℃灭菌 20min。可用作单细胞微生物菌种保存的保护剂，终浓度一般为 15%。

附录 3　常用培养基

1. 营养琼脂

成分：蛋白胨 10g，牛肉膏 3g，氯化钠 5g，琼脂 15～20g，蒸馏水 1000mL，pH7.4。

用途：用于一般细菌培养、转种、复壮和增菌等。

2. LB 培养基

成分：胰蛋白胨 10g，酵母提取物 5g，氯化钠 10g，琼脂 15～20g，蒸馏水 1000mL，pH7.4。

用途：用于一般细菌培养，特别是分子生物学试验中大肠埃希菌的保存和培养。

3. 高氏 Ⅰ 号培养基

成分：硝酸钾 1g，磷酸二氢钾 0.5g，硫酸镁 0.5g，硫酸亚铁 0.01g，氯化钠 0.5g，可溶性淀粉 20g，琼脂 15g，蒸馏水 1000mL，pH7.4。

用途：用于放线菌的培养。

4. YPD 培养基

成分：蛋白胨 20g，酵母提取物 10g，葡萄糖 20g，琼脂 15～20g，蒸馏水 1000mL，pH6.0。

用途：用于酵母菌的培养。

5. 马铃薯葡萄糖琼脂（PDA 培养基）

成分：马铃薯 300g，葡萄糖 20g，氯霉素 0.1g，琼脂 15～20g，蒸馏水 1000mL，pH6.0。

制备方法：将马铃薯去皮切片（薄），加 1000mL 水，煮沸 10～20min（期间注意补水），纱布过滤得 1000mL 马铃薯汁，加入其它成分，加热溶解，分装后，121℃ 灭菌 15～20min。

用途：用于霉菌和酵母菌的分离与培养。

6. 察氏培养基

成分：硝酸钠 3g，磷酸氢二钾 1g，硫酸镁 0.5g，氯化钾 0.5g，硫酸亚铁 0.01g，蔗糖 30g，琼脂 15g，蒸馏水 1000mL，pH7.3。

用途：用于培养能以硝酸盐作为唯一氮源的真菌和细菌，以及青霉和曲霉等霉菌的分离培养和形态鉴别。

7. 孟加拉红培养基

成分：蛋白胨 5g，葡萄糖 10g，磷酸二氢钾 1g，硫酸镁 0.5g，孟加拉红 0.03g，氯霉素 0.1g，琼脂 15g，蒸馏水 1000mL，pH7.2。

用途：用于霉菌和酵母菌的计数、分离和培养。

8. 蛋白胨水

成分：蛋白胨 20g，氯化钠 5g，蒸馏水 1000mL，pH7.4。

用途：用于靛基质试验。

9. 葡萄糖蛋白胨水

成分：葡萄糖 5g，多胨 7g，磷酸氢二钾 5g，蒸馏水 1000mL，pH7.0。

用途：用于 MR-VP 试验。

10. 平板计数琼脂（plate count agar，PCA）培养基

成分：胰蛋白胨 5g，酵母浸膏 2.5g，葡萄糖 1g，琼脂 15g，蒸馏水 1000mL，pH7.0。

用途：用于菌落总数的测定。

11. 月桂基硫酸盐胰蛋白胨（LST）肉汤

成分：胰蛋白胨 20g，氯化钠 5g，乳糖 5g，磷酸氢二钾 2.75g，磷酸二氢钾 2.75g，月桂基硫酸钠 0.1g，蒸馏水 1000mL，pH6.8。

用途：测定大肠菌群最可能数（MPN）用的初发酵培养基。

12. 煌绿乳糖胆盐（BGLB）肉汤

成分：蛋白胨 10g，乳糖 10g，牛胆粉溶液 200mL，0.1%煌绿水溶液 13.3mL，蒸馏水 800mL，pH7.2。

用途：测定大肠菌群最可能数（MPN）用的复发酵培养基。

13. 结晶紫中性红胆盐琼脂（VRBA）

成分：蛋白胨 7g，酵母膏 3g，乳糖 10g，氯化钠 5g，3 号胆盐 1.5g，中性红 0.03g，结晶紫 0.002g，琼脂 15～18g，蒸馏水 1000mL，pH7.4。

用途：用于平板计数法测定大肠菌群。

14. 乳糖胆盐发酵管

成分：蛋白胨 20g，猪胆盐 5g，乳糖 10g，0.04%溴甲酚紫水溶液 25mL，蒸馏水 1000mL，pH7.4。

用途：测定大肠菌群最可能数（MPN）用的初发酵培养基。

15. 乳糖发酵管

成分：蛋白胨 20g，乳糖 10g，0.04%溴甲酚紫水溶液 25mL，蒸馏水 1000mL，pH7.4。

用途：测定大肠菌群最可能数（MPN）用的复发酵培养基。

16. 伊红亚甲蓝琼脂（EMB）

成分：蛋白胨 10g，乳糖 10g，磷酸氢二钾 2g，2%伊红溶液 20mL，0.65%亚甲蓝溶液 10mL，琼脂 17g，蒸馏水 1000mL，pH7.1。

用途：用于肠道致病菌的分离。

17. MRS 培养基

成分：蛋白胨 10g，牛肉粉 5g，酵母粉 4g，葡萄糖 20g，吐温-80 1mL，$K_2HPO_4 \cdot 7H_2O$ 2g，醋酸钠·$3H_2O$ 5g，柠檬酸三铵 2g，$MgSO_4 \cdot 7H_2O$ 0.2g，$MnSO_4 \cdot 4H_2O$ 0.05g，琼脂粉 15g，蒸馏水 1000mL，pH6.2。

用途：用于乳酸菌的培养。

18. 莫匹罗星锂盐和半胱氨酸盐酸盐改良 MRS 培养基

成分：蛋白胨 10g，牛肉粉 5g，酵母粉 4g，葡萄糖 20g，吐温-80 1mL，$K_2HPO_4 \cdot 7H_2O$ 2g，醋酸钠·$3H_2O$ 5g，柠檬酸三铵 2g，$MgSO_4 \cdot 7H_2O$ 0.2g，$MnSO_4 \cdot 4H_2O$ 0.05g，莫匹罗星锂盐 0.05g，半胱氨酸盐酸盐 0.5g，琼脂粉 15g，蒸馏水 1000mL，pH6.2。

用途：用于乳酸菌中双歧杆菌的培养。

19. MC 琼脂培养基

成分：大豆蛋白胨 5g，牛肉粉 3g，酵母粉 3g，葡萄糖 20g，乳糖 20g，碳酸钙 10g，1%中性红溶液 5mL，琼脂粉 15g，蒸馏水 1000mL，pH6.0。

用途：用于乳酸菌中嗜热链球菌的培养。

参 考 文 献

［1］ 刘晓蓉．微生物学基础．北京：中国轻工业出版社，2011.
［2］ 胡相云．微生物学基础．北京：化学工业出版社，2015.
［3］ 赵金海．微生物学基础（第二版）．北京：中国轻工业出版社，2019.
［4］ 沈萍，陈向东．微生物学（第八版）．北京：高等教育出版社，2016.
［5］ 周德庆．微生物学教程（第三版）．北京：高等教育出版社，2010.
［6］ 李莉，冯小俊．微生物基础技术．北京：化学工业出版社，2016.
［7］ 沈萍，陈向东．微生物学实验（第五版）．北京：高等教育出版社，2018.
［8］ 李双石．微生物实用技能训练．北京：中国轻工业出版社，2014.
［9］ 贺稚非，霍乃蕊．食品微生物学．北京：科学出版社，2019.
［10］ 杨玉红，高江原．食品微生物学基础．北京：中国医药科技出版社，2019.
［11］ 陈红霞，张冠卿．食品微生物学及实验技术（第二版）．北京：化学工业出版社，2019.
［12］ 姚勇芳，司徒满泉．食品微生物检验技术（第二版）．北京：科学出版社，2018.
［13］ 罗红霞，王建．食品微生物检验技术．北京：中国轻工业出版社，2018.
［14］ 刘慧．现代食品微生物学实验技术（第二版）．北京：中国轻工业出版社，2017.
［15］ 金月波．微生物应用技术．北京：化学工业出版社，2014.
［16］ 杨汝德．现代工业微生物学实验技术（第二版）．北京：科学出版社，2019.
［17］ 苏锡南．环境微生物学（第二版）．北京：中国环境出版社，2015.
［18］ GB 4789.2—2022《食品安全国家标准　食品微生物学检验》菌落总数测定．
［19］ GB 4789.3—2016《食品安全国家标准　食品微生物学检验》大肠菌群计数．